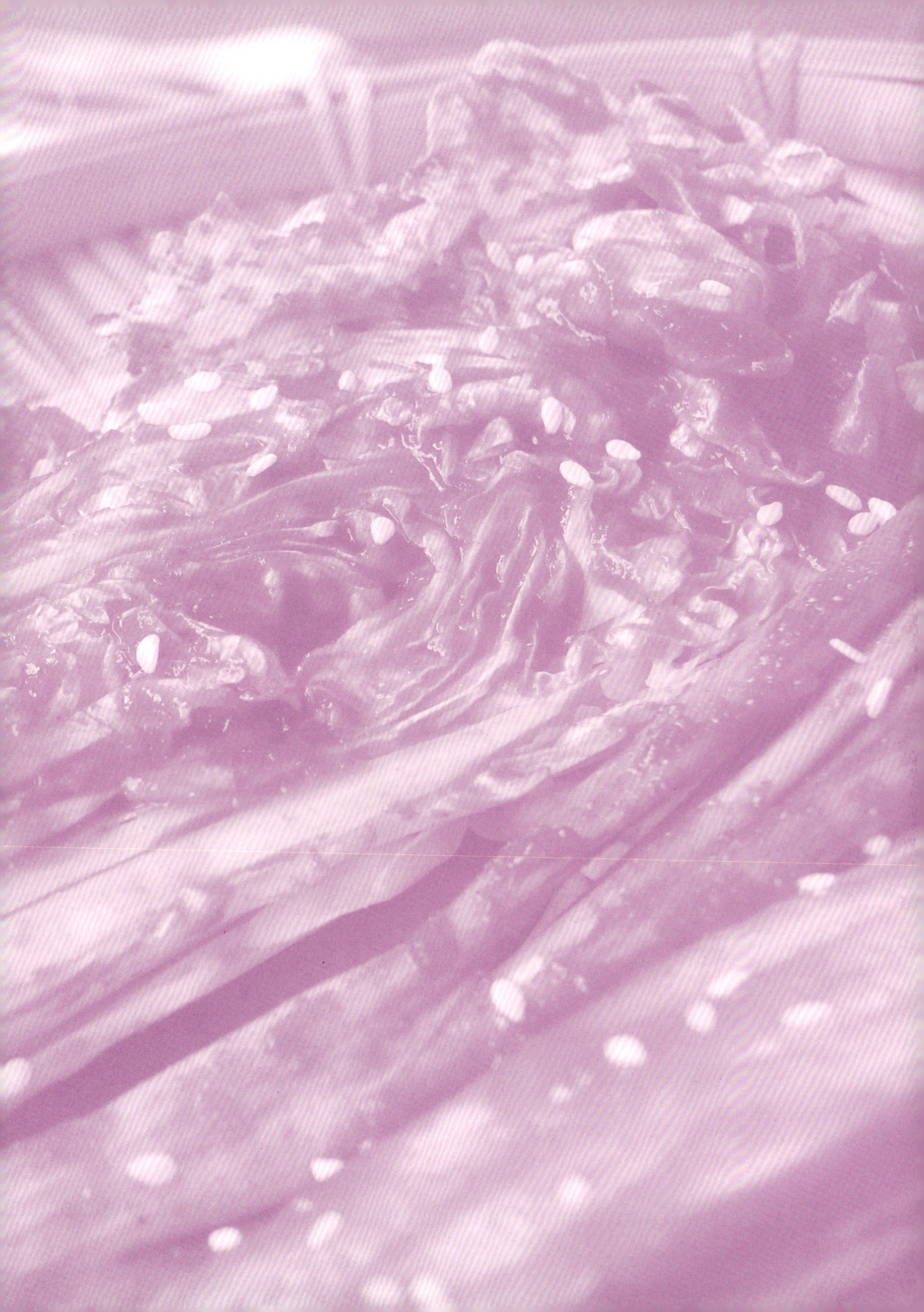

에센스 FERMENTED FOOD SCIENCE

발효식품학 개정판

㈜지구문화
JIGU CULTURE Co.Ltd

머리말

발효(fermentation)는 '끓다' 라는 라틴어의 fervere에서 유래된 것으로, 이런 현상은 술의 발효 등에서와 같이 미생물에 의한 작용의 결과입니다. 즉, 어떤 유기물질을 산화와 환원 또는 분해 등에 따라 다른 유기화합물로 만드는 화학변화 현상을 말합니다.

즉, 발효식품은 눈에 보이지 않는 미생물이 만드는 건강한 먹거리입니다.

인류는 미생물의 존재가 인식되기 훨씬 이전인 B.C 1세기 전부터 이미 경험적으로 발효기술을 이용하여 포도주, 빵, 치즈, 요구르트, 장류 등 각종 발효식품을 만들어 왔습니다.

그 후 17세기 후반에 발효의 주체가 되는 미생물이 발견되면서, 19세기 후반 이래 알코올 발효의 효소설 정착, 미생물취급법 개발, 발효기작 연구 등에 힘입어 발효식품기술은 공업화하여 근대적인 과학으로 자리잡게 되었습니다.

20세기에 이르러 발효기술은 비약적인 발전을 거듭하여 알코올·유기산·아미노산·핵산관련물질·생리활성물질·효소·항생물질 등의 발효식품생산은 물론이고, 에너지·광업·환경·식량 등의 문제 해결에도 기여할 수 있을 정도로 영역이 확대됨으로써, 현대공업의 한 분야로 자리잡게 되었습니다.

미래 식량·의료자원의 총아로 지목되고 있는 유전공학 유전자 조작기술의 발전은 미생물이 가진 기능의 비약적인 개량과 새로운 기능을 지닌 균주의 효과적인 육성을 가능케 하였습니다. 생명공학에서 가장 중요한 위치를 차지하는 발효공학은 발효생성물에 의해 생산되는 법칙성을 추구하는 학문으로서 발효공업분야의 합리적인 생산설비와 생산수단 및 발효기술개발을 목적으로 하고 있습니다.

이 책에서는 고전은 물론이고 최근 개발된 발효식품 분야를 망라하여 8개 장으로 나누어, 제1장 서론에서 발효미생물과 물질대사, 제2~7장에서는 주류를 비롯한 장류·침채류·염장식품·발효유제품·유기산발효 등 실제 생활에 이용되는 발효식품을 다루었고, 마지막 8장에서는 효모 등의 균체생산 및 광합성 균의 생산 등 미래 식량자원의 원리로서의 발효식품을 다루었습니다.

아울러 필자들은 나름대로 식품산업현장과 대학에서의 강의 경험을 살려서 발효식품학의 사전적 역할을 하도록 노력하였습니다만, 아직도 숙성되지 못한 지식이기에 완전치 못하리라 생각됩니다. 선후배 교수님들의 지도와 편달을 바라마지 않으며 앞으로 계속 보완하여 나아갈 것을 약속드립니다.

임인년 가을에

저자 대표

차 례

Contents

차 례

Chapter. 4 침채류

Chapter. 5 염장식품

Chapter. 6 발효유 제품

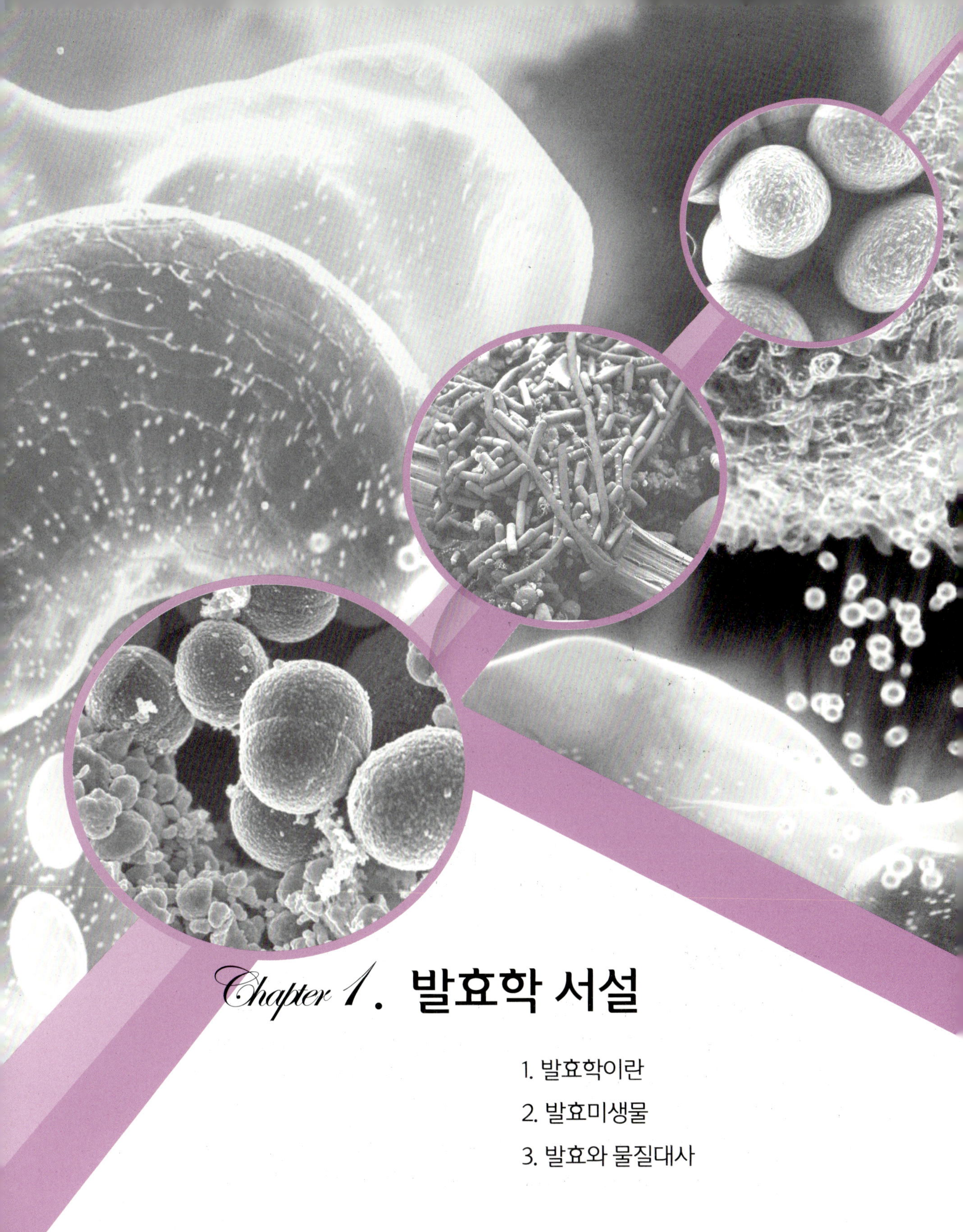

Chapter 1. 발효학 서설

1. 발효학이란
2. 발효미생물
3. 발효와 물질대사

Chapter 1

발효학 서설

학습 목표

- 발효학의 발달과정을 통해 발효식품의 개념을 이해할 수 있다.
- 발효식품을 제조하기 위한 발효미생물을 분리 및 배양할 수 있다.
- 물질대사 및 효소를 이해하고, 발효의 원리를 설명할 수 있다.

1. 발효학이란

발효는 미생물의 작용으로 일어난 화학반응이므로, 보통의 화학적 방법으로는 얻기 어려운 물질을 생화학적 반응으로 비교적 쉽게 얻을 수 있다는 장점이 있다. 옛날부터 인류는 발효를 이용하여 주류를 비롯한 각종 양조식품을 제조하여 유익하게 이용해 왔다.

즉, 미생물의 생리작용을 이용하여 유용한 물질을 생산하는 것이 발효이다. 발효에서 일어나는 미생물에 따른 생화학적 변화의 기작(mechanism, 기전)을 규명하고, 이것을 응용하여 식품이나 의약품, 그 밖의 여러 물질을 생산하는 데 목적을 둔 학문이 발효학(醱酵學, fermentology)이며, 미생물의 대사생리가 이 학문의 기초가 된다. 그러나 발효에서는 아직 그 화학적 기작이 밝혀지지 않은 것도 많다.

1. 발효학의 발달

발효학은, 17세기에 독일의 연금술사들이 물질의 개선(改善)과 악변(惡變)에 따라 발효와 부패를 구별하는 것으로부터 시작되었다. 이 때까지 많은 사람들의 관념을 지배한 것은, 아리스토텔레스(Aristoteles, B.C 384~322)가 내놓은 생물의 자연발생설(spontaneous generation)이었다.

1675년 네덜란드의 레벤후크(Leeuwenhoek)가 270배율 현미경으로, 미세(微細) 생물을 발견한 후, 이탈리아의 스팔란차니(Spallanzani, 1729~1779)는 모든 생물의 종자는 가열로 사멸시킬 수 있다는 것을 실제로 증명하였고, 또한 발효는 효모에 의하여 일어나는 현상이라는 생물설이 등장하였다.

그러나 당시 독일 화학계의 권위자인 리비히(J.F.Liebig, 1803~1873)가 효모의 분해로 일어나는 운동이 당의 조성원자에 작용하여 알코올과 탄산가스가 생성된다고 강조한 기계적 발효설을 주장하여 발효의 생물설을 잠잠하게 만들었다.

프랑스의 파스퇴르(L.Pasteur)는 1857~1876년에 걸친 광범위한 생물학적 연구를 통하여 생물의 자연발생설을 실험적으로 부인하고, 동시에 발효는 효모의 생활현상으로 산소가 없는 상태에서의 에너지 획득 수단이라는 것을 규명하였다. 그는 '생명이 없는 곳에는 발효가 있을 수 없다' 라고 주장하며 리비히와 학문적 논쟁을 벌였다.

이 논쟁의 결과는 파스퇴르가 승리한 것같이 보였으나 그 반대였다. 1897년에 독일의 부흐너(Buchner) 형제는 맥주효모를 모래와 함께 마쇄하여 생세포가 없는 상태의 액(cell free extract)에 설탕과 함께 넣어 두었는데 발효가 일어나는 것을 보고 이 추출액을 치마아제(zymase)라고 명명하였다. 이 실험으로 생명체가 없어도 발효는 일어난다는 사실을 입증하였고, 발효현상을 효소를 기준으로 연구하게 되었으며 더불어 새로운 학문분야인 생화학이 시작되었다.

1913년 독일의 노이베르크(C.Neuberg)는 처음으로 알코올 발효의 화학적 기작에 대한 4가지 형식을 발표하여 많은 비판을 받았다. 그리고 1928년에 스웨덴의 오일러(Euler)의 cozymase I(NAD), 독일의 바르부르크(Warburg)의 cozymase II(NADP)의 발견, 하든 등(Harden과 Young)의 발효 중간체인 육탄당인산(hexose phosphate)의 발견, 마이어호프(Meyerhof) 등의 근육 내의 해당작용과 젖산균의 젖산발효에 관한 연구 등으로 알코올 발효현상은 거의 규명되었다.

이러한 연구결과를 종합하여 1942~1943년에 EMP(Embden-Meyerhof-Parnas) 경로가 확립되었고 HMP(Hexose monophosphate pathway) 경로, TCA-회로, 글리옥실레이트 회로 등 당대사의 기본경로가 밝혀짐에 따라, 구연산 발효와 기타 많은 발효의 경로가 기본적으로는 당대사의 경로와 동일하거나 비슷하다는 사실이 알려졌다.

한편, 독일의 코흐(R.Koch)는 결핵균을 비롯한 많은 병원체를 발견하여 의학세균학 분야에 많은 공헌을 하였으며, 1881년경에 젤라틴 고체배지를 만들어서 미생물을 순수분리하는 기법을 처음으로 고안하였다. 같은 시기에 덴마크의 한센(Hansen)은 희석법에 의한 효모의 순수분리법을 고안하였고, 린드너(Lindner)는 현적배양법(drop culture)

을 고안하였다. 한센은 양질의 맥주를 양조하기 위해서는 유해세균이나 효모의 오염을 방지하여야 하며 우량효모를 순수분리하여 종균(種菌)으로 이용하여야 한다고 주장하였다. 또한, 코펜하겐의 칼스버그 맥주회사에서는 시험양조를 거쳐 양질의 맥주를 제조하여 그 당시 맥주양조법이었던 자연발효법을 순수배양효모에 의한 양조의 시대로 바꾸어 놓았다.

이와 같이 파스퇴르 및 코흐와 같은 학자들이 기반을 마련한 미생물학은 발효학의 발전도 가져왔다.

2. 발효식품 공학의 현재와 미래

인류는 미생물을 인식하기 전부터 천연 과일 등을 자연 발효하여 만든 식초나 술, 장류, 요구르트 등의 발효식품을 이용하여 왔다. 발효에 작용하는 미생물의 존재를 인식하고, 이 미생물의 분리·배양법과 살균법 등이 개발되어 인공배양이 가능해지면서 순수분리된 미생물을 이용하여 발효에 이용해 왔다.

이어서 유용한 미생물의 선별과 미생물의 능력을 개량하는 방법이 고안되고, 1970년대 초에는 유전공학 시대의 시작과 함께 미생물의 다양성과 특수성을 이용하게 되면서 응용범위는 더욱 확대되었다.

유전공학기술인 DNA 조작이나 세포융합기술은 미생물의 기능을 비약적으로 개량하고 원래는 존재하지 않던 성질까지도 인위적으로 부여할 수 있게 되었다.

발효공업은 오늘날 상당한 규모의 산업으로 발전하였으며, 다음과 같은 이유로 발전 가능성이 큰 분야라고 할 수 있다.

첫째, 수많은 미생물에서 특이한 능력을 발견하고 이런 특성을 인공변이 기술을 이용하여 개량하며, 유용성(有用性)을 부여한다는 점이다. 예를 들면 미생물에서 내열성 효소를 발견하여 발효될 때의 살균이나 냉각 등에 필요한 에너지를 대폭 절감할 수 있게 하는 것이다.

둘째, 발효공업에서 고갈되지 않는 원료의 개발이 요구된다는 것이다. 예로써 해마다 식물로부터 대량 생산되는 섬유소를 효소적으로 분해하여 포도당액으로 변화시킨다면 훌륭한 발효원료가 될 수 있다.

셋째, 발효 단백의 식량화로 인구폭발에 의한 단백질 부족현상을 극복할 수 있다는 점이다.

특히 식품산업분야에서는 식품의 풍미와 물성의 개량, 안전한 식품첨가물의 개발, 미생물 단백질의 식·사료에 대한 응용 등이 중심과제라고 할 수 있다.

3. 발효공업의 분야

발효공업은 광범위한 산업분야에 걸쳐서 발전하여 왔다. 편의상 대별하면 다음과 같다.

(1) 각종 주류제조 및 알코올 제조(주정제조)

(2) 발효식품 제조 : 간장, 된장, 식초, 젖산 음료, 치즈, 채소 절임류

(3) 유기산 제조 : 구연산(citric acid), 젖산(lactic acid), 사과산(malic acid), 글루콘산(gluconic acid)

(4) 균체생산 관련 공업 : 빵 효모생산, 사료용 효모생산, 고단백 효모생산(SCP : single cell protein), 고핵산 효모

(5) 아미노산 발효공업 : 글루탐산, 리신(lysine) 등의 아미노산

(6) 핵산 관련물질 생산 : 이노신산(inosinic acid), 구아닐산(guanylic acid), ATP, NAD, FAD

(7) 효소생산 및 효소 이용공업

(8) 당류 관련물질 생산 : 덱스트란, 사이클로덱스트린, 리보오스, 잔탄검

(9) 항생물질 생산

(10) 생리활성물질 생산 : 의약 및 농약용 항생물질

(11) 미생물 이용 환경정화

(12) 기타 : 미생물 이용 채광(採鑛) 등

2. 발효미생물

발효미생물이란 분류학상의 특정한 일군(一群)을 가리키는 것이 아니고, 발효식품에 관여하는 여러 미생물들을 지칭하는 편의상의 용어로, 일군(一群)의 곰팡이·효모·세균들을 총칭하는 용어이다.

1. 발효미생물의 분리와 보존

미생물의 분리에서 우선 행해야 하는 것은 목적 미생물이 정착하고 있다고 생각되는 기질을 채취하는 것이다. 미생물은 기질의 종류, 부위, 기질의 상태, 산지, 계절 등에 따라 달라질 수 있다.

또한, 미생물의 생육정도는 온도·배지·pH·영양원 등의 인자에 따라 달라지므로, 분리의 목적에 맞도록 배지조성이나 배양온도 등의 분리조건을 선택하여야 한다.

자연계에서 미생물은 많은 종류가 집단으로 섞여서 생육하므로 미생물의 종류와 수는 채취원에 따라 크게 다르다. 따라서 혼재하는 미생물을 단리하는 조작으로써, 한천 등을 첨가한 고체배지를 이용하여 순수분리를 한다. 순수분리조작에서 나타나는 집락(集落, colony)은 분리원에 서식하는 미생물의 일부이므로 목적 미생물을 분리하기가 어려운 경우가 많다. 따라서 목적 미생물의 농축조작인 집적배양(농화배양, enrichment culture)을 하게 된다.

집적배양은 영양원이나 산소농도 등의 조절에 의하여 특정 미생물만이 증식 가능하도록 인공적으로 조건을 조성하여 미생물을 증식시킨 다음, 그 배양액을 분리원으로 하여 목적 미생물을 분리하는 방법이다. 집적배양에는 목적 미생물 이외의 미생물 생육을 저해하는 약제, 즉 항생물질·색소류·계면활성제·유기산·페놀 등을 첨가하기도 한다.

순수분리된 미생물을 대상으로 목적에 부합한 균주인가를 조사하는 검색(screening)은 매우 중요한 조작이다.

(1) 미생물의 배양

배양은 목적하는 미생물을 적당한 배지에 접종하여 온도와 산소 등의 적당한 조건 아래에서 증식시키는 일련의 과정이다. 발효공업은 실험실에서 균주와 배지를 선정하고, 이것을 공업적 규모로 확대 배양하여 목적물을 생산하는 것이다. 실험실에서 얻은 배양조건을 어떻게 재현하여 효율적이고 경제적으로 배양과 생산을 할 수 있는가를 연구하는 것이 배양공학(culture engineering)이다. 배양공학에서는 실험에서 얻은 모든 현상을 정량화(定量化)하여 활용하는 것이 기본이 된다.

이때 목적 미생물 외의 오염을 방지해야 하며, 자연계에서 분리한 미생물 일부는 사람에게 유해하므로 그 취급에 세심한 주의가 필요하다.

(2) 미생물의 증식

미생물의 증식 방법에는 많은 세균류들이 하는 분열법(binary fission), 대부분의 효모들이 하는 출아법(budding), 곰팡이와 방선균들의 균사들에 의한 신장(hyphal growth) 등이 있다. 미생물의 증식에 대한 설명은 균수나 균체량으로 표현하는 증식총량과 속도로 표현하는 증식속도가 있다.

1) 증식총량

최적조건의 배양액에서 증식될 수 있는 최대균체수는 세균에서는 mL당 10^{11}, 효모에서는 10^{9} 정도가 된다. 균체수의 측정은 Thoma 혈구기를 이용한 현미경 직접 측정법과 희석배율에 의한 고체배지상의 배양법이 있다.

혈구측정기에 의한 직접 측정법은 단시간에 균수를 셀 수 있다는 시간적 이점이 있으나, 죽어 있는 사세포(死細胞)까지 계산하게 된다는 단점도 있다. 배양법은 살아 있는 생균수(生菌數)를 계측할 수 있는 장점이 있는 반면, 육안으로 관측될 때까지 배양하여야 하는 2~3일 동안의 배양시간이 필요하다는 단점이 있다.

- 균체량 측정 방법

① 배양액을 원심분리하여 침전된 균체량(packed cell volume)을 측정하는 방법

② 일정하게 희석한 배양액을 분광광도계로 측정한 흡광도를 미리 작성한 흡광도—균체량 직선에서 균체량을 환산하는 방법

③ 일정한 배양액 중의 질소, DNA, RNA, ATP 및 chlorophyll 등을 분석하여 균체량을 환산하는 방법

2) 증식 속도

증식속도를 나타내는 지표로는 세대시간(世代時間, generation time, g)과 비증식 속도가 있다.

① 세대시간

세균 세포에서 처음 분열부터 다음 분열까지의 시간을 말하는데, 세균이나 세포에 따라 일정하지 않으므로 균수가 2배로 되는 시간(doubling time)을 세대시간이라고도 한다.

대부분의 효모는 출아법에 의해 증식하므로, 세대시간과 균수가 2배로 되는 시간(doubling time)이 반드시 일치하지는 않는다. 그러므로 균수보다는 균체량을 측정하여 2배로 되는 시간을 평균 세대시간으로 할 때가 많다.

예를 들어서 최초의 세균수를 a, 최종의 세균수를 b, 분열한 세대를 n, 시간을 t라고 하면, 세균은 언제나 2개씩 분열하므로 다음과 같다.

$$2^n \cdot a = b \qquad 2^n = b / a$$

$$n = \frac{\log b - \log a}{\log 2} = \frac{\log b - \log a}{0.301} = 3.3(\log b - \log a)$$

$$\text{그리고, 세대시간 } g = t/n\ ,\ = \frac{0.301 \times t}{\log b - \log a}$$

② 비증식(比增殖) 속도

증식하고 있는 미생물세포 집단에서 영양성분이 충분하며 증식의 저해인자가 없는 상태에서는 어떤 세포도 같은 증식양상을 나타내는 것으로 가정하면 증식속도는 그 때 존재하는 미생물량에 비례하므로, 미생물량을 x, 시간을 t라고 하면, 세포의 증식 속도를 다음 식과 같이 나타낼 수 있다.

$$dx / dt = \mu x$$

μ는 단위생물량당 증식속도로, 비증식 속도(specific growth rate)라고 부른다. μ의 값은 미생물의 종류에 따라 다르며, 동일한 미생물이라도 배양환경에 따라서 변화한다.

x는 여러 가지의 양(量)으로 표현되며, 세포수 및 건조중량에 대한 농도 또는 단위 체적당의 광학밀도(光學密度)가 일반적으로 사용되고 있다.

(3) 미생물의 보존

발효식품 공업에서 사용하는 균주는 그 특성이 계속 유지되게 보존하는 것이 매우 중요하다. 균을 장기간 사용하다가 보면 균의 특성이 변화되거나 노화 및 사멸 또는 잡균의 오염 등으로 많은 문제가 발생한다. 따라서 철저하게 계획된 관리를 통하여 오염방지는 물론이거니와, 생세포의 대사활동을 억제하여 휴지상태(休止狀態)로 만들어서 세포의 노화를 막는 방법 등을 강구해야 한다.

미생물 보존방법들에는 계대배양법, 유동 파라핀 중층법, 동결법 및 동결건조법, 그리고 토양 또는 모래중 보존법 등이 있다.

보존균주들은 유전적 성질의 변화로 변이를 일으키므로 세포분열에 따른 핵의 복제를 억제함으로써 유전물질의 변화를 막아야 한다.

현재 영양세포나 포자를 보존하는 방법 중에서는 균체를 앰플(ampoule)에 넣은 후에 −196℃의 액체질소 중에서 보존하는 방법이 가장 좋으며, 이 방법은 해동 후의 생존율이나 생리활성에도 거의 변화가 없는 것으로 알려져 있다.

표 1-1 미생물의 세대시간

미생물명	세대시간
Aerobacter aerogenes	21분
Bacillus megaterium	22~31분
B. stearothermophilus	11~16분
B. subtilis	26~32분
Corynebacterium glutamicum	60분
Brevibacterium ammoniagenes	60분
Erwinia carotovora	57분
Escherichia coli	20분
Lactobacillus acidophilus	66~87분
Proteus vulgaris	22분
Pseudomonas fluorescens	34~40분
Salmonella typhimurium	15~20분
Serratia marcescens	22분
Vivrio marinus	81분
Saccharomyces cerevisiae	1.5~2.0시간
Schizosaccharomyces pombe	4.0시간
Chlorella ellipsoidea	6.7시간

일반적으로 미생물을 0~4℃로 보존하면 약간의 증식을 하지만, 실온에서 보관하는 것보다는 안전하다.

효모 등의 경우에 동결건조 보존방법도 널리 이용되며, 동결건조된 균체는 실온에서 몇 년 동안 보존하여도 유전적 변화가 일어나지 않는다고 한다. 이와 같은 방법들은 세포 내의 수분을 고정하여 생명현상을 일시 정지시키는 원리를 이용하는 것이다.

(4) 배양 형식

배양형식은 미생물을 적당한 영양원과 기타 물리화학적 조건을 조절한 액체배지(liquid medium)에서 생육시키는 액체배양과 적당한 수분을 함유한 고체배지(solid medium)에서 생육시키는 고체배양으로 대별되며, 배양균주의 산소요구성에 따라 호기적 발효(aerobic fermentation)와 혐기적 발효(anaerobic fermentation)로 나눈다.

1) 액체배양 (Liquid culture)

① 표면배양 (表面培養, surface culture)

호기적인 정치배양(靜置培養)이며, 미생물은 액면에 균막을 형성하거나 부유되어 있는 상태이며 공기(산소)의 공급은 공기 중에서 액체로의 계면(界面)을 통하여 자연확산으로 이루어진다.

② 심부(액침)배양 (深部培養, submerged culture)

공기를 발효조 외부에서 배양액에 인위적으로 공급하는데, 최근에는 기계적인 교반과 기포의 미립화로 공기와 액체의 계면을 최대화하여 산소의 용해속도를 촉진시킴으로써 발효미생물의 산소 이용률을 높여서 배양속도를 크게 하는 방법이 개발되어 있다.

이 방법은, 미생물 세포가 현탁되어 있지 않은 표면배양과는 달리, 미생물이 배양액 중에 균일하게 현탁되어 있다. 그러므로 미생물에 대한 기질의 이동이 균일하고 효율적으로 이루어진다. 근래의 발효공업에서는 대부분 이 배양법을 택하고 있다.

2) 고체배양 (solid culture)

적당한 수분을 가진 고체기질(배지)의 표면에 미생물을 배양하는 방법이다. 공업적으로는 농산물이나 그 폐기물을 주로 이용하므로 수분이나 pH 등을 조정하여 호기성인 곰팡이들을 고체의 표면에서 배양을 한다.

고체배양의 장점 Check point

① 원료의 전처리가 비교적 단순하다.
② 농산물이나 그 폐기물들은 수분활성(Aw)값이 비교적 낮기 때문에 세균의 증식을 억제하고 곰팡이류가 우선적으로 잘 증식한다.
③ 액체배양과는 달리, 목적하는 발효부산물을 회수하기가 간편하다.
④ 산소공급 등이 용이하다.

고체배양법을 널리 이용하는 분야는 양조공업의 각종 효소제인 국(麴)의 생산 부분이지만, 가수분해 효소인 펙티나아제(pectinase)의 생산 또는 식용버섯의 재배 등에도 이용되고 있다.

(5) 배양방법

배양방법으로는 회분배양(回分培養), 연속배양(連續培養), 유가배양(流加培養) 등이 있다.

1) 회분배양(batch culture)

준비한 원료기질에 미리 준비된 발효종균을 첨가하여 발효시킨 후에 목적하는 발효물을 회수하는 방법이다. 아직까지 대부분의 발효공정은 회분발효형식이 대부분이며, 공정은 다음과 같다.

발효조(tank)의 살균→매싱(mashing)→발효→배출(발효물의 회수공정)→발효조의 세척 및 살균.

2) 연속배양(continuous culture)

회분배양을 진행하고 있는 배양조에 연속적으로 멸균된 배지를 첨가하고 다른 쪽에서 첨가하는 양만큼 배양액을 배출시킴으로써 장시간 연속적인 발효를 하는 방법이다.

연속배양에서는 배지의 농도, 발효균의 농도, 발효생산물의 농도, pH 등을 일정하게 유지하는 장치나 기술이 필요하다.

공업적인 연속배양은 잡균오염의 위험성이 높으므로 세심한 주의가 필요하며, 현재 사용되는 분야는 일부의 알코올 발효·초산발효·효모의 생산 등에서 이용된다.

3) 유가배양(fed-batch culture)

발효나 미생물 배양이 끝날 때까지 배양액을 유출시키지 않고, 배양액에 영양물질 혹은 기질을 함유한 농축액을 계속 공급하고 기질의 농도가 항상 일정하도록 조정하며 배양 또는 고농도의 알코올 발효를 위하여 일정량의 고농도 당을 조금씩 공급하고 발효시키는 방법으로 반회분배양(fed-batch culture)이라고도 한다. 원래는 독일어의 zű-lauf verfahren이라는 말에서 유래되었다.

회분배양에서는 기질을 전량 첨가한 다음, 배양 혹은 발효시키기 때문에 기질농도는 조금씩 감소된다. 연속배양에서는 기질을 공급하면서 배양액을 유출시키므로 기질농도를 조절하기가 어렵다. 그러나 유가배양에서는 기질을 적당한 속도로 공급하여 미생물에 의한 소비량과 균형을 맞춤으로써 기질농도를 임의로 조절할 수 있는 장점이 있다.

예를 들어, 빵효모 생산에서 효모는 일정한 당농도를 넘어서면 아무리 호기적이라도 알코올 발효를 하는, 이른바 Crabtree effect(포도당 효과)라는 현상으로 인하여 대당수율이 저하된다. 이러한 경우에 사용하는 방법이 유가법이다.

> *Tip*
>
> **Crabtree effect**
>
> 사용되는 당이 균체량의 증가가 아닌 부산물로 취급되는 알코올을 생성하는 현상

균의 증식을 저해하는 물질, 즉 에탄올·메탄올·초산 등과 같은 기질을 사용하는 경우나, 포도당과 같이 그 농도가 높아지면 대사억제(catabolic repression)가 일어나서 목적산물의 생성을 억제하는 경우, 또는 영양요구성 균주의 배양에서 비타민이나 아미노산과 같은 요구물질을 일정량 첨가하여야 하는 경우 등에 이들 특정물질의 농도를 일정하게 유지시키기 위하여 유가법을 사용한다.

- 유가법의 종류

① **정속유가법**(定速流加法) : 기질의 공급속도를 일정하게 유지하여 배양하는 방법

② **지수적**(指數的) **유가법** : 빵효모 생산 등의 미생물 배양공업에서 미생물 생육의 대수증식기를 장시간 유지시키기 위하여 대수증식의 유지에 맞도록 기질을 공급하는 방법

③ **피드백 조절**(feedback 調節) **유가법** : 배양상태를 조사하여 그 변동을 지표로 유가속도를 추정하여 최적의 배양이 되게 하는 방법

3. 발효와 물질대사

생물이나 미생물들은 영양물질을 흡수하여 그것을 분해하는 이화작용(異化作用, catabolism)과 생체에 필요한 성분으로 재합성하는 동화작용(同化作用, anabolism) 또는 구성대사(構成代謝, assimilation)를 하는데, 이들을 총칭하여 대사(代謝, metabolism)라고 한다.

대사는 ① 에너지 획득을 위한 대사와 ② 생체성분 합성에 필요한 기초물질을 공급하기 위한 대사로 나뉘는데, 이를 기본대사과정(basic metabolic process) 혹은 1차대사라고 한다.

이때 생성되는 대사산물들은 각종 유기산, 아미노산, 알코올, 지방산, 지방, 핵산 등이다.

2차대사(secondary metabolism)는 주로 합성반응으로, 이때 생성되는 물질들로는 생명유지에 중요한 역할을 하는 것들 외에 그 생리적 역할이 불분명한 알칼로이드, 테르펜류 색소, 항생물질 등이 있다.

1. 호흡(respiration)과 발효(fermentation)

생명체의 생명유지와 증식을 위하여는 영양물질의 분해와 생체성분의 생합성을 하기 위한 에너지의 공급이 필요하다. 미생물이 외부세계에서 취할 수 있는 에너지원은 태양의 복사(輻射) 에너지인 ① 빛 에너지 이용과 ② 화학물질의 산화·환원반응에 의한 에너지 이용이 있다.

녹색식물과 같이 일부 광합성 미생물은 태양 에너지를 흡수하여 유기물을 합성하며, 기타 일반 세포는 이화작용(분해작용, 호흡, 대사, dissimilation) 등에 의하여 에너지를 생활 현상의 원동력으로 한다.

세포의 물질대사에는 유리산소로 물질을 완전히 산화(연소)시켜서 그것이 지닌 모든 화학적 에너지를 해리시키는 **호기적 호흡**(好氣的呼吸, aerobic respiration)과 물질을 분해하여 열량이 적은 다른 물질로 전환시키는 한편, 일부의 열량만을 유리시키는 **혐기적 호흡**(嫌氣的呼吸, anaerobic respiration)의 두 가지가 있다. 발효 과정도 일종의 혐기적 호흡이다.

발효는 미생물이 산소가 없는 상태에서 당이나 기타 유기물을 그보다 에너지가 적은 중간물질로 분해시켜 생성되는 에너지를 이용하여 균체의 합성이나 증식을 꾀하는 현상을 말한다.

그러나 근래에는 더욱 넓은 뜻으로 사용되어 유리 산소의 존재 상태에서 미생물이 유기화합물을 불완전 산화하여 대사중간산물을 축적하는 현상을 산화적 발효라고 하며, 아미노산 발효와 같이 미생물이 합성반응으로 아미노산을 축적하는 것과 같은 현상에도 발효라는 말을 사용한다. 즉, 미생물이 어떤 특정한 물질을 주요 대사산물로 축적하는 현상을 발효라고 한다. 그리고 그 생산물의 이름을 붙여서 알코올 발효라든가 젖산발효 등으로 부른다. 더욱이 발효식품학과 같은 경우에는 그 의미가 확대되어 미생물을 이용하여 식품을 제조하는 것을 총칭하는 경우가 보통이다.

호흡은 생물이 소위 호흡효소계로 분자상 산소를 전자수용체(electron acceptor)로 하여 당이나 기타 유기물을 완전히 산화하여 CO_2와 H_2O로 분해하고 그때 생성되는 에너지를 생활에 이용하는 현상이다. 따라서 호흡이나 발효는 생육을 위한 에너지 획득의 수단이라는 점에서는 본질적으로 차이가 없고, 최종산물에서 차이가 있는 것이다.

2. 에너지 획득 기작

에너지 생성작용은 물리적 혹은 화학적 에너지를 모든 지구상의 생물에게 공통적으로 이용할 수 있는 형태인 ATP로 전환하는 것이라고 하겠다. 관련된 대사계는 발효, 호흡, 광합성으로 대별된다. ATP의 구조는 그림 1-1과 같다.

그림 1-2의 두 곳의 결합(~)은 고에너지결합(energy rich bond)이라고 불리며, 가수분해되면 30.5KJ/mole(7.3kcal/mole)의 열을 발생시킨다. 따라서 ATP는 두 가지의 고에너지결합에 의해 61KJ/mole(14.6kcal/mole)의 에너지를 보유하게 된다. 이 화학적 에너지가 생체에서 다른 화합물에 옮겨짐으로써 생화학 반응이 진행된다.

동식물 및 미생물 등 호흡을 하는 생물의 세포에는 주로 미토콘트리아 내에 호흡효소계가 존재한다. 호흡효소계는 TCA-회로에 관여하는 효소계와 전자전달계(電子傳達系, electron transport system)를 말한다.

당으로부터 피루브산염(pyruvate)이 생성되어 TCA-회로에서 완전히 탈수소(脫水素)될 때에 NAD, NADP, 시토크롬 b 등이 환원형으로 되고, 이것이 산화형으로 되돌아갈 때에 그 전자는 전자전달계를 거쳐서 최종적인 전자수용체가 되는 산소에 전달되어 물이 생성된다. 이와 같이 전자전달계를 전자가 이동하는 동안에, 이 에너지는

ADP→ATP의 변화를 중개하여 생물에 이용되며, 이를 산화적 인산화(oxidative phosphorylation)라고 하며, 이것이 호흡의 목적이라고 할 수 있다.

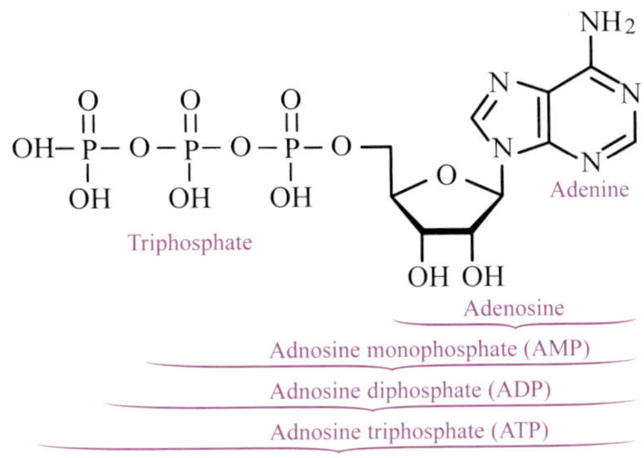

그림 1-1 ATP의 구조

(1) 생체반응과 자유에너지

세포 내의 모든 화학반응을 총괄하여 중간대사(中間代謝)라고 하며, 생세포(生細胞)에서는 합성과 분해가 병행하여 이루어진다. 즉, 한 화합물의 분해로 생성된 에너지가 다른 화합물의 합성에 이용되게 된다.

에너지 대사는 어떤 화합물이 효소의 작용으로 분해되어 몇 가지 고에너지 화합물을 생성하고, 이것이 여러 가지 다른 목적에 사용되는 것을 말한다.

에너지 대사는 다음과 같은 ATP→ADP로 되는 반응에 있다. ADP는 대사과정에서 생기는 고에너지 화합물에서 인산기(燐酸基)를 받아서 ATP로 된다. 이 ATP가 각종 합성반응에 이용되고, 각종 운동·분비·흡수·전도 등의 생리활성에 이용되며, 다시 ADP로 되돌아간다.

생화학이나 발효화학에서 에너지 변화를 이해하려면 열역학(熱力學, thermodynamics)의 기초가 필요하며, 특히 자유에너지(G)에 대한 개념이 필요하다. 어떤 물질 A가 가지는 총 자유에너지를 측정할 수는 없다. 그러나 A가 B로 변화하는 경우, 즉 A⇄B가 될 때에 이 두 물질이 가지는 자유에너지의 차이(ΔG)를 논할 수는 있다. ΔG는 A가 B로 변할 때에 외부로 낼 수 있는 최대의 에너지량이다. 만약, 생성물 B의 자유에너지(GB)가 처음의 물질 A의 자유에너지(GA)보다 적으면 ΔG는 부(負)가 된다. 즉, $GA>GB$이라면 $\Delta G=GB-GA<0$, 또 B가 A로 변화하면 자유에너지는 증대한다.

즉, ΔG는 정(正)이 된다.

자발적으로 진행되는 반응에서 자유에너지는 감소되며, ΔG가 정(正)인 경우에는 에너지를 공급하여야만 반응이 일어난다.

그러나 ΔG가 부(-)가 된다는 것과 그 반응 속도와는 관계가 없다. 예를 들어, 포도당이 산소에 의해 산화되어 물과 탄산가스로 되는 호흡 반응에서 ΔG는 포도당 1mole에서 약 −2,870KJ(−686kcal)로 대단히 큰 부(負)의 값이지만, ΔG의 크기는 반응속도와는 관계가 없다. 즉, 촉매가 있으면 포도당의 산화는 몇 초 사이에도 일어나며, 보통 생체에서는 몇 분 내지 몇 시간에 걸쳐 진행된다. 그러나 어떤 촉매도 없이 포도당을 실온에서 공기에 노출시켜 장기간 방치하여도 산화는 되지 않는다.

어떤 반응의 속도를 결정하는 것은 그 반응의 활성화 에너지이다. A⇄B의 반응은 활성화복합체 A′를 거쳐서 진행된다. A가 B로 되려면 에너지를 소비하여 A′의 상태로 되어야만 한다. 이때에 필요한 에너지가 활성화 에너지이며, 이것이 적으면 반응은 쉽게 진행되고, 크면 반응은 거의 진행되지 않는다. 효소를 비롯한 각종 촉매는 활성화 에너지를 저하시켜 진행을 돕게 된다.

(2) ATP의 합성반응

ATP(Adenosine TriPhosphate)는 세포 내의 에너지 운반체가 되며, ATP합성반응에는 산화적 인산화(酸化的燐酸化)와 기질준위 인산화(基質準位燐酸化)가 있으며, 광합성을 하는 미생물들은 광합성 인산화(光合成燐酸化)를 하여 ATP를 합성한다.

ATP는 세포 내의 에너지 공급반응(exergonic reaction)과 에너지 요구반응(endergonic reaction)과의 에너지 공역(公役)에서 중간물질로서 중심적 역할을 하고, ATP→ADP로 되는 작용으로 세포 내의 효소계와 특이적인 관계를 형성한다. 그러므로 영양분의 산화에 의해서 생성되는 에너지는 ATP의 결합에너지로 저장된다. 미생물의 에너지 획득 반응은 그 반응으로 몇 몰(mole)의 ATP가 생성되는가로 비교된다.

1) 산화적 인산화 (oxidative phosphorylation)

산소를 최종전자수용체로 하고 기질의 산화로 ATP가 합성되는 것을 산화적 인산화라고 한다. 일반적으로 유기화합물의 산화는 그 화합물에서 수소원자나 전자를 빼냄으로써 이루어진다. 당(glucose, 포도당)의 분해와 산화에서와 같이 보통 2개의 수소원자($2H^{+}+2e$)가 NAD를 조효소로 하는 여러 가지 탈수소효소에 옮겨져서 NADH로 되고, 황색의 플라빈(flavin)효소와 적색의 시토크롬(cytochrome)효소 등을 거쳐서 순차로 산화와 환원을 반복하며 최종에는 분자상의 산소를 환원하여 물로 된다. 이 과정에서 전자는 점차 높은 산화환원전위(酸化還元電位)의 상태로 옮겨가면서 각 단계에서 에너지를 유리한다. 이 각 단계의 반응에서는 보통 수소원자 2개마다 3mole의 ATP가 생성된다.

$$NADH + H^+ + 1/2\ O_2 + 3ADP + 3Pi \longrightarrow NAD^+ + H_2O + 3ATP$$

(Pi는 무기인)

그러나 호박산 탈수소효소가 관여하는 반응에서는 2몰(mole)의 ATP만이 생성된다. 영양분이 가지는 화학적 에너지의 대부분이 산화적 인산화로 유리되어 축적되고, 이 산화적 인산화 반응은 비수용성(非水溶性) 효소군으로 이루어진다. 산화적 인산화가 이루어지는 곳은, 진핵세포에서는 미토콘드리아의 내막, 그리고 원핵세포에서는 세포막과 메소솜(mesosome)이다.

2) 기질수준 인산화 (substrate level phosphorylation)

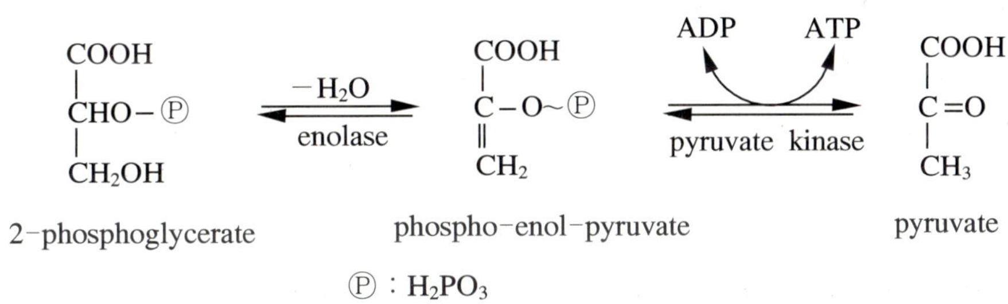

그림 1-2 기질수준 인산화의 예

그림 1-2의 반응식과 같이 탈수(dehydration) 혹은 탈수소(dehydrogenation)반응을 함으로써 인산화가 된 어떤 화합물 분자 내의 에너지 분포상태를 바꾸어 고에너지 인산결합을 형성시키고, 이것과 ADP를 반응시켜 ATP를 합성하는 방법이다. 기질수준 인산화에서는 언제나 1몰의 ATP가 생성된다.

기질수준 인산화는 완전한 혐기적 조건 아래에서 일어난다. 발효에 의해 ATP를 생성하는 미생물로는 편성 혐기성균(偏性 嫌氣性菌, obligate anaerobes)과 통성 혐기성균(通城嫌氣性菌, facultative anaerobes)이 있으며, 통성 혐기성균은 산소가 존재할 때에 ATP 생성양식이 발효에서 호흡으로 바뀌는 것이 보통이다.

3. 미생물의 기본적 대사형식

미생물은 기본적으로 최종전자수용체로 이용하는 물질의 종류에 따라서 다음과 같이 대별된다.

(1) 호흡(呼吸, respiration)

호흡이란 유기 또는 무기화합물이 전자공여체가 되며, 주로 무기화합물이 전자공여체로 되어 전자전달계를 거쳐 ATP를 생성하는 반응이다. 통상 최종전자수용체는 분자상의 산소인데, 이를 호기호흡(好氣呼吸, aerobic respiration)이라고 한다.

이와는 달리, 일부 세균에서는 산소 이외의 NO_3^-, SO_4^{2-}, CO_3^{2-} 등의 무기염이나 푸마르산염(fumarate) 등을 전자수용체로 하는 호흡반응을 하는데, 이를 혐기호흡(anaerobic respiration)이라고 한다.

호기성 미생물에서는 산화적 인산화의 과정을 통하여 ATP를 생성한다.

산화적 인산화는 진핵세포의 미토콘드리아 내막에서 일어나며, 산화환원반응과 공역하여 일어나는 ATP 생성반응이다.

호기성 생물에 있어서 수소원자는 분자상 산소를 환원하는데, 이 과정은 많은 전자전달체(electron carriers)와 다수의 효소가 공역(公役)하고, 또한 지질함량이 높은 단위막에서 행해진다. 진핵세포에서는 미토콘드리아의 단위막이, 그리고 원핵세포에서는 세포막이 전자전달계(electron transport system)를 함유하고 있다.

전자전달계는 고분자화합물로서 플라빈 단백질(flavine protein)과 시토크롬(cytochrome)류가 관계하고 있으며, 저분자화합물로서는 퀴논(quinone)류가 관계하고 있다. 전자전달계에서 퀴논의 역할은 확실하지는 않으나, 플라빈 단백질과 시토크롬의 사이에서 어떤 역할을 하고 있다고 추측된다.

플라빈 단백질은 보결분자족(prosthetic group)으로서 flavine mononucleotide(FMN)나 flavine adenine dinucleotide(FAD)를 함유하는 효소로 가역적인 산화환원을 행한다. 시토크롬은 heme 단백질에 속하는 효소로 전자전달계에는 3종의 시토크롬이 관여하며 시토크롬 b, 시토크롬 c, 시토크롬 a, 산소의 순으로 전자가 전달된다. 미생물 특히 세균의 전자전달계에 대해서는 아직까지 밝혀지지 않은 점이 많다.

호흡으로 유기물을 완전히 산화하였을 때는 CO_2와 H_2O를 생성한다. 예를 들면, 1몰의 포도당(포도당)을 EMP-경로와 TCA-회로를 거쳐서 완전산화를 하였을 때, 기질수준 인산화에 의하여 3개소×1ATP×2(1mole의 포도당에서 glyceraldehyde-3-phosphate가 2mole이 생성), 즉 6ATP 그리고 산화적 인산화에 의해 (5개소×3ATP+1개소×2ATP)×2=34ATP 합계 40ATP가 생성되나, EMP-경로의 2개소에서 각 1ATP가 소비되므로 결과적으로 38ATP가 생성된다.

그러나 미생물은 호흡에 의하여 생성된 에너지와 대사중간분해산물을 이용하여 균체의 합성과 증식 등을 실행한다. 그러므로 소비된 포도당의 일부가 완전 산화되어 CO_2와 H_2O로 되는 데 그친다. 또 어떤 미생물은 유기물을 더욱 산화된 상태인 탄산가스까지 산화하지 않는 소위 불완전 호흡(산화 발효)을 한다. 초산균이 에탄올(ethanol)을 산화하여 초산을 생성하는 경우이다.

$$CH_3CH_2 \cdot OH + O_2 \longrightarrow CH_3 \cdot COOH + H_2O$$

미생물의 불완전 호흡으로 생성되는 기타 대사산물로는 글루콘산, 시트르산, 알파-케토글루콘산, 옥살산 등이 있다.

(2) 발효(醱酵, fermentation)

발효란 에너지 생성기작 중 가장 간단한 경우로, 기질로 되는 유기화합물이 미생물의 작용으로 더욱 간단한 화합물로 분해되고 그 분해산물이 상호 산화환원하며, ATP를 생성하고 대사과정에서 생성된 유기화합물 자체가 최종전자수용체로 되는 반응이다.

즉, 유기화합물이 수소공여체(水素供與體, hydrogen donor)로 되고, 같거나 다른 유기화합물이 수소수용체(水素受容體, hydrogen acceptor)가 되며, 수소원자의 공여와 수용에는 산화형 및 환원형 pyrimidine nucleotide(NAD/NADH 및 NADP/NADPH)가 관여하고, 발효 전과정을 통하여 산화환원의 균형(balance)은 유지되며, 이 산화환원 균형에서 생겨나는 약간의 에너지를 화학에너지로 전환하는 것이 발효이다.

이런 산화환원의 엄밀한 균형의 유지성으로 말미암아 한정된 범위의 유기화합물만이 발효의 기질로 된다. 발효의 기질은 주로 탄수화물이 되며, 그 밖에도 유기산, 아미노산, 퓨린(purine), 피리미딘(pyrimidine) 등도 기질이 된다. 그러나 현저히 산화된 것이나 환원된 것은 발효의 기질이 될 수 없다. 또한, 자연계에 존재하는 동식물의 고분자물질, 즉 셀룰로오스, 펙틴, 키틴, 프로테인 등은 가수분해되어 저분자의 당이나 아미노산으로 분해되어야만 발효의 기질이 될 수 있다.

발효에 있어서의 에너지 생산은 기질준위 인산화에 의해서만 ATP가 생성된다. 즉, 알코올 발효에서는 2분자의 1,3-diphosphoglycerate에서와 2분자의 phospho-enolpyruvate에서의 기질준위 인산화에 의해서 총 4ATP가 생성되지만, 포도당의 인산화에 2ATP가 소비되므로 결국은 2ATP가 생성되는 셈이다. 젖산 발효에서도 이와 같이 2ATP가 생성된다. 따라서 호흡에 의한 38ATP 생성에 비하면 능률이 아주 좋지 못하다.

1mole의 포도당에서 알코올 발효인 경우에 2mole의 ATP가, 그리고 호흡인 경우는 38mole의 ATP가, 각각 상당하는 양의 ADP에서 생성된다고 해서 실제로 2mole 또는 38mole의 ATP가 축적된다는 것은 아니다. ADP→ATP의 반응에서 생성되는 ATP는 약 1분 내에 ATP분해효소에 의해 다시 ADP로 되므로, 2mole 혹은 38mole의 ATP라고 하는 것은 반응의 총량을 표시할 뿐이다. ADP→ATP의 반응에서 방출되는 에너지로 각종 생화학적 반응이 이루어져서 생물은 생존과 증식을 하게 되는 것이다.

(3) 탄수화물의 혐기적 대사

생물은 호기성이든 혐기성이든, 포도당(glucose)을 이용하여 해당(解糖, glycolysis)을 하든지 발효를 하든지 간에 초기의 분해과정은 모두 같다.

혐기성 생물은 발효에 의하여 포도당을 분해하고 산소 없이도 에너지를 얻는다. 여기서 생성되는 화합물은 혐기성 생물에게는 더 이상 이용하지 못하는 부산물이 된다.

호기성 생물은 혐기성 생물에서 발전된 것으로, 발효도 할 수 있으나, 다시 그 생성물을 산소를 이용하여 완전히 CO_2와 H_2O로 산화 분해하는 능력을 가지고 있다.

혐기적 과정에서는 포도당의 분해는 불완전하고 에너지의 발생도 적으나, 호기적 분해는 더욱 완전하고 에너지 발생량도 훨씬 많다.

1) EMP-경로(해당, glycolysis)

포도당이 혐기적으로 분해되는 과정을 해당작용(解糖作用)이라고 한다. 엄밀하게는 1분자의 포도당에서 2분자의 젖산이 생성되는 과정이다.

$$C_6H_{12}O_6 \longrightarrow 2CH_3CHOHCOOH$$

먼저 포도당의 산화에서 가장 중요한 과정인 포도당-6-phosphate(G-6-P)로의 인산화가 이루어진다.

G-6-P는 phosphohexose 이성질화 효소 작용에 의해 fructose-6-phosphate(F-6-P)로 되고 F-6-P는 phosphofructokinase와 ATP의 작용으로 fructose-1,6-diphosphate(F-1,6-P_2)로 된다. 이 반응은 역반응이 불가능하다. F-1,6-P_2는 fructose diphosphate aldolase의 작용에 의하여 2분자의 트리오스(triose), 즉 glyceraldehyde-3-phosphate(glyceral-3-P)와 dihydroxyacetone-phosphate로 분해된다.

glyceral-3-P는 glyceral-3-P 탈수소효소 작용에 의해 1,3-diphosphoglyderate(1,3-P_2-glycerate)로 되며, 이때에 처음으로 고에너지 결합이 하나 생성된다. 그리고 한 분자의 ATP가 형성되면서 3-phosphoglycerate(3-P-glycerate)가 된다. 이때에 포도당 2분자의 삼탄당를 형성하므로, 2분자의 ATP가 생산된다.

다음은 포스포글리세르산뮤타아제(phosphoglyceromutase) 작용에 의해 3-P-glycerate가 2-phosphogly-cerate(2-P-glycerate)로 된다.

2-P-glycerate는 에놀라아제 작용에 의하여 1분자의 H_2O가 빠지고 포스포에놀피루브산염(phosphoenolpyruvate)이 된다. 이때 형성된 인산염은 고인산결합에너지로 되며 피루브산 키나아제(pyruvate kinase) 작용에 의해 피루브산염(pyruvate)이 형성되어 2분자의 ATP가 생산된다.

포도당 이외의 당도 해당의 중간체로 바뀌어 이 반응에 들어간다. 단당류의 분해에서 ATP가 생성되면서 다른 대사에 이용될 중간체도 생성된다.

남조류를 제외한 모든 생물은 포도당을 해당계의 반응에 의해 피루브산염으로 분해한다. 이 피루브산염을 젖산으로 하는 것은 젖산균과 동물의 골격근육 및 감자 등이다.

EMP-경로에서는 포도당 1몰당 4몰의 ATP가 생성되는데, 이 중에서 2몰은 당의 인산화에 소비되고 나머지 2몰의 ATP가 남게 되어 에너지원이 된다.

2) EMP-경로를 거치는 발효

알코올 발효나 젖산 발효 이외에 EMP-경로를 이용하는 대표적인 것으로, 세균에 의한 발효를 보면 표 1-2와 같다. 이들은 모두 피루브산염 이후의 대사 경로가 젖산 발효나 알코올 발효와 다르며, 그 대사경로는 그림 1-3과 같다.

표 1-2 EMP-경로에 의한 발효

발효명과 미생물	발효 생산물
낙산(酪酸)-발효 : *Clostridium*속 등	낙산, 초산, H_2, CO_2
acetone-butanol-발효 : *Clostridium*속 등	butanol, acetone, isopropanol, 낙산발효 생산물
propion산-발효 : *Propionibacterium*속 등	propionic acid, 초산, 호박산, CO_2
butanediol-발효 : *Klebsiella*속 등	2,3-butanediol, 혼합산형 발효 생산물
혼합산형-발효 : 대장균 등 장내세균	젖산, 초산, 개미산, 호박산, ethanol, H_2, CO_2

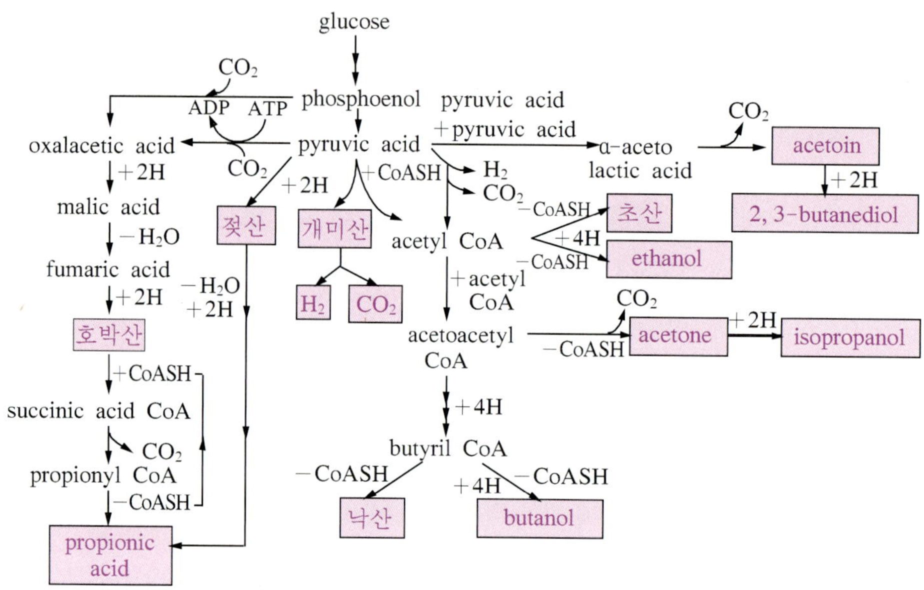

(▭ 는 최종생산물로서 집적되는 것을 나타냈다.)

그림 1-3 EMP-경로에 의한 여러 발효기구

이 반응에서 특히 중요한 것은 acetyl coenzyme A(acetyl CoA)에 의한 초산의 생성 반응이다. Acetyl CoA는 다음 식에 따라 인산 아세틸(acetyl phosphate)로 전환되며, 인산 아세틸은 ADP를 인산화하여 ATP와 초산을 생성한다.

$$\underset{\text{acetyl CoA}}{CH_3COSCoA} + Pi \longrightarrow \underset{\text{acetyl phosphate}}{CH_3COO{\sim}\text{Ⓟ}} + CoASH$$

$$CH_3COO{\sim}\text{Ⓟ} + ADP \longrightarrow \underset{\text{acetic acid}}{CH_3COOH} + ATP$$

이 반응에 의해 EMP-경로에서 얻어지는 2ATP 외에 더 많은 에너지를 획득할 수 있게 된다. 표 1-2에 나타난 발효미생물에는 모두 초산생성이 포함되어 있음을 볼 때 에너지 발생반응으로서 초산의 생성이 중요하다는 것을 알 수 있다.

(4) 당류의 호기적 산화

1) TCA-회로

1937년, 크레브스(H.A.Krebs)에 의하여 제안된 TCA-회로는 생체 내의 EMP-경로 등으로 생성된 피루브산염이 호기적(好氣的) 조건 아래에서 더욱 산화되어, 그림 1-4와 같이 구연산염, α-케토글루타르산염 등을 중간생성물로 거치면서 CO_2와 H_2O로 완전산화되는 경로이다.

$$C_6H_{12}O_6 \longrightarrow 2CH_3COCOOH \longrightarrow 6CO_2+6H_2O$$

이 회로에서는 탈수소효소(dehydrogenase)가 탈수소한 수소를 수용하는 조효소 2개소를 제외하고 모두 NAD(그림 1-4 참조)이며, 환원된 1몰의 NADH2는 시토크롬계의 말단산화효소계에 의한 산화적 인산화로 3몰의 ATP가 생성된다.

$NADPH_2$와 FPH_2(flavoprotein의 환원형)도 수소 전달 효소(transhydrogenase) 등에 의하여 NAD에 수소를 전달하므로 TCA-회로를 일순환하면 1몰의 피루브산염에서 15몰의 ATP가 생성된다. 따라서 1몰의 포도당에서 EMP-경로와 TCA-회로에 의해서 대사가 될 때, 38몰의 ATP가 생성된다. 이 회로는 미생물뿐만 아니라, 동물조직 등 일반 생물에서도 널리 인정되는 에너지 공급 기작(機作)으로 중요하다.

또한, 이 회로 중에서 생성되는 α-케토글루타르산염과 NH_3는 아미노산 글루탐산염(glutamate)을, 푸마르산염(fumarate)과 NH_3는 아미노산 아스파라트산염(asparate) 등을 생성하고, 이들 두 아미노산에서 다시 각종 아미노산과 핵산염기(核酸鹽基) 등이 생성되므로 생체성분의 생합성계로서도 중요하다. 그리고 이 회로에 관여하는 모든 효소계를 사이클로포라아제(cyclophorase)라고 총칭하며, 이들은 모두 세포 내의 미토콘드리아에 존재한다.

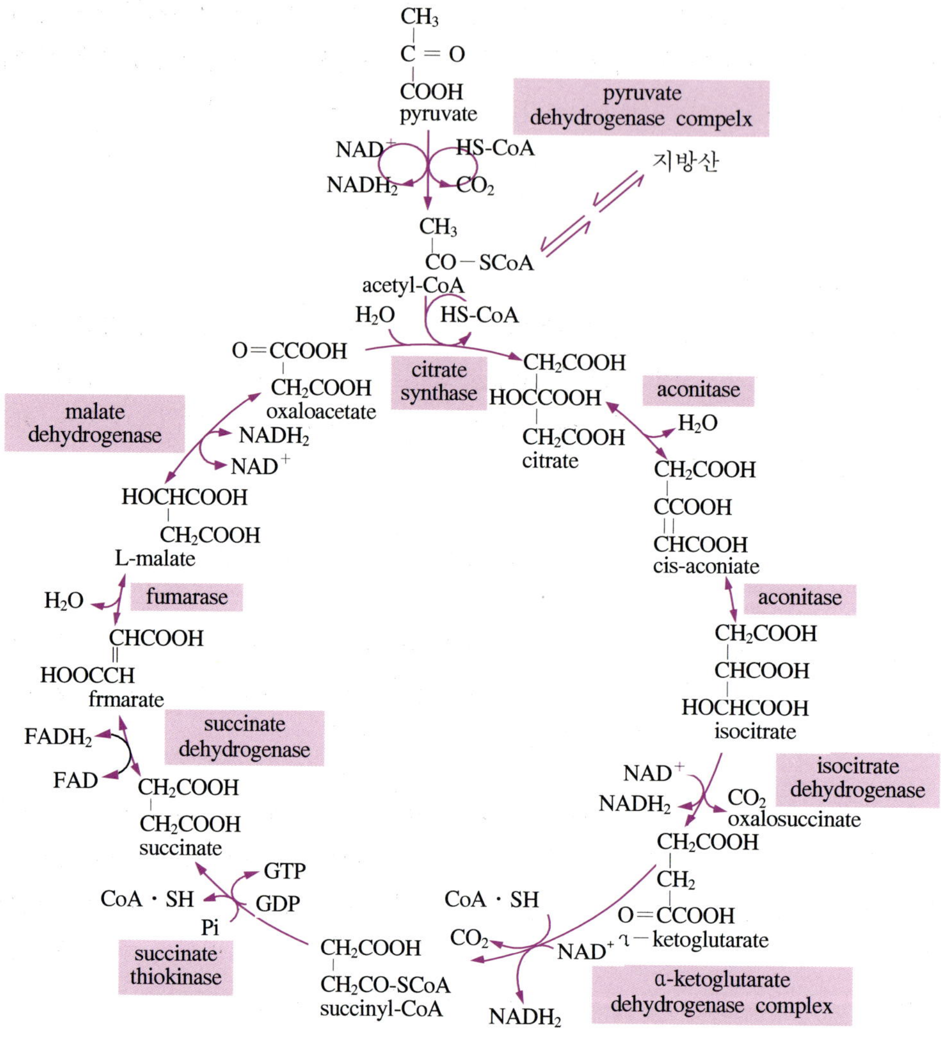

그림 1-4 TCA-회로

2) 글리옥실레이트-회로

이 회로에서는 TCA-회로에서와는 달리, C_4의 옥살아세트산염(oxalacetate)은 C_3인 피루브산에 CO_2가 고정됨으로써 공급된다. 또 일부 미생물 중에는 에탄올(C_2, CH_3CH_2OH) 또는 초산(C_2, CH_3COOH) 등의 C_2-화합물, 지방산, 탄화수소 등을 유일한 탄소원으로 하여 생육하는 것들이 있다. C_2-화합물로부터 탄수화물이나 아미노산 등의 생체성분을 합성하는 경우, C_4-화합물을 생성하여야만 TCA-회로로 들어갈 수 있게 된다.

TCA-회로에 관련되는 경로로서 중요한 CO_2고정반응(C_3인 피루브산에 CO_2가 고정하는 반응)에 의한 C_4-화합물은 공급은 있으나, C_2-화합물을 출발물질로 하는 경우에는 이 고정반응은 해당되지 않는다. 그래서 콘버그(Kornberg) 등은 글리옥실산 회로(글리옥실레이트 cycle)라는 생합성계가 존재한다고 발표하였다.

이 회로는 이소시트르산(isocitric acid)까지 TCA-회로와 같은 과정을 거치지만, 알파-케토글루타르산염(α-ketoglutarate)으로 되지 않고 그림 1-4에서와 같이 석신산(succinic acid)으로 되므로 TCA-회로의 측로(側路)라고도 생각되며, 탈탄산 반응이 없으므로 완전산화계인 에너지 공급계라기보다는 생합성계로 생각된다.

TCA-회로의 측로로서 아이소구연산염(isocitrate)이 이소시트르산분해효소(isocitrate lyase)에 의하여 글리옥실레이트(glyoxylate)와 숙신산(succinate)으로 분할되며, 글리옥실레이트에 C_2가 축합하여 말산염(malate)으로 되어 1몰의 아이소구연산염에서 결국은 2몰의 C_4-화합물이 생성되는 것이다. 이것은, 1몰의 C_4-화합물이 TCA-회로에서보다 더 많이 생성되는 것으로, 아미노산 및 기타 물질을 합성하는 전구체(precusor)로서 TCA-회로에서 많이 소비되는 대사중간체를 보충한다는 점에서 미생물의 생합성계에 중요한 의미를 갖는다.

3) 육탄당(六炭糖) 인산회로 (HMP-경로)

HMP(hexose monophosphate shunt)-경로는 5탄당 인산회로(펜토오스 phosphate cycle)라고도 한다. 이 회로에서 포도당-6-phosphate는 $NADP^+$를 조효소로 하는 탈수소효소(dehydrogenase)와 락토나아제(lactonase)에 의하여 산화와 가수분해 되어 D-ribulose-5-phosphate가 된다. 이때에 1몰의 CO_2가 유리되고 이어서 에피메라아제(epimerase)와 이성질화 효소(isomerase)의 작용으로 각각 xylulose-5-phosphate와 ribose-5-phosphate가 된다. 이 두 화합물은 순차적으로 대사가 되며, 일부는 다시 포도당-6-phosphate로 되어 다시 이 회로에 들어간다.

이 경로는 포도당-6-phosphate의 탄소원자 1개당 $2NADPH_2$, 즉 호기적으로는 6ATP가 생성되는 것으로 보아서 1몰의 포도당이 이 경로에 의하여 완전산화되면 $6\times6-1=35$몰의 ATP가 생성되는 셈이다. 1몰의 포도당는 36몰의 ATP가 생성되지만, 1몰의 ATP는 포도당의 인산화에 소비된다.

HMP-경로의 탈수소효소는 $NADP^+$를 조효소로 하는 것이 특징이다. 또 $NADPH_2$의 생체 내에서의 의의는 지방산이나 아미노산 등의 생체성분의 생합성될 때, 수소공여체(水素供與體)가 되는 중요한 역할을 하는 데 있다. 또한, 이 경로는 펜토오스(pentose)의 대사, 핵산, 방향족 아미노산 등 주요 생체합성의 재료를 공급하고 헵토오스(heptose)의 생합성에도 관여한다. 더욱이 광합성에 의한 CO_2의 고정은 환원적인 5탄당 인산회로에 의하여 이루어진다.

일반적으로 미생물은 EMP-경로와 HMP-경로의 대사경로를 가지고 있지만, 보통 70~80 : 30~20의 비율로 EMP-경로를 더 많이 이용하고 있다.

4. 발효에 관계하는 효소(enzyme)

생체세포에서 생산되는 고분자량의 유기촉매를 효소라고 하며, 효소는 무기촉매와는 달리, 본체가 단백질이므로 단백질 특유의 여러 성질을 가지고 있다. 또 생체대사에서 여러 반응을 촉매하고 있어서, 무기촉매와는 달리 상온이나 상압의 온화한 생리적 조건에서 작용한다는 특징이 있다.

효소는 단백질이라고 생각되고 있으나, 어떤 것은 비단백성 물질이 단백질과 같이 존재한다. 비단백질 부분을 보결분자족(prosthetic group)이라고 하며, 단백질 부분을 주효소(apoenzyme)라고 한다.

보결분자족이 단백질 부분과 강하게 결합되어 있으면 이것을 활성기(活性基, active group)라고 하며, 그 예로 시토크롬(cytochrome) C의 보결분자족인 Fe-porphyrin화합물이 있다.

그 반면에 단백질 부분과 약하게 결합되어 쉽게 해리되면 보효소(補酵素, coenzyme)라고 하며, 보효소의 작용은 한 효소에 특이적이거나 또는 여러 효소에 공통적인 것이 있고, 이들 보효소에는 비타민을 함유하는 것이 많아서 효소와 비타민의 관계가 밀접하다는 것을 나타낸다.

같은 개체에 함유되어 있고 같은 작용을 하지만, 전기영동 등과 같은 분석결과에 다른 성질을 나타내는 효소를 동질효소(isoenzyme)라고 하며 같은 작용을 하지만, 다른 개체에 있는 효소를 이종(異種)효소(heteroenzyme)라고 한다. 그리고 같은 개체에 있고 같은 작용을 하지만, 다른 보효소를 이용하는 효소를 동종효소(isoenzyme)라고 한다.

(1) 효소의 분류와 명명

1) 효소의 분류

모든 효소를 서로 구별하는 특이적 성질은 그들 효소가 촉매하는 화학반응의 형으로 구분한다. 국제생화학연합효소위원회는 다음의 여섯 군으로 대별하였다.

① 산화환원효소(oxidoreductase)

수소원자나 전자를 수수(收受)하거나 혹은 기질에 산소원자의 첨가반응이나 수산기의 도입반응 등을 촉매하는 효소군으로 탈수소효소, 산화효소, 환원효소, 페록시다아제(peroxidase), 산소화효소(oxygenase), 카탈라아제(catalase), 수산화효소(hydroxylase) 등이 있다.

② 전이효소(transferase)

한 기질에서 다른 기질로 기(基) 또는 원자단(原子團)을 전이하는 반응을 촉매하며 아미노기, 카르복실기, 메틸기, 아실기, 인산기, 단당잔기, 아미노산잔기 등이 있다.

③ 가수분해효소(hydrolase)

물 분자의 개입으로 기질의 공유결합을 가수분해하는 반응을 촉매하며, ester 결합, 글루코시드 결합, 에테르 결합, 펩티드 결합 등을 분해한다.

④ 리아제(lyase)

가수분해 이외의 방법으로 기질에서 원자단이나 carboxyl기, H_2O, NH_3 등을 분리하여 기질에 이중결합을 생성시키거나, 반대로 이중결합에 원자단을 부가시키는 반응을 촉매한다.

⑤ 이성화 효소(isomenase)

기질 분자의 분해 및 전위 또는 산화환원을 수반하지 않고 분자의 이성화(iso化)반응을 촉매한다.

⑥ 합성효소(ligase, 또는 synthetase)

ATP 또는 이와 비슷한 삼인산염화합물의 피로인산염결합의 절단과 공역하여 2개의 분자를 결합시키는 반응을 촉매한다.

이상의 여섯 효소군은 다시 효소가 작용하는 기질의 성상이나 작용하는 효소의 성질에 따라서 세분되고, 또 효소위원회에 등록된 개개의 효소에는 효소번호(EC No)와 계통명(systematic name) 및 상용명(trivial name)이 붙여지고 있다.

2) 효소의 명명

효소는 보통 어미에 -ase를 붙여서 부르며, 이 -ase를 붙이는 방법에는 다음 4가지가 있다.

① 효소가 작용하는 물질, 즉 기질명의 어미에 직접 또는 어미의 일부를 생략하고 접미어인 -ase를 붙인다. 즉, cellulose, sucrose, urea 등을 가수분해하는 효소를 각각 cellulase, sucrase, urease라고 한다.

② 화학구조가 비슷한 일군의 물질에 작용하는 효소에 총합명칭을 붙인다. 즉 단백질이나 탄수화물 혹은 에스테르 결합 등을 가수분해하는 효소군을 각각 protease, carbohydrase, esterase라고 한다.

③ 효소가 촉매하는 화학반응에 따라서 명명한다. 즉 산화(oxydation), 탈수소(dehydrogenation) 및 가수분해(hydrolysis) 등을 하는 효소를 각각 oxidase, dehydrogenase 및 hydrolase라고 한다.

④ 효소가 작용하는 화학반응과 기질명을 조합한다. 즉 호박산을 탈수소하는 효소를 succinate 탈수소효소라고 하며, 또 triose phosphate의 이성화 반응을 촉매하는 효소를 triose phosphate 이성질화 효소라고 한다.

이와 같이 효소는 어미에 -ase를 붙여서 명명하고 있다. 그러나 trypsin, pepsin, ptyalin 등은 발견 당시의 이름이 그대로 습관적으로 쓰이고 있는 것들이며, 주로 고등동물의 소화기관에 존재하는 것들이다.

(2) 효소의 일반성질

여러 학자들에 의하여 많은 효소가 결정화되었으며, 이들 결정 효소들은 모두 단백질이라는 것이 알려지게 되었다. 따라서 효소는 단백질의 일반적 성질을 가지고, 그 용액은 콜로이드(colloid)성이며, 열에 극히 예민하여 가열로 단백질이 변성되어 활성이 실활(失活, 활성화 상태를 잃게 되는 현상)되고, 강한 산과 알칼리에 의하여 변성되며, 보통 단백침전제로 침전되고, 여러 유기용제로 변성되며, 많은 무기염으로 염석된다.

효소의 촉매작용은 대단히 강하여 단백질 반응을 나타내지 않을 정도의 희박한 효소 농도에서도 강한 촉매반응을 보인다. 예를 들면, 인베르타아제(invertase)는 그 중량의 100만 배의 수크로오스(자당, sucrose)를 가수분해한다.

또 중요한 성질의 하나로서 기질특이성(substrate specificity)을 가진다. 즉, 특정의 효소는 특정한 기질에만 작용한다는 것이다. 그리고 효소가 기질에 작용할 때에 기질과 효소의 복합체가 형성되며, 이때의 상호관계를 자물쇠와 열쇠에 비유하기도 한다.

효소의 기질특이성을 결정하는 가장 중요한 요인은 효소단백질의 구조, 특히 활성중심부위의 구조이다.

(3) 효소작용에 영향을 주는 인자

효소의 활성도(activity)에 영향을 주는 인자는 온도, pH, 기질의 농도, 부활제 및 저해제 등이 있다.

1) 온 도

효소는 일반적으로 열에 불안정하지만, 효소반응은 다른 화학반응과 마찬가지로 온도의 상승과 더불어 그 반응속도가 커진다. 그러나 일정한 온도범위까지는 활성이 증가하지만, 그 범위를 벗어나서 열변성을 일으키는 온도가 되면 실활되기 시작한다. 효소는 일정한 온도 범위 내에서 최대의 활성도를 보이고, 이때의 온도를 그 효소의 최적온도(optimum temperature)라고 한다. 효소의 최적온도는 효소의 농도, pH, 반응시간 등에 많은 영향을 받는다.

일반적으로 동물성 효소의 최적온도는 40~50℃이며, 식물성 효소는 50~60℃이다.

2) pH

효소는 단백질이므로 효소의 성질은 pH의 변화에 따라, 기질의 해리 상태는 물론이거니와, 효소단백질의 해리 상태, 고차구조도 변화된다. 대부분의 효소는 일정한 pH 범위에서만 활성을 갖는다. 효소활성이 가장 좋을 때의 pH를 최적 pH(optimum pH)라고 한다. 이 성질은 활성중심(active site)의 해리 상태와 관계 있는 것으로 보인다.

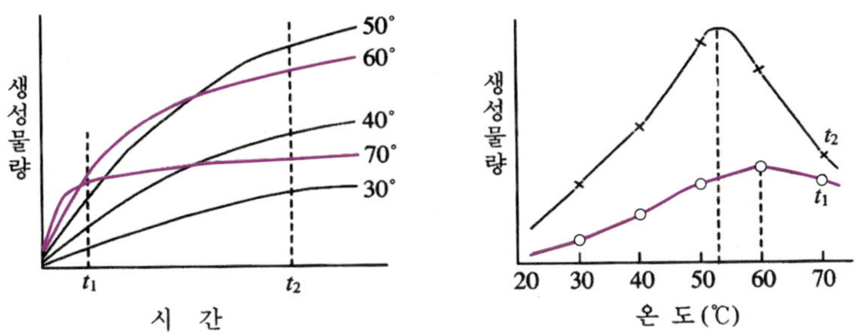

그림 1-5 반응시간과 최적온도

3) 효소의 농도

기질의 농도가 일정할 때, 반응 초기의 효소 반응속도는 효소의 농도에 직선적으로 비례 증가한다. 그러나 반응이 진행되면 반응생성물이 효소작용을 저해하므로 반드시 정비례하지는 않는다. 효소반응에는 초기반응속도는 증가한다. 그러나 한정된 농도의 기질에 대해 여러 농도의 효소를 사용하여 반응의 기간적 경과를 비교하면 반응생성물의 양은 단시간에서는 효소농도에 비례하지만 장시간에서는 효소량에 관계없이 일정량에 달하면 정지된다. 따라서 장시간 반응에서는 생성물량을 측정하여도 효소의 농도를 알 수가 없다.

4) 기질의 농도

효소농도가 일정하고 기질의 농도가 낮을 경우의 반응속도는 기질 농도에 비례하지만, 어느 범위를 넘으면 정비례되지 않고, 최후에는 일정치에 달한다. 즉, 기질의 농도가 낮으면 기질농도는 반응속도에 큰 영향을 주지만, 고농도에서는 전혀 영향을 주지 않고 반응속도는 일정하게 된다. 효소의 반응에는 ① 효소 고유의 촉매능 ② 효소와 기질의 충돌 빈도 이 두 가지 인자가 관계되는 것으로 생각되며, 효소와 기질의 결합물이 반응의 중간체로서 효소반응에 중요한 영향을 끼친다.

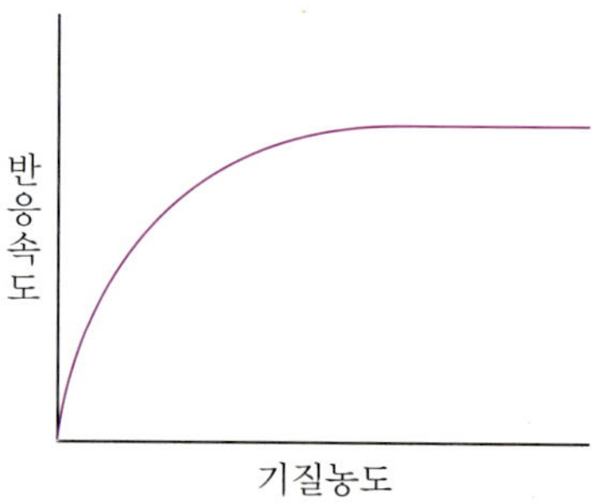

그림 1-6 기질의 농도와 반응속도와의 관계

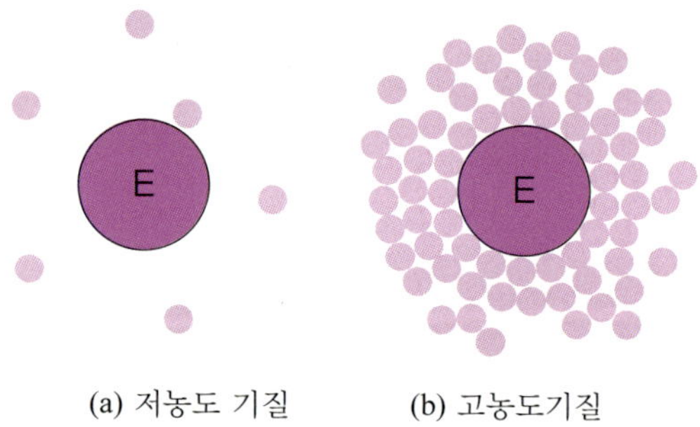

그림 1-7 효소와 기질과의 충돌 빈도

충돌 빈도는 효소량이 일정하면 기질의 농도에 비례한다. 또 기질의 농도에 어느 일정치의 효소량이 가해지면 효소의 표면은 기질로 포화되어 충돌의 빈도는 반응속도에 영향을 줄 수 없게 되므로 반응속도는 효소 고유의 촉매능에만 지배되어 일정한 반응속도를 얻게 된다.

이와 같이 반응용액 중에 존재하는 대개의 효소 분자가 완전히 고유의 촉매작용을 발휘할 때에 얻게 되는 반응속도를 최대속도라고 하며, V 또는 Vmax로 나타낸다.

5) 부활제(賦活劑, activator)

효소작용이 어떤 물질의 첨가로 촉진되는 현상을 부활이라고 하며, 그와 같은 작용을 하는 물질을 부활제라고 한다. 예를 들면, 파파인(papain)과 같이 활성중심부에 SH-기를 가지는 효소는 환원형 글루타치온(glutathione) 또는 시안(cyan)화물의 첨가로 부활된다. 또 헥소키나아제(hexokinase)나 카르복실화효소(carboxylase)는 Mg^{2+}에 의하여 부활된다. 보통 중금속 이온이 부활제로 작용하는 경우가 많다.

① 활소(活素, kinase)

여러 효소는 생체세포 내에서 불활성의 상태로 존재 또는 분비된다. 이와 같은 불활성 상태의 효소를 효소원(酵素原, zymogen 혹은 proenzyme)이라고 한다. 이 불활성 효소를 부활시키는 단백성 물질을 활소라고 한다.

② 조효소(coenzyme)

조효소도 효소의 부활제로 생각할 수 있다. 그러나 조효소가 무기물인 보조인자(cofactor)의 경우에는 부활제라고 볼 수 없다. 특히 유리상태의 금속이 효소촉매 작용을 촉진하는 것이 많다.

6) 저해제(沮害劑, inhibitor)

효소작용이 어떤 물질의 첨가로 저해를 받는 일이 있는데 이는 크게 불가역적 저해와 가역적 저해로 나눌 수 있다.

불가역적 저해는 효소의 불활성화로, 변성에 의한 효소 단백질의 고차적 구조의 불가역적 파괴나 효소 활성기의 공유결합에 의한 불가역적 수식(修飾) 등으로 일어나는 것이다.

가역적 저해는 기질의 첨가나 기타의 방법으로 저해를 가역적으로 회복하는 경우이다. 불가역적 저해와는 달리, 미켈리스-멘텐(Michaelis-Menten)식에서 정량화될 수 있다. 가역적 저해의 주요 형식은 ① 길항형 ② 비길항형의 두 가지가 있는데 ①은 기질의 첨가에 의하여 저해가 가역적으로 회복하나, ②는 기질의 첨가로 회복되지 않고 다른 방법에 의하여 가역적으로 회복된다. 그 밖에 불길항형도 있다.

5. 발효에 관계하는 조효소

효소가 반응을 촉매할 때는 기질과 효소 단백질 외에 제3의 물질을 필요로 할 경우가 있다. 이 물질이 비교적 저분자의 유기화합물이고 반응에 불가역하며, 효소작용을 보조한다는 뜻으로 조효소(助酵素, coenzyme, 보(補)효소)라고 한다.

조효소는 반응기작상 기질 중의 어떤 원자단 또는 원자의 운반체(carrier)의 역할을 한다.

조효소는 효소와 비교적 쉽게 해리할 수 있는 상태로 결합이 이루어지고, 각각 단독으로는 반응을 하지 않으나, 단백질 부분(apoenzyme)과 결합하여 전효소(holoenzyme)가 되어 효소반응, 즉 촉매능력을 나타낸다. 조효소 중에는 효소 단백질과 매우 강하게 결합하여 쉽게 해리하지 않는 것이 있는데 이를 보결분자족(prosthetic group)이라고 한다. 조효소 중에는 그 구성 성분이 생체에서 합성되지 않고 비타민을 흡수하여 이것에 뉴클레오티드(nucleotide)가 결합함으로써 생성되는 것이 많다.

(1) 조효소의 분류

조효소는 각기 전이하는 원자단 또는 원자의 종류에 따라 분류하는 것이 보통이다. 전이하는 원자단에 의하여 분류하면 다음과 같다.

① 수소 운반체(hydrogen carriers)
② 아미노기 운반체(amino-group carriers)
③ 1탄소화합물 운반체(one-carbon group carriers(C1-unit group))
④ 2탄소화합물 운반체(two-carbon group carriers 또는 acyl-group carriers)
⑤ 인산염 운반체(phosphate carriers)
⑥ 황산염 운반체(sulfate carriers)

1) 수소 운반체

① NAD(nicotinamide adenine dinucleotide)와 NADP(nicotineamide adenine dinucleotide phosphate)

NAD는 동식물이나 미생물 세포에 널리 분포하고, 효모에는 특히 많아서 그 추출 원료로도 이용된다.(구조는 그림 1-8 참고)

비타민 B군의 하나인 니코틴아미드(nicotinamide)와 리보오스(ribose), 그리고 인산(燐酸)으로 되는 니코틴아미드 모노뉴클레오티드(nicotinamide mononucleotide)와 아데닌(adenine), 리보오스 및 인산으로 되는 아데닌 뉴클레오티드(adenine nucleotide)가 피로인산염(pyrophosphate) 결합을 하여 디뉴클레오티드가 된다.

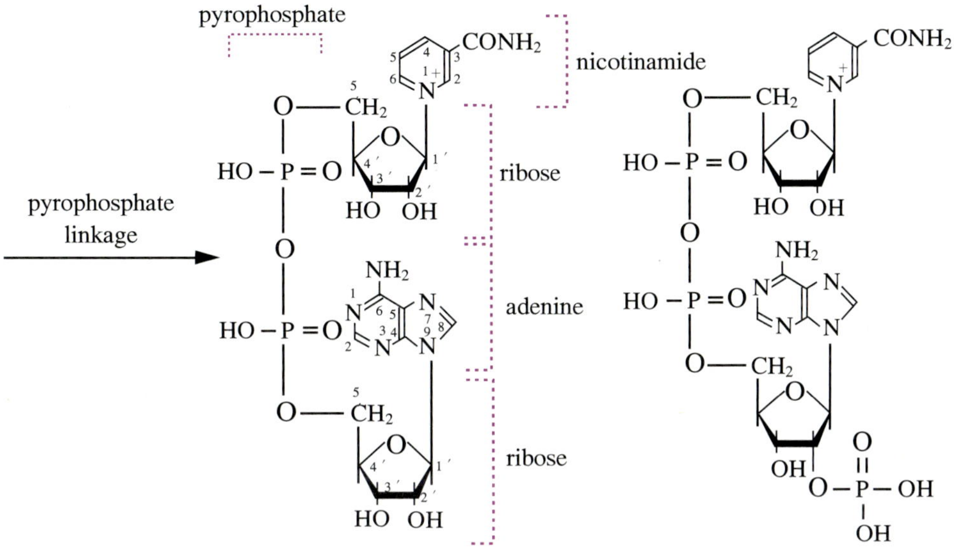

그림 1-8 NAD와 NADP의 구조

NADP는 NAD에 1분자의 인산이 더 결합된 것이며, 생세포 내에서는 NAD와 NADP의 효소적 생성과 분해, 그리고 상호의 전화(轉化) 등이 계속 일어나고 있다.

• 작용

NAD와 NADP는 수소원자의 이동에 관여하는 탈수소효소의 조효소이다. 대부분의 경우, 생체 내의 산화는 탈수소효소에 의하여 이루어진다. 이때에 기질에서 이탈한 수소원자 2개를 효소 단백의 표면에서 받아들여 가역적으로 환원되어 dihydro-NAD ($NADH_2$)로 된다.

$$NAD \underset{-2H}{\overset{+2H}{\rightleftharpoons}} NADH_2$$

② flavin-nucleotide

FMN(flavin mononucleotide)과 FAD(flavin adenine-dinucleotide)가 여기에 속한다. 어느 것이나 비타민 B_2(riboflavin)를 구성 성분으로 하고 있으며, FMN과 FAD를 조효소로 하는 효소를 플라빈(flavin)효소라고 총칭한다. 역시 산화환원에 관여하는 효소이다.

③ ubiquinone

유비퀴논은 coenzyme Q라고도 하며, UQ로 표시한다. 생체 내의 산화환원 반응에 관여하는 전자전달물질의 하나로, 벤조퀴논(benzoquinone)의 유도체이다.

2) 아미노기 운반체

① pyridoxal phosphate(PLP)

아미노산의 아미노기전이, 아미노산의 라세미화(racemisation), 아미노산의 탈탄산 또는 아미노산의 축합반응 등을 촉매하는 여러 효소의 조효소가 되며, 비타민 B_6(pyridoxine)에서 형성된다.

3) 2탄소화합물 운반체

아세틸기, 글리콜알데히드(glycolic aldehyde) 등을 전이하는 CoA나 티아민피로인산(thiaminepyrophosphate) 등이 있으나, 이들은 2탄소 화합물을 전이하는 외에 아실기를 결합시키거나 전위시킨다.

① coenzyme A 및 acetyl CoA

CoA는 CoASH로도 표시하며, 아세틸기의 전위를 비롯하여 acetyl CoA의 생성과 더불어 당질과 지질 등의 대사에 광범위하게 관여한다.

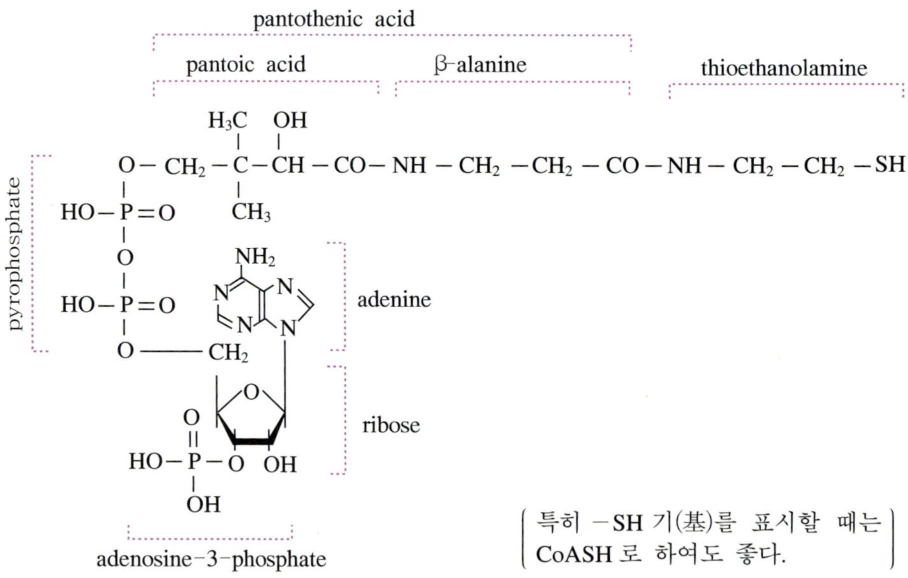

그림 1-9 coenzyme A의 구조

이 작용기는 그림 1-9의 구조에서 보는 바와 같이 메르캅토에탄올 아미노(mercap-toethanol amine)의 $-SH$기(sulfhydryl기, mercapto기)이다. 여기에 아실기가 결합하면 아실기는 반응성이 대단히 커서 쉽게 여러 전이효소에 의하여 수용체로 옮겨지거나 또는 가역적으로 아실화합물에서 전이된다. 아실화 효소에는 여러 가지가 있으나, 생체 내의 대사에서 가장 많은 반응은 피루브산(pyruvate)에서 피루브산염탈수소효소 복합체에 의한 다음의 acetyl CoA의 생성반응이다.

$$\text{pyruvate} + NAD^{+} + \text{CoA} \longrightarrow \text{acetyl CoA} + CO_2 + NADH + H^{+}$$

acetyl CoA는 활성초산이라고도 하였으며, CoA의 $-SH$기에 다음과 같이 초산이 황화에스테르(thioester)로 결합한 화합물이다.

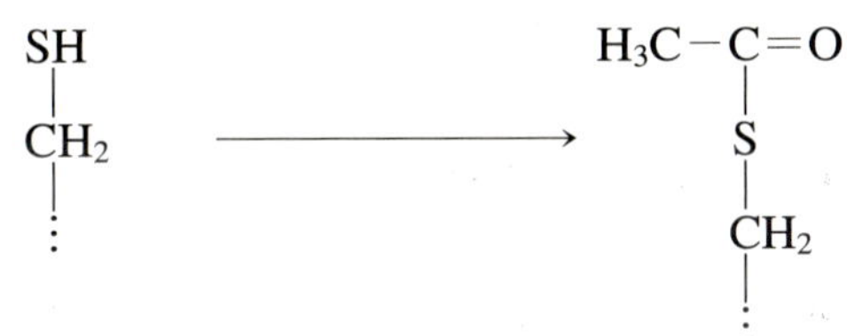

Acetyl CoA는 생체 내에서 당이나 지방산이 산화분해될 때에 생성되는 중요한 대사중간체가 된다. Acetyl CoA의 아세틸기는 시트르산합성효소(citrate synthase)가 존재하면 옥살아세트산염과 결합하여 구연산염(citrate)이 된다. 이 반응은 TCA-회로의 처음 반응이 되며, 또 생체 내에서 방향족 아민(amine)을 아세틸화하여 해독할 때의 아세틸공여체가 되기도 한다.

아세틸기 대신에 장쇄(long chain)의 아세틸기가 붙은 화합물 즉, acyl CoA는 지방산 대사의 중간체에서 볼 수 있다.

4) 인산기 운반체

① adenosine triphosphate(ATP)

ATP는 뉴클레오티드(nucleotide)이며 불안정하다. 알칼리성 용액에서는 피로인산염(pyrophosphate)을 유리하지만, 그 Na염의 수용액은 pH 6.8~7.4에서 비교적 안정하다.

ATP분자 내의 고에너지 결합은 가수분해될 때에 pH 7에 1mole당 30.5KJ(7.3kcal)의 자유에너지를 방출하므로 이 에너지로 ATP는 핵산의 합성을 비롯하여 단백질, 당질, 지질의 대사에 관여한다. 즉, ATP는 그 인산(燐酸)을 다른 물질에 이전시켜서 그 물질을 활성화한다. 예를 들면, 알코올 발효 때에 포도당에서 헥소키나아제(hexokinase)의 작용으로 생성되는 포도당-6-phosphate나 핵산의 생합성 때의 기질이 되는 뉴클레오시드 삼인산염(nucleoside triphoshate) 등의 인산기는 ATP에서 유래된다.

또한, ATP의 분해 때 방출되는 에너지로 지방산을 활성화하여 지방산 대사에 중요한 acyl-CoA를 생성하며, 액토미오신(actomyosin)의 형태적 변화를 일으켜서 근육을 수축시키기도 한다. 그리고 생물광원(生物光源)의 광에너지 등의 원천이 되고, 생물에서 에너지의 저장 또는 공급 및 운반을 중개하는 한편, ATP의 성분인 아데닐산(adenylic acid), 아데노신(adenosine), 피로인산염(pyrophosphate) 및 인산 등의 공여체적인 역할도 하는 극히 중요한 물질이다.

6. 탈수소 효소와 포스포키나아제

생세포(生細胞)에서 물질대사가 이루어질 때는 여러 가지 원자단이 효소작용으로 이전된다. 이와 같은 원자단의 이동(group transfer)은 다음과 같이 표시된다.

$$A-B+B \rightleftarrows A+B-R$$

발효에 수반되는 물질전화 중에서는 수소원자와 인산기의 이동이 특히 중요한 의의를 가진다.

(1) 탈수소 효소(dehydrogenase)

탈수소(脫水素) 효소는 기질 XH_2의 2H를 조효소 N에 가역적으로 다음과 같이 이동시키는 것이다.

$$XH_2 \rightleftarrows X+NH_2$$

탈수소 효소는 언제나 기질과 조효소에 대하여 특이성을 보인다.

알코올 발효와 젖산 발효에 관계하는 탈수소 효소는 다음의 네 가지가 있으며, 이들의 조효소는 모두 NAD이다.

① glyceraldehyde phosphate dehydrogenase

② α-glycerophosphate dehydrogenase

③ lactate dehydrogenase

④ alcohol dehydrogenase

(2) 포스포키나아제(phosphokinase)

이 효소는 기질 X~p의 인산기 ~p를 조효소 ADP에 가역적으로 옮겨서 ATP로 전환시킨 것이다. 6탄당의 알코올 발효와 젖산 발효에 관여하는 포스포키나아제에는 다음의 4가지가 있다.

① hexokinase(기질 : hexose)

② phosphohexokinase(기질 : fructose-6-phosphate)

③ phosphoglyceratekinase(기질 : 1,3-diphosphoglycerate)

④ pyruvatekinase(기질 : pyruvate)

이들 중 ③과 ④가 관계하는 반응은 가역적이며, 그 평형은 ATP가 생성되는 쪽으로 크게 기운다. 또 ①과 ②가 관계하는 반응의 평형은 극단적으로 ADP가 생성되는 방향으로 된다.

[핵심문제 정리]

1. 발효의 개념을 정리하라.

2. 발효학의 발달과 현재, 그리고 미래를 정리하라.

3. 발효학의 공업적 이용 분야는?

4. 배양방법에 대하여 설명하라.

5. 발효미생물의 기본적인 물질대사를 정리하라.

6. 효소의 분류와 명명법을 정리하라.

7. 발효에 관계하는 효소의 일반적인 특성에 대하여 설명하라.

Chapter 2. 주류

Chapter 2

주류(酒類, alcohol beverage)

학습 목표

- 주류에 대한 정의를 이해하고, 제조방법에 따라 분류할 수 있다.
- 단발효를 이해하고 효모를 활용하여 포도주를 제조할 수 있다.
- 맥주의 종류와 제조과정을 익히고, 발효를 활용하여 맥주를 제조할 수 있다.
- 누룩의 특징과 병행복발효를 활용하여 약·탁주를 제조할 수 있다.
- 증류주에 대한 정의, 종류 및 특징을 알고 제조할 수 있다.

1. 주류란

주류는 주세법상 주정(酒精)과 알코올분 1도 이상의 음료를 말하며, 「약사법」에 의한 의약품일지라도 알코올 함량이 6도 이상인 음료는 주류로 취급된다.

주류의 종류는 다양하나, 제조방법에 따라 분류하면 다음과 같다.

- 주류 (Alcoholic beverage)
  - 발효주 (Fermented not distilled)
    - 단발효주 : 포도주, 사과주, 기타 과실주, Kefier, Kumis 등
    - 복발효주
      - 단행복발효주 : 맥주
      - 병행복발효주 : 청주, 탁주, 약주, 소흥주
  - 증류주 (distilled)
    - 곡류 : Whisky, Gin, Vodka, 고량주, Awamori
    - 고구마 : 소주
    - 당밀 : Rum
    - 과실 : Brandy
  - 혼성주 (compounded)
    - 재제주 : 홍주
    - 합성주 : 합성청주, 감미포도주 등
    - 약용주 : 인삼주, 매실주 등
    - Liqueur : Curacao, Absinthe, Peppermint

양조주는 효모에 의하여 발효된 술덧을 그대로 혹은 여과하여 마시는 술로써 알코올 농도는 비교적 낮으나 추출물(extract) 함량은 높다.

단발효주는 직접 이용가능한 발효성 당을 함유하고 있는 포도나 기타 과실의 주스(juice)를 효모가 발효시켜 제조된 술이다.

전분이 주성분인 곡류를 이용하여 만든 양조주는 복발효주이다. 단행복발효주는 맥주와 같이 당화와 발효의 공정이 분명하게 나누어져서 이루어지는 것이며, 병행복발효주는 탁주와 약주 등의 경우와 같이 누룩 등의 전분분해효소(amylase)로 전분의 당화와 병행하여 효모의 알코올 발효가 진행되는 방식의 것을 말한다.

우리나라 주세법에 의한 술의 정의와 분류는 표 2-1과 같다.

표 2-1 주류 규정 요약

(2017. 3. 30 기준)

주류	구분	규격	기준 알코올분 도수	세 율
양조주	탁주	8°	8°	10%
	약주	11°	11°	60%
	맥주	2° 이상 6° 이내	4°	150%(130%)
	청주	16°	16°	120%
	과실주	6° 이상 12° 이하	12°	25%
증류주(蒸溜酒)	증류식 소주	30° 이하	25°	35%
	희석식 소주	30° 이하	25°	35%
	고량주	40°, 45°	40°	110%
	주정(酒精)	95°	95°	전매품
	위스키	40° 이상	40°	200%
	브랜디	40° 이상	40°	150%
	기타 증류주	40° 이상	40°	80%
재제주(再製酒)	합성청주	16°	16°	30%
	합성맥주	4°	4°	100%
	인삼주	40° 이하	35°	100% 또는 50%

2. 포도주(wine)

과실주는 과실 주스의 당분이 효모에 의하여 발효된 것으로, 우리나라의 공업적 생산은 포도주 제조가 대부분을 차지하고, 소량의 사과주(cider)가 생산 판매되고 있다. 이 밖에도 배, 파인애플, 오렌지, 체리, 자몽, plum(서양오얏, 자두), 각종 berry(야생 딸기류) 등도 원료로 이용할 수 있다. 그러나 이들을 이용한 과실주 제조는 주스 획득의 어려움뿐만 아니라, 낮은 당함량과 높은 산함량 때문에 어려운 점이 많다.

포도주는 당, 산, 물 등을 첨가하지 않고 순수한 포도의 내용물만으로 효모에 의하여 발효시켜서 만든다. 우리나라의 포도는 당과 유기산 함량 등과의 조화로 식용으로는 매우 적합하나, 포도주의 제조에서 알코올 함량을 충족시키기 위한 당함량은 낮은 편이다.

포도주의 품질은 원료 포도에서 비롯되는 향기(varietal aroma)와 발효 후 숙성과정에서 생성되는 향기(bouquet)에 의하여 좌우된다. 따라서 포도의 종류, 생산지, 기후, 햇빛의 조사량, 강우량 등은 포도주의 품질에 절대적인 영향을 준다.

또한, 포도주는 비교적 높은 에탄올 함량과 여러 종의 알코올류, 잔유당, 탄수화물, 효소, 색소, 비타민류, 무기질, 유기산, 알데히드류, 케톤류 등의 수많은 향미(香味) 물질로 구성되어 있으며, 이러한 성분들의 조합과 조화(調和)는 포도주의 품질을 좌우하는 요인으로 작용한다. 그러므로 같은 지역에서라도 매년 다른 맛의 독특한 포도주가 생산될 수밖에 없으며, '어느 지역의 몇 년도 산(産) 포도주'라는 별칭으로 포도주를 평가하는 것은 이런 이유이다.

1. 포도주의 분류

포도주는 포도의 발효성 당만으로 생성된 알코올 함량을 갖은 천연포도주와 포도주 주정(wine spirit)을 가하여 알코올 농도를 강화한 디저트 와인(dessert wine)과 애피타이저 와인(appetizer wine)으로 대별된다.

표 2-2 포도주의 분류

종 류	분 류
천연포도주(natural wine) 알코올 함량 : 9~14%	1. Still wines ① dry table wine : white, red, pink(rosé) ② sweet table wine : white, pink(rosé) 2. Sparkling wines ① white : Champagne, sparkling muscat, Sekt ② rosé : pink Champagne ③ red : sparkling burgundy, cold duck
디저트/애피타이저 와인 (dessert/appetizer wine) 알코올 함량 : 15~21%	1. Sweet wines ① white : muscatel, white port, angelica ② pink : California tokay, tawny port ③ red : port, black muscat 2. Sherry 3. Vermouth : 가향(쓴쑥), 가당 및 알코올을 첨가한 특수주

천연 포도주는 CO_2를 함유하지 않은 포도주(still wine)와 CO_2를 함유한 포도주(sparkling wine)로 나누며, 당함량에 따라 감미가 없는 것은 dry, 감미가 있는 것은 sweet로 분류한다. 또한, 포도주의 색깔에 따라 red, pink, white wine으로 부르기도 한다.

마시는 때에 따라 식욕을 돋우기 위하여 마시는 애피타이저, 식사 중에 마시는 테이블 와인, 식후에 마시는 디저트 와인으로 나눈다.

2. 원료 포도

(1) 품종

포도는 Vitaceae과의 *Vitis*종에 속하며, 품종에도 수많은 변종이 있다. 널리 재배되는 품종은 유럽계의 *Vitis vinifera*와 북미계의 *Vitis labrusca*와 *Vitis rotundifolia*가 있다.

그리고 이 두 품종에는 수많은 변종(cultivated varierty)이 있다. 색깔, 즉 녹색·홍색·적색·자주색 등으로 차이를 보이며, 그 밖에 당도·산도·숙성기·포도의 육질·병충해에 대한 내성 등에서 커다란 차이를 나타낸다. 이들의 독특한 성분조성과 향미는 포도주 제조에서 맛의 개성을 좌우하는 가장 중요한 요소가 되므로 포도주 종류에 맞게 품종을 선정하여야 한다.

(2) 성분

포도의 구성은 과경(stem) 2~6%, 과피(skin) 5~12%, 과육(pulp) 85~87%, 종자(seed) 0~5% 정도이다. 포도를 착즙하였을 때, 주스의 수율(yield)은 일반적으로 약 50~75kg/100kg이 된다.

표 2-3 포도의 성분구성에 따른 포도주 종류

포도주 유형	당도(Brix)	산도(적정산도)	pH
White table	19.5~23.0	> 0.70	< 3.3
Red table	20.5~23.5	> 0.65	< 3.4
Sweet table	22.0~26.0	> 0.65	< 3.4
Dessert	23.0~26.0	> 0.50	< 3.6

표 2-4 포도 주스(must, most)의 화학적 구성

조성	함량	구성
수 분	70~85%	
pH	3.1~3.9%	
탄수화물	15~25%	포도당(8~13%), 프룩토오스(7~12%) 이외 소량의 펜토오스, 펙틴, 이노시톨(inositol) 등이 있다.
유기산	0.3~1.5%	타타르산(0.2~1.0%), 말산(0.1~0.8%), 구연산(0.01~0.05%), 아세트산(0.00~0.02%)
질소화합물	0.03~0.17%	이 중 아미노산(0.017~0.11%)
색소와 페놀류	0.01~0.05%	
무기질	0.3~0.5%	이 중 K(0.15~0.25%)가 가장 많다.
비타민		티아민과 미오이노시톨이 비교적 많고, 니코틴산, 판토텐산, 피리독신, 비오틴이 존재하며, 리보플라민은 매우 적다.
효 소		산화효소인 페놀라아제, 페록시다아제 등과 인베르타아제, 펙티나아제, 폴리페놀 산화효소 등이 있다.

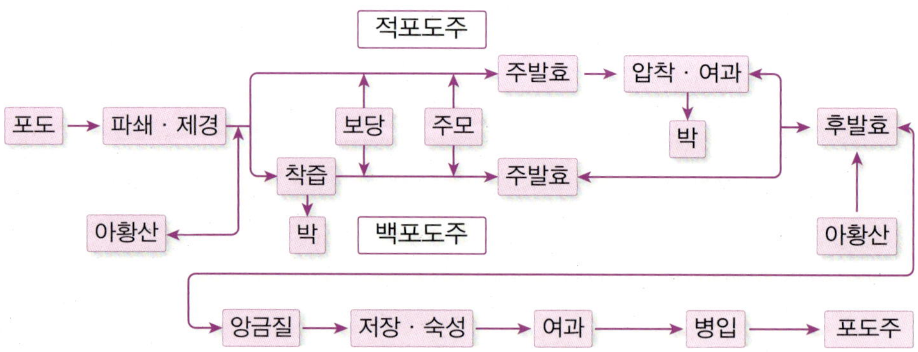

그림 2-1 포도주의 제조과정

3. 백포도주 제조과정

(1) 포도원료의 처리

백포도주의 양조법은 과즙발효법이라고도 하며, 적포도주와는 달리, 알코올 발효를 하기 전에 과피와 씨를 제거한다. 백포도주의 제조공정은 다음과 같다.

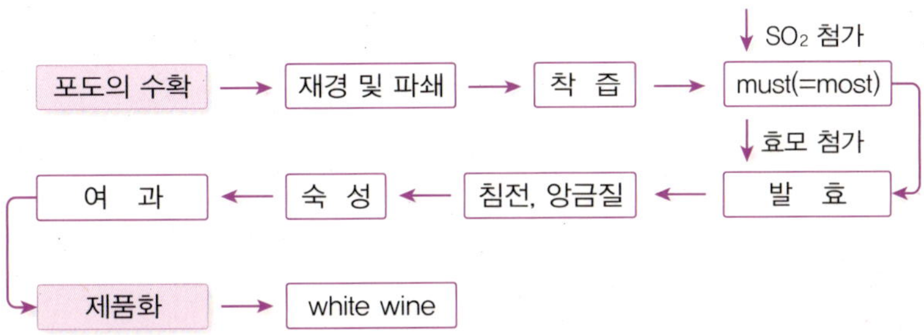

그림 2-2 백포도주의 제조공정

1) 포도의 수확

캠벨 얼리(Campbell Early)는 조생종으로 8월 중순 혹은 하순, 델라웨어(Delaware)는 8월 하순에서 9월에 걸쳐 수확한다. 일반적으로 포도의 수확적기는 9월 중순에서 10월 중순이다. 포도는 완숙기가 되면 당분과 색소가 증가하고 산이 감소하며, 풍부한 향기를 가지게 된다.

포도주용 포도의 수확은 맑은 날의 아침 일찍 하는 것이 좋다. 습한 날이나 이슬이 내렸거나 또는 안개가 낀 날에는 최고 6%까지 수분 함량이 높아질 수도 있다. 또한, 수확작업에서도 청결함이 요구되며, 철제 용기나 아연이 함유된 용기를 사용하여서는 안 된다. 철이 함유된 포도주는 앙금이 생길 수 있으며, 점차 포도주를 검게 만들 수도 있다. 아연은 쓴맛을 생성하며, 건강에 심각한 악영향을 줄 수도 있다.

2) 제경(除梗, stemming)과 파쇄(破碎, crusing)

깨끗하고 순수한 머스트(must)를 얻기 위해서는 수확한 날에 제경과 파쇄를 하고 착즙하는 것이 좋다. 가을의 따뜻한 날에는 포도의 품온이 높아져서, 머스트를 오랜 시간 동안 정체시키거나 하룻밤을 방치하면 자연적으로 흘러나온 주스(free-run juice)가 발효를 하게 되고, 이때 생성된 알코올이 포도의 과피, 줄기, 씨 등에서 탄닌 성분이나 다른 성분들을 용출하는 작용을 하여 포도주를 하드하게 한다거나 드라이한 맛을 내게 하고 누런색이나 누런 갈색을 띠게 하는 등의 나쁜 영향을 주게 된다.

3) 완충 탱크(tank)

제경과 파쇄를 거친 매시(mash)를 2~5시간 정체시킨다. 이 정체는 압착 효과와 포도주의 방향(aroma=bouquet) 형성과 농순성(vollmundigkeit)에 좋은 영향을 준다. 그러나 산소와의 접촉은 가능한 한 피하여야 한다. 산화는 포도주의 색(갈변)과 맛에 악영향을 주는 요인이다.

완충 탱크에서는 산화 방지를 위하여 SO_2처리를 하며, 프리-런 주스(free-run juice) 수집을 하고, 또한 탱크에 CO_2가스를 충진함으로써 산화 방지와 냉각 효과를 동시에 얻을 수 있게 된다.

그 외에도 펙티나아제(pectinase) 처리를 하여 주스의 수율을 높이기도 하나, 이 효소의 역가를 높이기 위하여는 작용최적온도가 적어도 45℃ 이상이 되어야 한다. 그러나 포도주 제조에서 가장 바람직하지 못한 것으로 취급되는 것은 높은 온도이며, 어떤 부정적인 영향을 주는지에 대한 확실한 해답은 없으나 부정적인 견해가 더 많다.

① 온도 조절과 CO_2 처리

CO_2(dry ice)의 기화(氣化)는 매시로부터 기화열(氣化熱)을 빼앗기 때문에 매시가 냉각되며, 동시에 산소의 농도는 낮아져서 산화 방지의 효과를 나타내게 된다. 이 처리과정은 수확 후에 즉시 하는 것이 야생효모와 세균류들의 증식을 억제하고 모스트의 품질 유지에도 유리하게 작용한다.

산화 방지를 위하여 법적 허용량의 SO_2를 첨가하나, 미생물의 증식과 발효를 억제하기에는 부족하다. 드라이 아이스 등을 사용하면 냉각 효과와 산화 방지 및 야생 미생물의 증식을 억제하는 효과가 증대된다.

② 아황산(SO2) 첨가 및 그 효과

포도의 과피에는 수많은 미생물, 즉 야생효모, 곰팡이, 세균 등이 붙어서 생육하고 있다. 이들은 수확과 파쇄를 거치는 동안에 왕성하게 증식 발효를 하는 경우가 많다. 그러므로 산화 방지와 이런 미생물의 증식을 억제하기 위하여 SO_2를 첨가한다. 품질관리에 엄격한 선진국에서도 일정량의 SO_2첨가는 법적으로 허용하고 있다.

Check Point

SO_2의 중요한 기능

- 유해한 야생효모, 곰팡이, 세균 등의 증식을 억제한다.
- 산화를 방지하여 포도주의 퇴색이나 침전을 방지한다.
- pH를 낮춘다. 즉, 산도를 높인다.
- 적포도주에서는 과피의 색소와 씨로부터 탄닌성분을 용출(溶出)시킨다.
- 포도의 포도산(tartaric acid)의 용해도를 높이므로 석출(析出)을 방지한다.
- 회분(extract, 알칼리성의 회분)이 많은 포도주를 제조할 수 있다.

그러나 주의하여야 할 것은, 사용하는 용기가 Cu·Fe·Ni 등이 있어서는 안 된다는 점이다. 이들은 산화를 촉진하며, SO_2, SO_3와 함께 $CuSO_4$ 등을 석출시키고, 이로 인해 포도주의 혼탁·변질·퇴색 등이 일어날 수 있다.

첨가방법은 액화 SO_2 가스를 직접 사용하든지 물에 녹여서 아황산(sulfurous acid) 6% 용액으로 사용한다. 그 밖에도 취급이 용이한 흰 결정체인 Sodium metabisulfite($Na_2S_2O_5$), Potassium metabisulfite($K_2S_2O_5$), Sodium sulfite(Na_2SO_3), Sodium bisulfite($NaHSO_3$) 등을 소규모적인 경우에 사용하나, 이들은 SO_2의 1/2 정도 유효능(有效能)을 갖는다. 그러나 지나친 SO_2 첨가는 주질을 손상시키므로 200ppm 이하로 사용한다.

SO_2는 서서히 산화되어 감소하므로 가끔 보충해 주어야 한다. *Saccharomyces*속은 SO_2에 대한 내성이 강하나, 야생효모인 *Kloeckera*, *Torulopsis* 등은 약하다.

4) 착즙 (搾汁, pressing)

과실로부터 주스를 압착하는 것이 아니라, 분리해 낸다는 개념으로 착즙을 하여야 한다. 높은 압력을 가하는 것은 주스가 흘러나오게 되는 미세 통로를 막는 결과가 되어 분리시간만 연장하는 결과가 된다. 착즙수율은 압력을 짧은 시간 간격으로 자주 가하는 것이, 높은 압력으로 오랜 시간 동안 유지하는 방법보다 훨씬 높다.

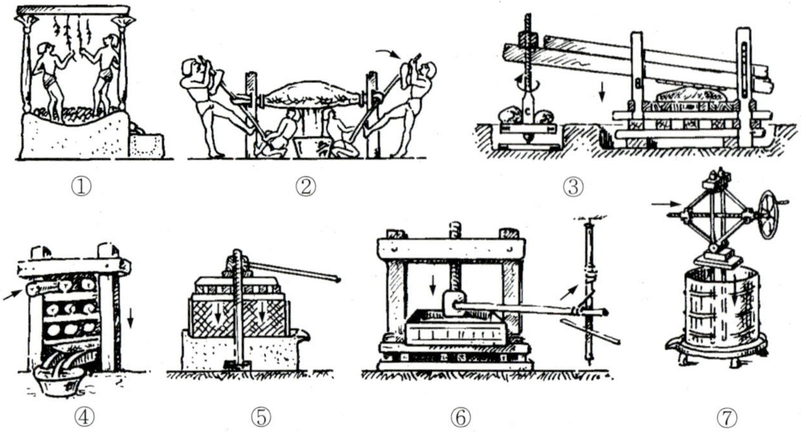

그림 2-3 포도 착즙의 발달

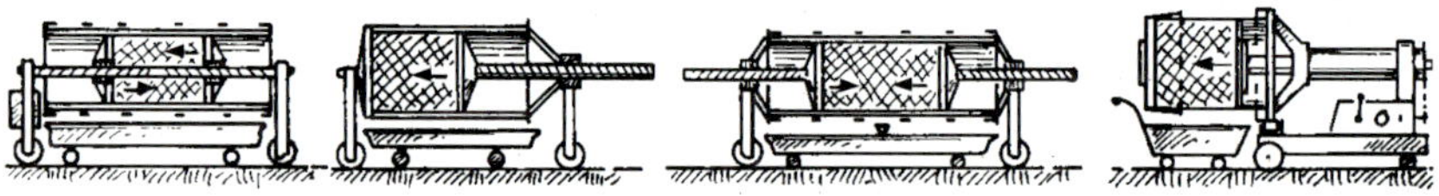

최근의 포도 착즙기

백포도주 제조에는 먼저, 포도를 파쇄한 매시에서 머스트를 씨와 과피 등의 고형물들로부터 압착기 등을 이용하여 분리해야 하는데, 파쇄된 포도로부터 자연스럽게 흘러내리는 푸리-런 주스(free-run juice)와 압착주스(press run juice)를 합한 모두를 머스트(must)라고 한다. 지나치게 압착한 주스에는 탄닌성분이 많으므로 품질이 떨어진다.

그림 2-4 horizontal press

좋은 포도주 제조를 위하여는 머스트를 낮은 온도로 보존하며, 앙금질을 하여 불용성 물질을 제거하는 것이 매우 중요하다. 이들 불용성 물질들은 포도주 제조에서 바람직스럽지 못한 왕성한 발효를 함으로써 거친 포도주를 만든다.

앙금질을 한 머스트는 조용하고 완만한 발효를 하여 향기 성분을 만들고 알코올 손실이 없게 하여 좋은 품질의 포도주가 된다.

머스트의 수율은 일반적으로 포도 100kg에서 50~75kg(47~65L) 정도가 된다.

5) 머스트의 개량(改良, amelioration)

① 보당(補糖, sugar addition)

머스트의 당함량은 22% 정도가 알맞으나, 보통 양조용 포도의 당도는 16% 내외이다. 따라서 고농도의 알코올을 함유한 포도주를 생산하기 위해서는 발효성 당 첨가가 필요하다.

보당은 포도의 당함량만으로 목적하는 알코올 농도를 얻을 수 없을 때, 다음과 같이 가당량을 계산하여 실시한다.

$$\text{가당량} = \text{알코올 \%} \div 0.55 - \text{must Brix}$$

당은 자당, 포도당, 과당 또는 시럽 형태의 전화당(invert sugar) 등이 사용되며, 감미도를 더욱 높이려는 스위트 와인의 경우에는 과당을 사용하기도 한다.

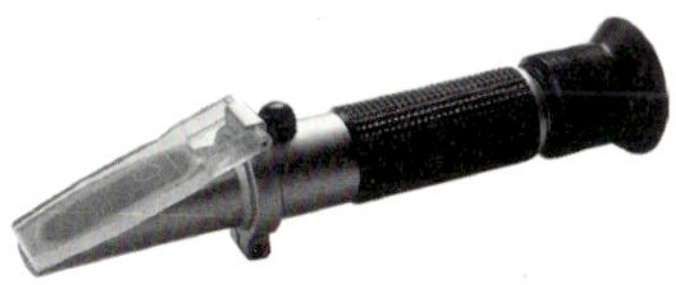

그림 2-5 당도계

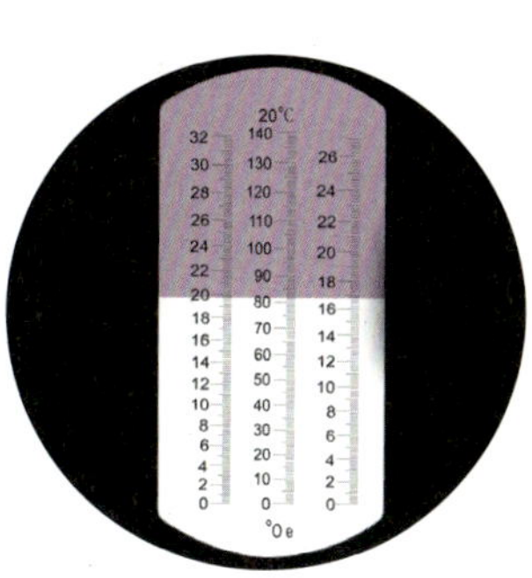

그림 2-6 당도(%)와 Öchsle

그림 2-7 비중계

② 앙금질 혹은 청징(淸澄, Clarification)

착즙된 머스트는 하루 정도를 정치하여 침전물을 제거(racking)하거나 원심분리에 의해 청징하기도 한다. 침전된 효모는 자가소화(自家消化, autolysis)가 일어나서 이취(異臭)를 내기도 하고, 다른 미생물의 영양원이 되어 잡균 증식의 원인이 되므로 처음 실시하는 앙금질(racking)은 신속히 하는 것이 좋다.

포도주의 독특한 향미와 안정성에 영향을 주는 제반 요인들은 머스트의 전처리에 따라 좌우된다. 앙금 혹은 찌꺼기는 양질의 포도주 제조에는 부정적인 영향, 즉 격렬한 발효와 여과시 어려움의 원인이 된다.

일반적으로 앙금의 양은 1.5~5% 정도이며, 미숙과(未熟果)일 경우에는 20%까지 되는 경우도 있다.

Check Point

앙금질의 효과

- 원하지 않는 맛과 향을 제거한다.
- 야생 미생물의 제거로 발효를 완만히 진행시킬 수 있다.
- 완만한 발효로 인한 향기성분 및 알코올의 손실을 방지할 수 있다.
- 발효 후의 앙금질이나 여과가 손쉽게 이루어진다.

③ 제산(除酸, deacidification)

산도(酸度)가 높은 머스트는 $CaCO_3$로 중화한다. 머스트 1L 중의 산 0.1%를 중화하는 데 0.6g 정도의 $CaCO_3$가 필요하지만, 실제로는 약간 적게 넣는다.

④ 여과 보조제 벤토나이트(bentonite) 처리

벤토나이트란 화산재의 풍화에 의하여 생성된 점토의 일종으로, 포도주에는 별다른 영향을 끼치지 않으며, 처리 후에는 약간의 흙 맛이 느껴지나, 저장한 지 며칠 내로 없어진다.

첫번째 앙금질에서 벤토나이트를 사용하며, 이때에 벤토나이트 앙금과 미생물들이 제거된다.

Check Point

사용효과

- 단백질 함량이 비교적 높은 포도 품종에 사용함으로써 단백질로 인한 혼탁을 방지하는 효과가 있다.
- 포도주 갈변의 원인이 되는 폴리페놀 산화효소를 흡착하여 침전·제거하므로 갈변을 방지하는 효과가 있다.
- 발효 후의 포도주 맛을 순수하게 한다.

6) 상태가 좋지 않은 포도를 처리하는 방법

머스트에 이취(異臭) 등이 생성되었을 경우, 활성탄(活性炭) 200~300g/hL를 첨가한 후, 여과하여 활성탄을 제거한다. 또한, SO_2 처리량도 보통의 경우인 5g/hL보다 많은 5~7.5g/hL를 첨가한다.

미생물 오염이 심하면 가열살균을 실시하기도 한다. 착즙 후에는 산화방지를 위하여 2시간 이내에 살균처리하며, 보통 고온순간살균(HTST : high temparature short time)법으로 한다. 즉, 살균은 85~87℃에서 2분 동안 유지한 후에 즉시 20℃로 냉각한다.

가열살균으로 과피에 생존하던 야생효모나 세균류가 사멸(死滅)되면, 이들에 의하여 포도주의 개성이 되는 향미의 생성 기회가 없어지는 단점이 있다. 또한, 발효 후기의 말로락틱 발효(malolactic fermentation)가 일어나지 못하게 된다.

Check Point

말로락틱 발효(malolactic fermentation)

포도주 속에 존재하는 강한 산미의 사과산을 젖산균이 에너지원으로 이용함으로써 비교적 부드러운 젖산으로 발효되어 포도주 품질을 향상시키는 작용으로, 포도주 제조과정에서는 매우 바람직한 현상이다.

$$\underset{\text{사과산(malic acid)}}{COOH-CH_2-CHOH-COOH} \xrightarrow[\text{젖산균}]{} \underset{\text{젖산(lactic acid)}}{CH_3-CHOH-COOH} + CO_2$$

(2) 발효

1) 포도주용 효모

포도의 겉껍질에 기생하여 사는 미생물에는 야생효모들, 즉 *Torulopsis*, *Mycoderma*, *Kloeckera*속 등이 있으며, 세균류는 유기산 생산 균류들, 즉 초산균(*Acetobacter*속), 젖산균류(*Lactobacillus*속) 등이 있다.

포도주 발효효모는 포도주의 품질과 맛에 절대적인 영향을 주는 요인이므로, 효모의 선택은 매우 중요하다. 독특하고 개성이 있는 맛을 자랑하는 포도주 제조자들은 배양효모보다는 야생효모를 이용한 ① **자연발효**(spontaneous fermentation), 즉 포도 재배지에 분포되어 있는 야생효모를 그대로 발효에 이용하여 발효함으로써, 매년 맛이 똑같지는 않으나 개성이 있는 포도주를 생산할 수 있으므로 소비자의 선호도가 매우 높다. 그러나 이런 포도주를 생산하는 공장은 소규모 공장들이 대부분이다.

대규모로 포도주를 생산하는 공장에서는 일정한 맛과 품질을 보증하기 위한 방법으로 ② **배양효모**(culture yeast)에 의한 발효를 이용한다.

배양효모는 *Saccharomyces cerevisiae*으로, 이 효모의 wine strain은 종전에는 *Saccharomyces cerevisiae variety ellipsoideus*(*Sacch. ellipsoideus*), 또는 *Sacch. vini*로 분류되었으나, 현재는 모두 *Sacch. cerevisiae*에 포함된다.

2) 배양효모의 조건

① 왕성한 발효력이 있어야 한다.

② 아황산에 내성이 강한 효모이어야 한다.

③ 발효온도의 적성이 맞아야 한다(적포도주용 효모의 최적발효온도는 20~27℃이고, 백포도주용 효모는 12~17℃이다).

포도주 제조에서 발효는 포도주의 품격, 순수성, 개성을 부여하는 중요한 공정이다. 발효 조건을 기술적으로 조정함으로써 이들을 개선할 수 있다. 즉, 효모의 선택, 온도의 조절에 의한 발효시간의 조정, 아황산 첨가량의 조정 등은 발효부산물 생성에 영향을 주기 때문에 독특한 포도주를 생산할 수 있게 된다.

효모 이외에도 젖산균이나 초산균 등의 산 생성 세균들이 함께 발효를 하며, 알코올 생성 외에도 글리세롤·알데히드·젖산·초산·호박산·퓨젤유(fusel oil) 등 수많은 종류의 부산물들이 부수적으로 생성된다. 퓨젤유는 포도주의 부케(bouquet, 향기)에 많은 영향을 주는 물질이다.

포도주 품질 형성에 지대한 영향을 주는 요인에는 효모의 생육에 필요한 영양물질인 머스트와 그 성분, 발효과정에 영향을 주는 온도, 공기와 그 미생물, 수확지, 수확기의 기후, 수확지에 분포된 미생물들의 종류 등이 있다.

백포도주의 품질과 특징은 알코올 함량, 부케(bouquet), 산미, 잔유당 등과의 조화에 있으며, 맛을 둥글게 하는 잔유당의 역할에는 특히 많은 관심이 집중되고 있다.

3) 발효의 과정

발효의 과정에는 전발효, 본발효, 후발효가 있다.

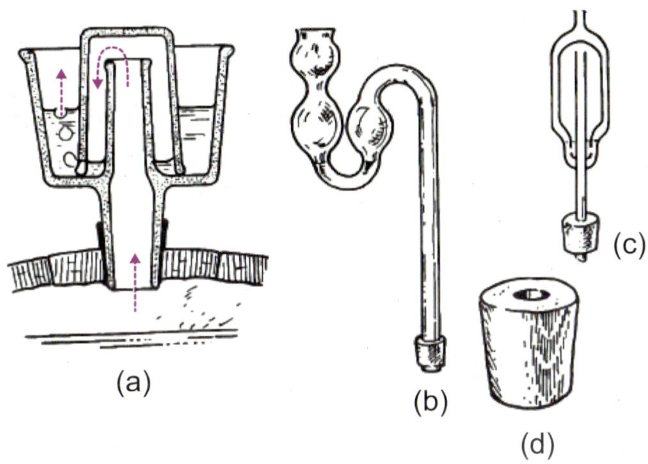

그림 2-8 발효관

① 전발효(前醱酵)

효모의 배지에 대한 적응과 증식이 시작되며, 발효가 서서히 일어나는 시기이다. 이때에 CO_2는 서서히 발생하나, 대부분 머스트에 용해되어 남아 있게 된다. 발효관(管)이 없을 때에는 앙금 물질이 상승되어 탱크 내의 산소와 접촉하여 산패나 이취(異臭) 등이 발생할 위험이 있다.

② 본발효(本醱酵)

본발효가 시작되면 강한 CO_2 발생과 발효열을 감지할 수 있으며, 이때에 발생하는 CO_2는 앙금과 함께 떠오르고 앙금은 다시 침전된다. 이런 과정을 통하여 맛 성분들은 용출된다.

이 때에 머스트의 앙금이 발효의 속도나 포도주의 맛이나 효모증식 등에 영향을 주게 되며, 맑은 머스트일수록 차분한 발효가 진행되고 맛은 순수해진다.

본발효는 최소한 8~14일 동안에 비교적 낮은 온도로 진행되며(최대 3주간), 본발효가 서서히 그리고 오랫동안 진행될수록 향기롭고 섬세한 포도주를 얻을 수 있다.

③ 후발효(後醱酵)

당 분해는 서서히 종료되며 CO_2 발생도 적어진다. 더 이상 앙금은 떠오르지 않고 효모와 함께 침전되며, 사과산(malic acid)은 이런 낮은 온도와 pH에서 ML^-발효에 의하여 젖산으로 분해된다. ML발효가 시작되면 CO_2발생과 이로 인한 혼탁과 산의 감소가 현저해진다. 이때에 맛과 향미의 잘 조화된 포도주를 얻기 위하여는 발효속도를 조절하여야 한다.

포도주의 CO_2 함량은 맛에 청량감을 주는 인자가 되고, 최소한 0.2~0.5g/L가 용해되어 있어야 하며, 1~1.3g/L가 되면 포도주는 청량감을 나타내게 된다.

Check Point

CO_2의 용해성은 온도와 압력에 영향을 받는다.

4) 발효 탄산가스

$$C_6H_{12}O_6 \longrightarrow 2CH_3CH_2OH + 2CO_2\uparrow$$

180g : 92g 88g 원자량 C=12, O=16, H=1

100g : 51g 49g

즉, 예로써 1,000L 모스트의 당함량을 18%라고 한다면, 이때에 발생하게 되는 CO_2량은 88kg이 된다. 또 1몰의 CO_2무게는 44g이고, 이때의 부피는 22.4L가 된다.

그러므로

$$44 : 22.4 = 8,800 : x$$

$x=44,800$L 또는 44.8m^{3}이 된다.

이만한 양의 CO_2는 머스트 부피의 약 45배에 해당하는 막대한 양과 부피이다. 따라서 발효실 혹은 저장실에 입실할 경우는 특별한 주의가 필요하다. 촛불을 켜서 들고 입실하다가 촛불이 꺼지면 CO_2를 원인으로 알고, 즉시 밖으로 나와야 한다.

표 2-5 인체에 대한 CO_2의 영향

공기 중 농도(Vol.%)	증상	호흡 시간
2	별 괴로움 없음	—
3~4	호흡이 부자유스러움, 후유증 없음	1시간 전후
4~5	가벼운 현기증	0.5~1시간
5~7	건강에 해가 되거나 위험	30분 이내
10	강한 호흡곤란	몇 분 내
15	기절	몇 초 내
25~30	혼수상태나 질식사	즉시

5) 온도 조절

발효실 내의 온도를 가능하면 12~14℃로 유지하도록 한다. 때로는 18℃까지도 허용되기도 하나 그 이상은 피한다. 발효 중에는 발효열에 의하여 포도주의 품온과 실내온도는 상승하게 되고, 때로는 품온이 40℃까지 상승하게 되며, 이때에 생성된 알코올이 효모에게는 독성물질로 작용하여 발효는 정지되고 또 포도주는 독특한 끓는 맛을 나타낸다. 그러므로 1,000L 이상이 되는 발효 탱크를 사용하는 경우에는 냉각에 특별한 주의가 필요하다.

냉각 방식은 ① 실내공기를 냉각하는 방식 ② 용매를 이용한 사관(蛇管) ③ Beriese-lung법(발효탱크의 외벽으로 냉각수를 흐르게 하여 냉각하는 옛날 방식으로, 냉각 효율은 매우 낮다) 등이 있다.

4. 적포도주(red wine)의 제조과정

적포도주의 소비자들은 취향에 따라 약간 떫은 맛(dry)을 원하기도 하며 부드럽고 둥근(sweet)맛을 원하기도 한다. 그러나 포도주의 색깔은 붉고 짙은 루비색의 포도주를 선호한다. 색소는 포도껍질(과피)과 함께 발효하기 때문에 색소가 용출되어 독특한 색의 포도주를 얻을 수 있게 된다. 그러므로 적포도주의 제조에서 색소의 획득과 보존은 하나의 중요한 품질 척도가 된다.

더욱이 색소의 안정성은 매우 예민하여 pH·온도·산화 등에 쉽게 영향을 받는다.

또한, 제조과정에서는 향(bouquet)의 보존과 맛과의 조화까지도 함께 고려하여야 한다.

과피(果皮)량은 대개 10~20% 정도이며, 과피 중의 당과 산은 과육보다는 적지만 상당량 함유되어 있다. 그리고 1.2% 정도의 탄닌과 황색이나 적색 등의 색소가 함께 들어 있다. 과피의 색소는 5종의 안토시아니딘(anthocyanidin), 즉 델피니딘(delphinidin), 페투니딘(petunidin), 말비딘(malvidin), 시아니딘(cyanidin), 페오니딘(peonidin) 등이 있다. 과피 표면에는 세릴 알코올(ceryl alcohol), 미라실 알코올(myricyl alcohol)과 팔미트산(palmitic acid), 세로틴 산(cerotic acid)으로 구성된 왁스질과 올레아놀산(oleanolic acid)이 함유되어 있다.

적포도주 탄닌 성분의 주 공급원이 되는 씨는 포도에 보통 2~4개가 있고, 전체의 3~4% 정도를 차지하며, 씨가 없는 종도 있다. 씨에는 또한 유지 16%와 탄닌 5%가 함유되어 있다.

과육의 성분은 조섬유 이외는 과즙성분으로 존재한다. 당, 유기산, 질소화합물, 무기질 등이 들어 있다. 이들이 포도주의 품질을 좌우하게 된다.

당성분은 포도당(glucose)과 과당(fructose)이 거의 대부분이고, 포도주 제조를 위하여는 22% 정도의 당함량이 바람직하나, 우리나라의 포도는 14% 내외이므로 보당이 필수적이다.

펙틴(pectin)은 약 0.02~0.2% 정도이나, 포도주 제조 중에 분해된다.

머스트 중의 유기산은 주석산(일명 포도산, tartaric acid), 사과산(malic acid), 구연산(citric acid) 등이 주성분이다. 주석산은 유리형과 결합형으로 존재한다. 대부분의 유리형인 사과산은 총산의 20~50%를 차지하지만, 숙성기에는 ML발효 등으로 감소하게 된다.

총산은 적정산도를 주석산으로 환산한 것으로 보통 0.7% 정도이다. 아미노산은 약 20여 종이 발견되고, 프롤린(proline)과 아르기닌(arginine)이 많으며, 프롤린 외의 아미노산들은 발효 중에 효모들의 영양원(질소원)이 된다. 무기성분은 칼륨(K)과 인(P)이 거의 50%를 차지하고, 그 밖에 Ca와 Mg 등도 다소 존재한다.

(1) 주모의 준비

고체배지에 보존 중인 효모를 살균한 배양액 100mL 정도에 접종하여 20~25℃에서 3일동안 배양한다. 이 배양액을 SO_2를 함유한 1~2L의 머스트에 가하여 2~3일 동안 배양하여 주모로 사용한다. 왕성하게 증식하는 주모는 발효액의 1~3%만 첨가하여 담금(mashing)을 하면, 20℃ 정도에서 다음날부터 발효가 시작된다. 발효개시 후에 품온은 5℃ 이상 높아진다. 이보다 온도가 더 높아지면 발효가 정지되는 수도 있다. 이런 현상을 '온도 쇼크(thermal shock)' 라고 하며, 급작스런 온도의 하강도 같은 현상을 일으킨다.

(2) 매시(mash)발효

포도 과피에 존재하는 색소의 침출과 과피와 씨의 탄닌 성분들을 용출시키는 목적이 있다. 색소는 과피의 시아노플라스트(cyanoplast)에 쌓여 있는 생세포 속에 존재하며, 세포가 파괴되어야만 외부로 침출된다. 색소 추출은 물리적인 방법, 즉 압력 등의 방법으로는 완전하지 못하거나 어렵다. 하지만 가열, 효소의 작용, 발효, CO_2 이용 등의 방법으로는 가능하다.

발효 중에 포도주의 색소 안정에 결정적인 영향을 주는 요인들은 알코올 함량, 온도, pH 혹은 총 산도 등이다. 산(酸)은 색소의 광택에 도움을 준다(SO_2 역시 산으로서 같은 역할을 한다). 그러나 산소만은 산화(酸化)를 일으킴으로써 갈변의 원인이 된다.

색소의 농도는 낮은 당함량이나 낮은 알코올 함량에서보다 이들이 높은 함량에서 더욱 짙어지므로, 적포도주는 거의 모두 알코올 함량을 12~13%(vol.)로 제조한다.

색소의 용출은 낮은 온도보다 높은 온도에서 더 많이 용출되며, 색소의 보존에서는 제조과정 중에 접촉하게 되는 효모, 청징제, 여과지, 용기 등에 쉽게 흡착하는 색소의 흡착성을 고려하여야 한다.

색소의 보존과 용출을 위하여 매시 발효는 오랜 시간 동안(최고 4일 간) 하여서는 안되고, 발효기간이 길어지면 길어질수록 포도주는 거칠고(wild) 단단(hard)해지며, 만약에 상한 포도라도 섞여 있다면 맛에도 매우 나쁜 영향을 준다.

발효로 생성된 CO_2로 인하여 발효액 상층부에 뜨게 되는 과피(과모, cap)는 특히 개방식 발효(그림 2-9)에서 시간이 경과하면 건조되고, 과피에 부착되어 있던 곰팡이 등이 증식하여 포도주에 악영향을 줄 수 있다. 따라서 과피가 매시에 잠겨 있게 하거나 자주 저어 주어야 한다. 옛날 방식처럼 자주 저어 준다는 것은 매우 번거로운 일(밤에 최소한 2번)이었으므로, 무거운 나무로 과피를 눌러서 매시에 잠기도록 하는 방법을 사용하기도 하였다. 예전에는 많은 포도주 공장에서 유리, 타일, 에폭시수지를 입힌 개방형 콘크리트 발효조를 사용하였으나, 근래에는 그림 2-9와 같은 밀폐식 발효조를 이용하며, 크기도 커져서 옥외에 설치하기도 한다.

그림 2-9 개방식 콘크리트 발효조

품온이 20~25℃이면 색소와 탄닌이 잘 용출되며, 주발효는 5~6일 만에 종료되고, 발효가 끝난 발효액은 채취(racking)된다. 색소는 초기에 SO_2와 결합하여 퇴색되지만, SO_2의 산화와 동시에 복색되어 안정화된다. 발효액 채취 후에 SO_2 100ppm을 유지시켜 저장한다.

(3) 저장과 숙성

발효 직후의 포도주는 CO_2를 함유하고 향미도 좋지 않지만, SO_2 농도를 적당히 조절하여 알맞은 온도로 저장하며, 서서히 숙성시키면 우수한 포도주가 된다. 포도주 숙성은 저장고의 온도관리가 매우 중요하다. 적포도주의 경우는 15~20℃, 습도는 70~80% 정도가 알맞다. 저장기간은 몇 개월부터 몇 년이며, 저장기간은 오래될수록 포도주 맛을 좋게 한다고 말을 하나, 저장기간 15년을 정점으로 맛과 품질은 쇠퇴한다고 한다.

저장 중에는 1년에 1~2회 앙금질을 하고 SO_2를 보충하여 준다.

적포도주와 백포도주의 차이는 색소와 탄닌 성분의 많고 적음이다. 이들 물질들은 페놀형의 화합물이라서 산화가 쉽고, 또한 다른 물질과도 쉽게 결합한다. 그리고 숙성 또한 적포도주가 느린 편이다.

포도주의 숙성에서 물리적인 변화로는 앙금의 침강·주석산의 석출·CO_2의 방출·산화환원전위의 저하·알코올과 물의 화합 등으로 나타나며, 이들은 주로 포도주의 맛에 영향을 주게 된다.

화학적인 변화로는 알데히드의 증가, 유기산들과 알코올류와의 에스테르 생성, 산화현상에 의한 갈변 또는 퇴색 등이 있다. 주로 시각적인 품질저하를 일으킨다.

저장은 병입저장과 나무통 혹은 탱크저장으로 나눌 수 있다. 나무통 저장은 산화적 숙성인 반면, 병입 숙성은 혐기적 숙성인 셈이다. 나무통에 저장할 때에는 초기에는 알데히드가 증가하다가, 색소나 탄닌과 결합하여 감소한다. 이를 나무통 속에서 포도주가 숨을 쉰다고 표현하기도 한다.

숙성과정에서 생성된 향기(bouquet), 포도에서 유래한 향기(aroma), 발효과정에서 생성된 향기 등의 조화가 포도주의 품격을 좌우하는 하나의 척도가 된다.

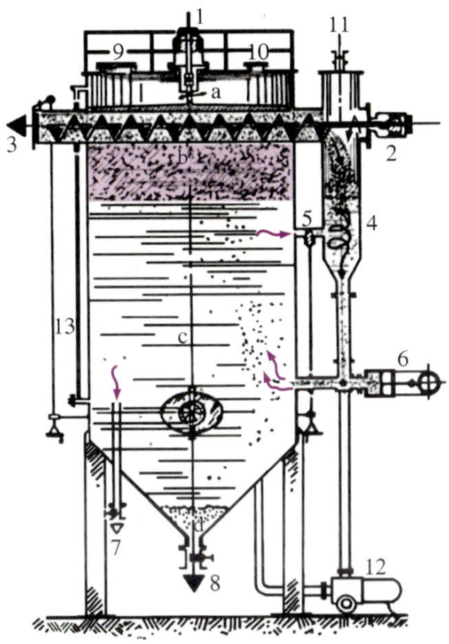

1.2. 매시의 송입과 박(粕)분리기
3. 과피 송출장치
4. 매시혼합 및 반환 장치
5. 과피와 발효액의 혼합조절기
6. 펌프
7. 중간 배출구
8. 포도씨 배출구
9. 시(視)창
10. mash투입구
11. 안전 벤틸
12. 매시-펌프
13. 발효액 높이 표시기
a. 탄산가스로 차 있는 빈 공간
b. 과피
c. 머스트(매시)
d. 씨

그림 2-10 현대식 매시 발효조

(4) 저장실 관리

발효실에서의 온도인 18~20℃의 포도주를 서서히 냉각시킨다. 산도는 4.5~5.0ppm으로 조절하여야 하는데, 6ppm이면 적포도주에는 품질상 좋지 않은 것으로 취급된다.

1) 앙금질

포도 품질마다 다르지만, 2~4주 후면 일반적으로 자연적인 침전에 의하여 앙금이 가라앉는다.

2) SO_2 처리

40~70mg/L가 되도록 보충한다.

3) 청징

탱크에 저장 중인 적포도주는 자연적인 청징이 어렵다. 숙성과 안정을 위하여 적절하게 규조토 여과를 하고, 필요에 따라 콜로이드 형태로 용해되어 있는 단백질이 과다한 포도주에는 탄닌으로, 반대로 탄닌 함량이 과다한 포도주는 젤라틴 등을 이용하여, 청징한 후에 여과한다. 적포도주에서는 벤토나이트를 청징제로 사용하지 않는데, 그 이유는 색소의 과다한 손실 때문이다.

4) 여과

청징 후에 사용하는 여과는 솜여과기(filter press), 그림 2-11에 나와 있는 schichten filter, 마이크로필터(microfilter) 등을 사용하거나, 여과지 No.K-5, 또는 K-7을 사용하기도 한다.

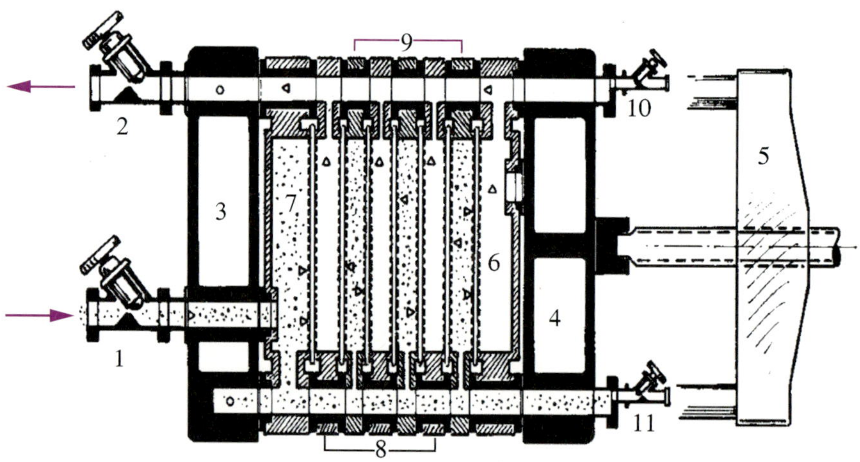

1. 포도주 송입구, 2. 배출구, 3.4. 뚜껑, 5. 조임 장치, 6. 여액통과 칸
7. 여과전액 통과 칸, 8. 여과박(粕)실, 9. 여액통과실 10. 11. 공기제거 벤틸

그림 2-11 Schichten filter

5) 병입전 여과

여과지는 K-7 또는 K-10를 사용하고, 무균상태의 포도주로 만든다. 저장성을 높이기 위해서는 마이크로포어필터(micropore filter)를 사용하기도 한다. 마이크로포어필터는 맑게 하기 위한 필터가 아니므로 여액은 사전에 맑게 여과되어 있어야 한다. 이 여과기는 관리와 살균도 철저히 하여야 한다.

6) 병입

세척된 병 내의 미생물 살균을 염두에 두고, 포도주를 80℃로 가열한 후에 병입하는 방법을 핫필링(hotfilling)이라고 하며 때때로 사용하는 곳도 있다. 그러나 포도주 품질에 유익하다고 보기는 어렵다. 근래에는 열교환기(그림 2-12)에 의한 살균을 하기도 한다.

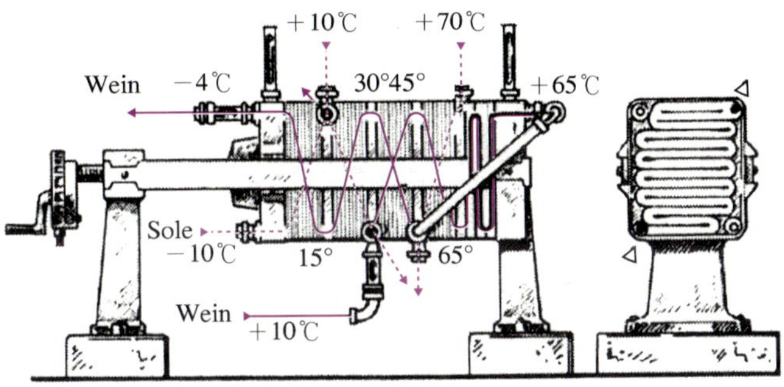

그림 2-12 열교환기

7) 세병기

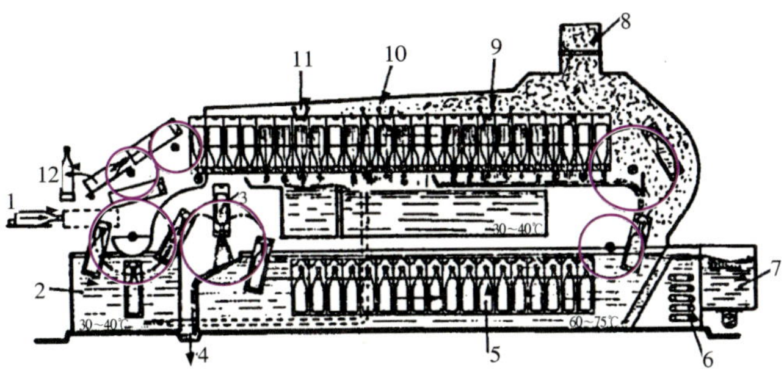

1. 입구 2. 예열탕 3. 내용물 비우기 4. 배출구 5. 잿물에 불리기 6. 가열 장치
7. 잿물 여과장치 8. 증기 배출구 9. 잿물 씻기 10. 온수로 행구기 11. 냉수로 행구기 12. 배출구

그림 2-13 세병기

8) 라벨

라벨에는 제품의 제조년도, 산지, 공장명, 포도품종 등이 명시되는 것이 보통이다. 이는 포도주의 병입장소가 어디인가를 밝히는 역할을 한다.

(5) 적포도주의 성분

① **알코올 함량**은 10~14%(vol) 정도이며, 주세법상의 알코올 함량 규격은 없다.

② **당 함량**은 드라이 와인에서 0.2% 정도이다. 당의 종류는 포도당, 과당, 맥아당, 멜리비오스(melibiose), 젖당 등과 5탄당 아라비노오스(arabinose), 크실로오스(xylose), 메틸펜토스(metylpentose) 등이 있다.

③ **가용성 성분, 비당류 고형물질 등**(Extract)은 포도주의 맛 구성성분(body)으로 중요하게 취급되며, °Brix로 표시된다. dry red table wine은 약 2.5g/100mL의 함량을 가지며, dry white table wine은 약 2.0g/100mL의 함량을 갖는다.

④ **휘발성**(volatile) 산 중에는 초산이 가장 많고, 함량은 포도주의 건전성의 지표가 되나, 너무 많으면 좋지 않다.

⑤ **비휘발성**(non volatile) 산은 주로 맛과 관련이 있다. 산 함량이 너무 높으면 맛이 거칠고(wild) 시며, 반대로 너무 낮으면 맛이 밋밋하고 김빠진 듯하여 환영받지 못한다.

⑥ **에스테르**는 50여 종이 알려져 있으며, 대부분 발효초기에 효소작용에 의해 생성되고 저장 중에는 에스테르화 반응에 의해 생성된다. 이들 중 고급지방산의 에틸에스테르(ethyl ester)류는 포도주의 부케(bouquet)와 관련이 있다.

⑦ **탄닌**은 포도주의 보디(body)를 개선시키며, 색깔을 안정시키고, 수렴성을 부여한다. 보통 white table wine에는 0.01~0.04%가 함유되어 있고, red table wine에는 0.10~0.20%가 함유되어 있다.

⑧ **pH**는 3~4 정도이고 table wine은 방부성을 비롯하여 맛의 신선도와 색깔의 선명도를 감안하면 3.4 이하가 적당하다. pH가 높을수록 안토시아닌 색소의 색깔은 엷어진다.

5. 탄산함유 포도주(Sparkling wine)의 제조과정

CO_2가 용해되어 있어서 잔에 따를 때에 기포가 생성되고, 마실 때에 청량감을 주는 포도주로서, CO_2의 출처에 따라 4가지로 나눌 수 있다.

① 발효 후기의 잔당에 의하여 생성된 CO_2함유주로, 전통적인 병내발효로 만든다.
② 말로랙틱 퍼멘테이션(젖산발효, malolactic fermentation)에 의하여 생성된 CO_2 함유주로, 산도가 높은 적포도주에서 일어나는 특수한 발효이다.
③ 포도주에 당을 첨가하여 발효시킨 CO_2 함유주로, 대량 생산되는 저급주가 대부분이다.
④ 포도주에 CO_2를 취입시킨 것으로, 값싼 저급주 생산에 이용된다.

보통의 스파클링 와인(발포성 와인)은 10℃에서 4~6atm의 CO_2 압력을 가지며, 당함량에 따라 brut(브룻, 2~10g/L), extra dry(엑스트라 드라이, 10~20g/L), dry(20~40g/L), semi-dry(세미 드라이, 40~60g/L)와 sweet(스위트, 80~100g/L)로 나눈다.

대표적인 스파클링 와인 산지는 프랑스의 샹파뉴 또는 무세, 독일의 젝트, 이탈리아의 스푸만테와 스페인과 포르투갈의 에스프모소(Espumoso) 등이 있다.

1) 발효법

① 병 발효법(bottle fermentation)

포도주에서 당함량이 L당 4g일 때에 1 atm의 CO_2가 생성되므로 6 atm이 되기 위하여는 당함량이 최소한 24g/L가 되어야 한다. 앙금질(racking) 및 안정화(stabilization)시킨 포도주(cuvée)에 효모와 발효성 당을 넣고, 경우에 따라 인산암모늄을 첨가하여 발효시킨다.

병입한 후에 코르크 마개로 막고 철사로 맨 것을 띠라쥐(tirage)라고 하며, 보통 10~15℃에서 수평으로 눕혀 저장하면 발효가 일어나면서 숙성된다. 1년 여를 저장하면 독특한 맛(flavor)과 향(bouquet)이 생성된다. 발효와 숙성이 끝나는 시점에 병목 부분이 아래쪽으로 향하게 놓아, 침전물이 병 입구 쪽으로 모이게 하여 침전물을 제거한다. 제거하는 방법은 병목 부분을 약 −15℃의 냉동액에 넣어 침전물을 얼린 후에 코르크 마개를 조심스럽게 열어서 CO_2의 압력으로 침전물이 밖으로 밀려나오면 칼로 제거하고 다시 마개를 한 다음에 철사로 다시 묶는다. 이렇게 수(手)작업으로 이루어지는 전통 스파클링 와인은 가격도 그만큼 비싸진다.

② 탱크 발효법(Tank fermentation)

높은 압력에도 견딜 수 있는 탱크에서 약 13℃의 온도로 약 2주 동안 발효시킨다.

③ CO_2취입법(Carbonation)

CO_2의 최대 용해도는 포도주의 빙점 바로 위에서 생기므로 CO_2를 −4.4℃의 포도주 속으로 통과시켜 용해시킨다. 이 온도에서의 2 atm은 실온에서 7 atm이 된다.

6. 그 밖의 포도주

(1) 셰리(Sherry)

스페인의 고유한 와인인 셰리는 알코올 함량이 15~21%이고, 화이트 와인으로 제조된다. 독특한 제조방법에 따라 피노(Fino)와 올로로소(Oloroso)로 나눈다.

1) 피노 셰리(Fino sherry)

저장 오크통 속의 포도주 표면에 얇은 효모피막(flor)을 형성시켜 저장함으로써 독특한 향미를 얻는다. 피막형성 효모로는 *Saccharomyces bayanus, Sacch. oviformis* 등이 있다.

피노 유형 셰리 제조에는 당분이 25% 정도인 팔로미노(Palomino)종 포도가 주원료로 이용되며, 수확한 포도를 하루쯤 태양 아래에서 건조시켜 착즙한 다음, 산도를 높이기 위하여 그 지방 특유의 석고함유 토양을 첨가한 후에 발효시킨다. 발효 후에 청징화한 백포도주(알코올 함량 14~15%)를 오크통 속에 넣어 숙성시키는데, 나무통에 3/4 정도의 포도주를 넣고 피막이 형성되면 나머지 1/4 정도를 새 술로 채워 숙성시킨다. 브랜디를 보강하여 알코올 함량을 18%로 하여 제품화하기도 한다.

2) 올로로소 셰리(Oloroso Sherry)

원래 당분이 높은 품종인 페드로 히메네스(Pedro Ximenez) 원료 포도를 수확 후에 1주일 정도 천일건조하여 당분을 더욱 높였다. 알코올 함량이 15% 이상이고 잔당함량이 높은 포도주를 오크통 속에 넣어서 숙성시킨다.

(2) 포트 와인(Port wine)

포르투갈에서 생산하는 스위트 레드 와인으로서 18%의 알코올과 6° Brix의 당을 함유하며, 황갈색을 띤다. 포트 와인(Port wine)은 오크통 속에서 숙성시키며, 황갈색을 띠는 것은 이 때문이다.

(3) 베르무트(Vermouth)

숙성된 백포도주에 쓴쑥(Wormwood) 등의 각종 향미성 식물을 20여 종 이상 넣어 만드는 술로, 칵테일용으로 중요하게 사용된다. 알코올 함량은 15~21% 정도이며, 색이 엷은 드라이 타입과 짙은 스위트 타입이 있다.

3. 맥주

맥주의 역사는 고대 바빌로니아와 이집트에서 시작하여 중세 유럽에 이르기까지 오랜 기간 지속되어 왔다. 사람들은 보리를 발아시켜 맥즙을 만들고 여기에 효모(야생효모)를 이용하여 발효시켜 맥주를 제조하고 마셔 왔다.

그림 2-14 고대의 술 제조 벽화

근대적 맥주양조는 중세 유럽의 승원(僧院)에서 보리를 발아시킨 맥아와 호프를 사용하여 맥주를 만들기 시작하면서부터이다. 특히 독일에서 도시 양조장(Brauerei)의 번창은, 각 지방마다 독특한 맛의 맥주를 탄생시켰다. 또한 16세기에 제정된 바이에른 지방의 맥주에 관한 법률에 의해 "맥주원료는 맥아, 물, 호프, 효모 이외에는 사용해서는 안 된다."라고 규정되었다. 그들은 현재까지 이 법을 충실히 지켜 오며 '순수한 맥주'라는 긍지를 가지고 생산과 판매를 하고 있다.

그러나 여러 나라에서는 맥아 외에도 옥수수와 쌀 등의 전분질을 부원료로 사용해서 비용절감을 하며, 동시에 시설개선도 꾀하고 있다.

우리나라의 주세법상 맥주는 맥아와 호프, 쌀, 보리, 옥수수, 고량(수수), 감자녹말, 당질, 캐러멜 중의 하나 또는 그 이상의 것과 물을 원료로 발효시켜 여과 제성한 것으로 규정하고 있다.

1. 맥주의 종류

맥주의 유형은 하면발효(bottom-fermented)맥주인 라거(Lager)맥주와 상면발효(top-fermented)맥주인 에일(Ale)로 나눌 수 있다. 독일을 비롯한 유럽 그리고 대부분의 나라에서 하면효모(bottom yeast:*Saccharomyces carlsbergensis*)로 양조하며, 보통 6~9℃의 저온에서 발효한다. 그 반면에 영국과 미국의 일부에서는 상면효모(top yeast:*Sacch. cerevisiae*)를 이용한다. 상면발효는 비교적 고온인 16~20℃에서 발효하는 것으로, 발효시간이 비교적 짧다.

또한, 알코올의 농도, 맥주의 색깔(담색 혹은 농색), 향미(flavor)와 농도(body)의 강약에 따라 더욱 세분되기도 한다. 세계의 유명 맥주 타입들은 표 2-6과 같다.

표 2-6 유명한 세계적 맥주

유형	특성(character)	생산지(국가)	알코올 함량(%)
1. 하면발효 맥주			
münchener	Lager/Ale	뮌헨(독일)	4~4.8
Vienna(Märzen)	Lager	비엔나(오스트리아)	5.5
Pilsner	Lager	플젠(체코)	4.5~5
Dortmunder	Lager	도르트문트(독일)	4
Bock	Lager	불가리아, 미국, 캐나다	6
Light beer	Lager	미국	4.2~5

유형	특성(character)	생산지(국가)	알코올 함량(%)
2. 상면발효 맥주			
Ales	Ale	영국	x2.5~5
Kölsch	Ale	켈른(독일)	4.4
Provisie	Ale	Belgium(벨기에)	6
Stout(Bitter)	Stout	Ireland(아일랜드)	4~7
3. 맥아-밀 맥주			
Weizenbier	Lager/Ale	Bayern(독일)	5~6
Berliner Weiss	Lager	Berlin(독일)	2.5~3
Gueuze-Lambic	Acid Ale	Brussels(벨기에)	5

(4) 라거(lager)

일반적으로 유럽의 하면발효 맥주를 말하며, 독일어의 저장소(Lager)라는 말에서 유래된 것으로, 오래된 저장기간으로 충분한 숙성과 독특한 향미를 생성시켜 생산한다.

맥주의 색깔과 맛의 농순성에 따라 담색맥주와 농색맥주로 나누며, 최근에는 저칼로리의 순한맥주(light beer, 미국)나 당뇨병성 맥주(diabetic beer, 독일) 등이 생산되어 판매되기도 한다. 유럽에서는 각 지방의 특유한 보리, 호프, 물과 효모를 사용하여 그 지방의 독특한 맥주를 생산하고, 맥주명을 그 지방 혹은 도시명을 써서 부르기도 한다. 대표적인 것은 다음과 같다.

① **필즈너**(Pilsner) : 체코의 플젠지방에서 생산되는 황금빛깔의 담색맥주로, 강한 고미성(苦味性)을 갖는다.

② **도르트문더**(Dortmunder) : 독일의 공업도시 중 하나인 도르트문트에서 생산하는 담색맥주로, 중간 수준의 호프향미를 가지며, 필즈너보다 약한 고미를 갖는다.

③ **뮌헨너**(Münchener) : 농색맥주로 약 호프성이며, 농순성 맥주로 약간의 감미도도 있다.

④ **복**(Bock) : 아인벡(Einbeck)의 농색맥주이며, 맛 또한 짙다.

(5) 에일(Ale)

주로 영국에서 생산하며 미국에서도 양조하는 상면발효 맥주를 말한다. 색깔이 엷으면서 강한 호프성인 페일 에일(pale ale)과 중간 수준의 호프성인 미들 에일(mild ale)로 구분되며, 이중 색깔이 짙고 감미도가 높은 것을 브라운 에일(brown ale)이라고 한다.

2. 맥주 제조과정

맥주의 제조과정은 다음과 같이 크게 4단계로 대별할 수 있다.

① 맥아의 제조 → ② 맥아즙 제조 → ③ 발효 → ④ 제품화

(1) 맥아의 제조(Malting)

적당한 온도와 습도를 유지하여 보리를 발아시켜서 여러 효소들을 활성화 혹은 생성화하는 공정이다. 맥즙을 제조할 때에 보리(맥아)의 탄수화물을 당화시켜 발효성 당으로 전환, 즉 당화(Saccharification)하는데 이 효소들이 필요하다. 발아하는 과정에서 보리의 전분들은 이들 효소들의 작용을 받아서 좀 더 작은 분자로 분해되며, 동시에 보리의 뿌리눈과 잎눈의 증식에 필요한 에너지와 영양소들을 공급받는다.

이런 작용들에 의하여 전분들이 백탁되는 것을 용해(溶解, melting)라고 한다. 어느 정도 발아한 상태의 보리를 녹맥아(green malt)라고 하며, 녹맥아를 가열·건조하여 저장성이 있는 수분함량을 지니게 하고, 뿌리눈과 잎눈을 건조 제거하는 과정을 배조(焙燥, kilning)라고 한다.

(2) 맥아즙 제조(Mashing)

맥아의 가용성 물질들을 물로써 추출하여 추출물을 만드는 과정이다. 즉, 전분들은 맥아효소로 당화되어 발효성 당으로, 단백질 성분들은 프로테아제(protease, 단백질 분해효소)에 의하여 분해되어 아미노산류로 각각 분해되어 맥즙에 용해된다. 여기에 호프를 첨가 자비하고 여과하면 호프 첨가 맥아즙이 된다.

(3) 발효(Fermentation)

호프첨가 맥아즙(hopped wort)에 맥주효모를 접종하여 발효를 시키면 그린비어(green beer=young beer)라는 맥주가 되고 이것에서 효모를 분리하고 저장기간을 거치면 숙성된 맥주가 된다.

(4) 제품화(Finishing)

저장·숙성 과정은 약간의 발효를 수반하는 방법과 수반하지 않는 방법이 있다. 전

통적인 저장은 발효를 수반하는 방법인데, 이것을 후발효(後醱酵, secondary fermentation or post fermentation)라고 하며, 주발효(primary fermentation)와 구별하기도 한다.

Green beer를 효모와 함께 0~2℃의 저온에서 장기간 저장하면 발효가 서서히 진행되면서 CO_2가 포화되고 향미가 증진되며 숙성된다.

숙성이 끝난 맥주를 여과하여 바로 포장한 것이 생맥주(draft beer)이고, 저온 살균과정(pasteurisation)을 거쳐서 제품화한 것이 병맥주이다.

3. 맥주의 원료(Raw material)

(1) 보리(大麥, Barley)

보리는 화본과(禾本科, Family Gramineae)의 대맥속(大麥屬, *Hordeum*)에 속하는 식물로서 이조맥(二條麥)과 육조맥(六條麥, *Hordeum hexasticum*)이 있다.

맥주제조에 적합한 것은 이조맥(Two rowed barley : *Hordeum distichum*)이며, 맥주보리로서 갖추어야 할 품종상의 조건은 재배적성과 제맥아적성이다. 재배적성으로는 단일 면적당 수확량이 많고 병충해 등에 강하며, 수확할 때에 탈립(脫粒)이 적어서 기계화 작업이 가능한 조생종(早生種)이 적합하다.

제맥아적성으로는 전분함량이 균일하고 비교적 낮은 단백질함량과 곡피성분을 가진 보리로 발아가 잘 되어야 한다. 이런 조건을 지닌 이조맥이 맥주제조에는 장점이 더 많기 때문에 사용되고 있다.

그림 2-15 육조맥

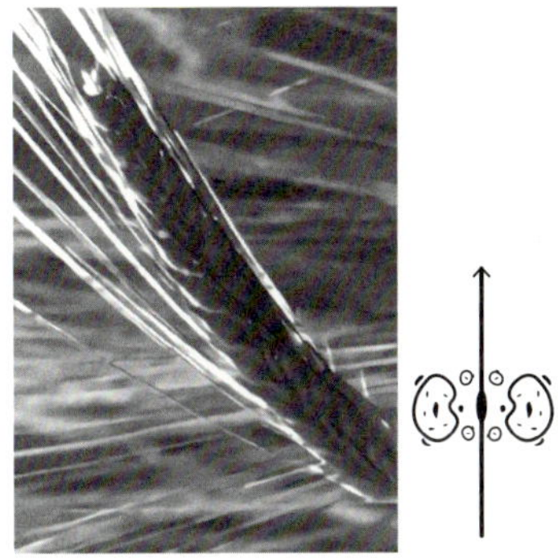

그림 2-16 이조맥

1) 보리의 성분

보리낟알은 배유(胚乳, starch endosperm)와 배아(胚芽, embryo)의 두 기능단위로 구성되어 있으며, 배유는 주로 전분질로 구성되어 있고, 소량의 질소화합물과 무기질을 함유하고 있다. 그러므로 배아의 발아가 시작될 때 필요한 영양소를 공급하는 급원이 된다. 보리의 성분은 품종과 재배지와 재배방법에 따라 달라질 수 있으나, 대략적인 성분은 다음과 같다.

표 2-7 보리의 화학적 성분

구 분	천일 건조	건물(乾物)
수분	14.5	—
전분(starch)	54.0	63.15
단백질	9.5	14.03
N-free extract	12.0	11.11
조섬유	5.0	5.85
지질	2.5	2.93
무기물	2.5	2.93

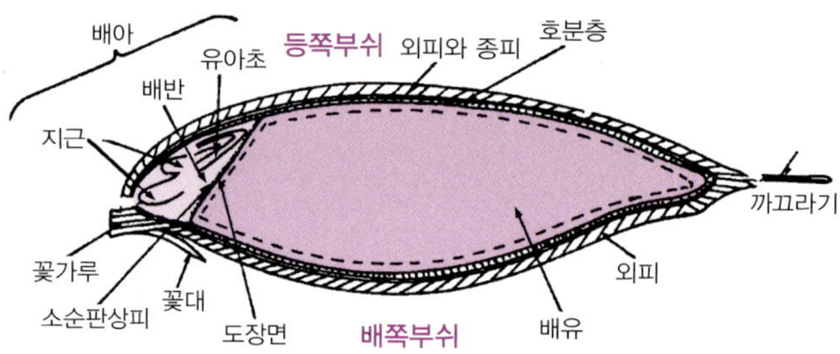

그림 2-17 보리의 구성

① 탄수화물

탄수화물의 대부분은 전분(starch)으로 63~65%를 차지하고 있으며, 맥즙 추출물의 85~90%가 된다. 보리 전분의 23~27%는 아밀로오스이고 나머지는 아밀로펙틴이다. 저분자 당류로는 자당(sucrose), 전화당, 맥아당, 라피노오스(raffinose) 등이 있으며, 2~3%가 함유되어 있다.

과피와 종피 등의 껍질에는 셀룰로오스(cellulose)가 4~5% 들어 있고, 헤미셀룰로오스(hemicellulose)가 8~10% 들어 있으며, 탄닌 성분은 소량이 들어 있다.

배유 중에는 이노시톨(inositol)의 인산 에스테르인 피틴(phytin)이 존재하고, β-글루칸은 배유세포의 세포벽에 존재하며, 전체 보리의 4~6%를 차지한다.

펜토산(Pentosan)은 보리껍질과 배아(뿌리눈과 잎눈)의 세포벽에 존재하며, 수용성인 검과 헤미셀룰로오스로 나눌 수 있다.

② 질소화합물

질소화합물은 단백질 외에 소량의 아미노산, 펩티드(peptide)나 펩톤(pepton) 등으로 존재한다. 단백질 함량은 조단백질로 함량은 8~16% 정도이고, 주로 호분층(aleurone layer)에 들어 있으며, 일부 배유에도 분포되어 있다.

질소화합물은 당화과정에서 프로테아제(protease)에 의하여 분해되어 아미노산류 등으로 분해되고, 이들은 발효과정에서 효모의 영양소가 되며, 맥주의 거품과 관련이 있다고 여겨진다.

③ 기타 성분

유지는 조지방으로 2~3% 존재하고 대부분이 중성지방이며, 배아세포와 호분층세포 안에 분포되어 있다.

회분은 주로 염류의 형태로 존재한다. P, K, Si가 특히 많이 함유되어 있다.

2) 맥주용 보리의 조건

맥주제조용으로 적합한 보리는 다음과 같은 조건이 충족되어야 한다.

① **화학적 조성** : 수분함량이 10~13%, 전분함량은 55~65%이다. 단백질 함량은 담색맥주의 경우에 9~12%, 농색맥주의 경우는 13~13.5%가 적합하다.

② **물리적 조성** : 보리의 빛깔은 윤기가 있고 입자가 크며 균일한 것으로 단일품종의 것이 좋다.

③ **생물학적 조건** : 발아력이 강하고 균일한 것이 좋다.

(2) 맥아의 제조(Malting)

맥주 원료로서의 보리는 비교적 탄수화물 함량이 높으므로 당도가 높은 맥즙을 얻을 수 있다. 단백질 함량을 고려하면 비교적 적은 균일한 알갱이의 보리를 선택하는 것이 좋다. 제맥아의 적성으로는 곡립(穀粒)의 크기와 내용물의 함량이 균일하고, 발아가 용이하고 균일하며, 당화과정에서 추출물의 수율이 높은 것이 좋다. 이러한 조건으로 볼 때에 이조대맥이 육조대맥에 비하여 효소의 함량이 낮은 것 외에는 맥주제조에 더 많은 장점이 있기 때문에 널리 이용되고 있다.

표 2-8 보리의 성분

(단위 : %)

구 분	대 맥	맥 아
전 분	63~65	58~60
헤미셀룰오로스	8~10	6~8
셀룰로오스	4~5	5
조단백질	8~11	8~11
지방질	2~3	2~3
무기질	2~2.6	2~2.6
기 타	5~6	6~7

1) 발아(發芽, Germination)

발아는 ① 일정한 수분함량(약 45%) ② 발아온도의 유지(15~18℃) ③ 충분한 산소가 존재하면, 배아(embryo)가 배유(endosperm)의 영양소를 이용하여 잎과 뿌리로 자라는 것을 말한다. 이때에 각종 효소의 활성화와 생성이 일어나고, 성분들의 변화(용해)가 일어난다.

2) 효소의 생성

발아는 높은 함량의 수분에 의하여 보리가 부풀어서 연질로 됨으로써, 효소가 작용하기 쉽게 되고, 배아에서 발아 호르몬인 지베렐린(gibberellin)을 호분층으로 방출하면서 시작된다.

호분층에 존재하던 헤미셀룰로오스에 의하여 세포막이 분해되며, 여러 효소들이 활성화되고 효소의 생성이 이루어지게 된다. 이때에 활성화되어 나오는 효소들은 아밀라아제, 프로테아제, 인산염 분해효소(phytase) 등이며, 또한 전분 당화에서 중요한 역할을 하는 액화효소인 α-아밀라아제의 생성이 시작된다.

α-아밀라아제는 실제의 전분 분해효소라고 할 수 있으며, 오직 충분한 산소의 공급에서 생성되고 생성량은 공급량에 비례한다.

저장물질들은 분해되어 이들 중 일부 탄수화물과 지질은 효소생성과 새로운 조직체 생성에 필요한 에너지 생성에 이용된다.

β-아밀라아제는 보리 중에 불활성으로 존재하다가 발아가 시작되면 활성화되며,

발아가 종료될 때에는 처음보다 3~4배 가량이 증가한다.

효소의 생성, 전분과 단백질의 분해, 피틴(phytin)의 이노시톨(inositol)과 인산염으로의 분해 등이 일어난다. 이러한 분해를 모두 용해라고 표현한다.

뿌리눈과 잎눈의 성장으로 저장물질인 전분의 손실은 불가피하다. 따라서 제맥아는 성장에 필요한 산소의 공급과 제한 등을 통하여 용해는 많이 하면서 전분의 손실은 최소로 하는 방법을 택하여야 한다.

3) 보리의 휴면기간

추수 후부터 약 4~12주까지, 원인은 확인되지 않았으나 발아가 억제되는 기간이 있다. 이는 겨울의 혹독한 기상조건에 살아남기 위한 생리조절 발아억제제가 원인으로 추측된다. 이런 휴면기간은 과산화수소로 산소를 공급하거나 식물성장 촉진제인 지베릴린 산(Gibberellin acid) 등에 의해서 단축 혹은 제거할 수 있다.

(3) 제맥아 공정

양질의 보리는 맥아의 품질을 결정하고 또한 맥주의 품질도 결정하기 때문에 원료 보리의 선정은 매우 중요하다. 맥아 제조공정은 보리의 정선, 침맥, 발아, 배조의 순으로 이어진다.

1) 보리의 정선(精選)

보리의 길이에 따라 협잡물과 깨어진 보리를 제거하는 과정을 정립(精粒)이라고 하며, 낟알의 두께에 따라 나누는 과정을 선립(選粒)이라고 한다.

2) 침맥(侵麥)

침맥은 보리의 발아와 생육에 필요한 수분을 공급하는 과정으로, 보리를 침맥수에 담그어서 수분을 흡수시키는 공정이다. 이때에 보리 부피의 약 1/4 가량이 팽윤되며, 부피의 증가가 일어난다. 수분의 흡수속도는 침맥수의 온도, 공기의 송입, 보리의 크기 등에 따라 달라진다. 온도가 높아지면 흡수속도는 빨라지나, 미생물 오염이 우려된다. 따라서 일반적으로 지하수의 온도(13~15℃)로 침맥한다.

침맥 중에는 산소가 부족하므로 보리의 호흡에 지장을 주어 무기발효(無機醱酵)가 일어나서 발효부산물들에 의하여 발아율이 떨어지거나 보리가 죽을 수도 있다. 그러므로 통기를 하여 산소를 공급하며, 또한 침맥수를 빼고 공기 중에 방치하다가 다시 신선한 물로 교환하기도 한다.

침맥수의 단수(斷水)와 급수(給水)를 반복하는 것은, 보리의 세척으로 곡피의 탄닌 성분과 오염미생물의 제거에도 그 목적이 있다.

발아에 필요한 수분함량은 30% 정도면 충분하나, 제맥아 공정을 거치는 동안의 수분 증발 등이 발생하므로, 최적 42~43%, 최고 45%의 수분함량이 되도록 침맥한다.

3) 발아(發芽)

발아의 최적온도는 약 20℃이나, 왕성한 호흡에 의한 전분의 손실을 방지하기 위하여 13~18℃로 발아시킨다. 발아기간은 담색맥주용 맥아의 경우는 7~10일이고, 농색맥주용 맥아는 8~11일 정도이다.

유근(幼根)의 신장도(伸長度)에 있어서 담색맥주용은 알갱이 길이의 약 2/3 정도가 되게 기르고, 농색맥주용은 알갱이의 3/4 정도가 되게 기른다.

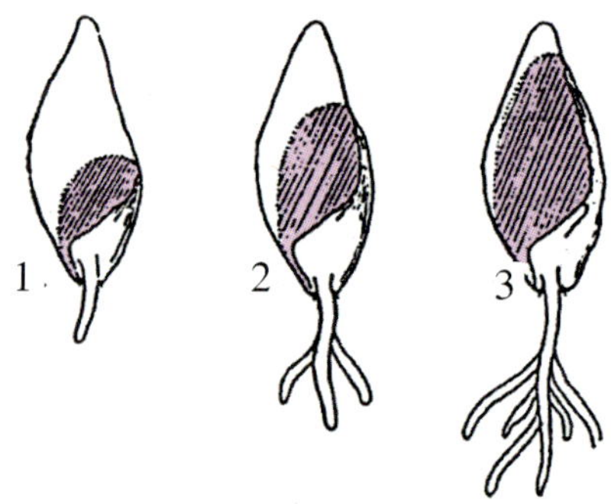

그림 2-18 보리의 구성

(1. 제3일째, 2. 제5일째, 3. 제8일째)

발아 방식

- 테네(Tenne)식 : 전통적인 방식으로, 보리를 10~15cm의 높이로 방바닥에 넓게 펴고, 실내온도를 12~18℃로 유지하며, 통기를 원활하게 하여 발아시키는 방법이다. 10여 시간 간격으로 뒤집기를 하여 유근들이 서로 엉키는 것을 방지한다.
- 드럼(drum)식 : 트로멜(Trommel)식이라고도 하며, 철망으로 만들어진 원통형에 보리를 넣고 느린 속도로 일정하게 드럼을 회전시키며 유근의 엉킴을 방지하고, 습한 공기를 송입함으로써 공기와 수분을 동시에 공급하여 발아시키는 방식이다.

- 카스텐(Kasten)식 : 커다란 상자 모양의 구조물로, 바닥은 통기가 쉽도록 장치되어 있다. 또한, 나선 모양의 교반기가 있어서 느린 속도로 왕복하며 유근이 서로 엉키는 것을 방지한다. 신선한 공기가 물을 분사하는 통로를 지나게 하여 습한 공기를 만들어 산소를 공급한다.

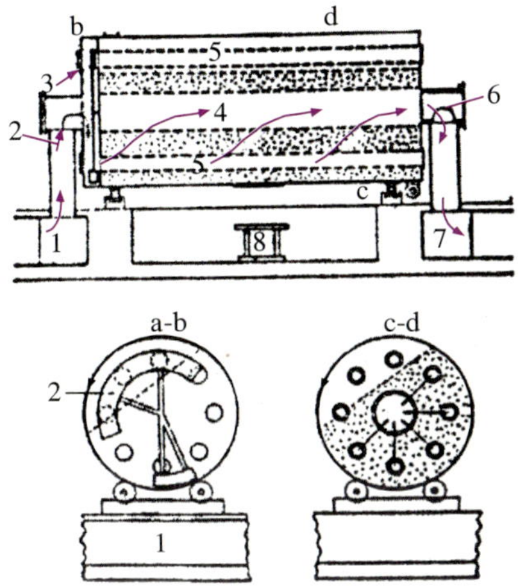

그림 2-19 드럼식 발아기

종단면 : 1. 송풍관, 2. 공기조절장치, 3. 공기분산판, 4. 중앙배기관, 6,7. 공기배출관
횡단면 : (a-b) 1. 공기도입관, 2. 공기조절판

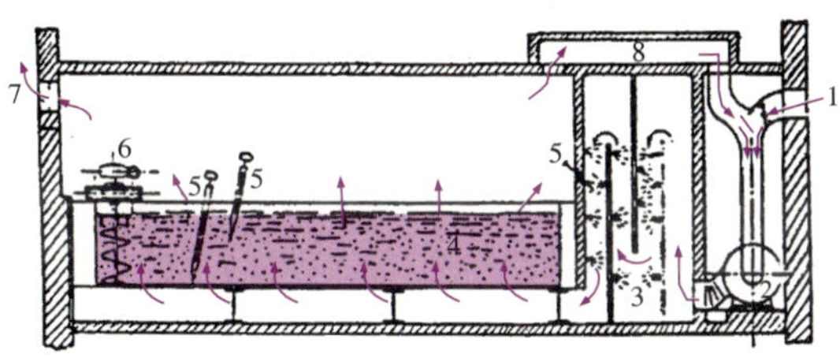

그림 2-20 카스텐식

1. 신선한 공기 송입구
2. 송풍기 3. 가습장치
4. 보리 5. 온도계 6. 교반기
7. 송풍구 8. 환류공기구

- **연속밴드(band)식** : 무한궤도로 회전하는 넓고 긴 밴드 위에 보리를 펴놓고 천천히 움직여서 나아가게 하여 발아시키고, 발아가 끝나는 시기에는 밴드의 끝에 도달하여 다음 단계로 넘겨지는 방법으로, 반 연속식 발아기계라고 말할 수 있다.

4) 배조(焙燥)

발아가 끝난 맥아를 녹맥아(綠麥芽)라고 하며, 녹맥아의 잎과 뿌리를 건조하여 제거하는 것을 배조라고 한다. 배조를 통하여 녹맥아는 생취가 제거되고, 맥아 특유의 향·맛·색소 등이 생성된다.

건조는 50℃ 이하에서 수분함량이 10%가 될 때까지 건조한 후, 높은 온도로 3~5

시간 동안에 수분함량이 3.5~5%로 될 때까지 건조한다. 이 때 맥아 내부의 온도를 83~85℃ 이하로 유지하여 효소의 활성이 저해받지 않도록 한다.

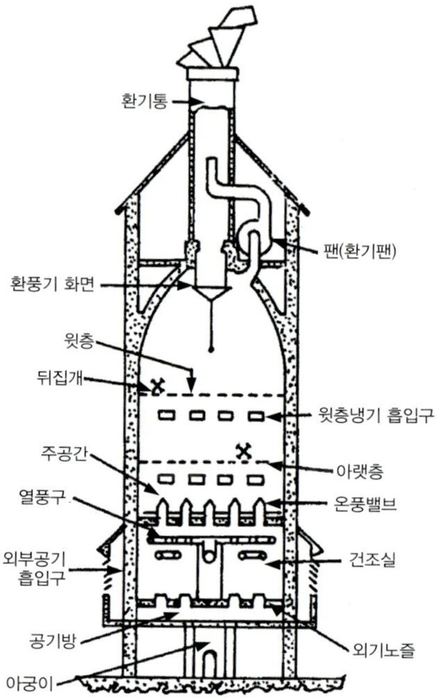

그림 2-21 유럽의 2상식 배조

(4) 호프(hop)의 성분

호프는 뽕나무과(Moraceae)의 삼나무아과(Cannaboideae)에 속하며, 덩굴로 자라는 자웅이주(雌雄異株)이고 학명은 *Humulus lupulus*이다.

호프의 원산지는 지중해 연안이며, 우리나라에는 1938년에 처음으로 도입되어 강원도 등지에서 맥주용으로 재배되며 계약 재배된다.

맥주제조에 쓰이는 성분은 화체(花體)인 구과(毬果 또는 毬花)로 내포 기부에 있는 루플린선(lupulin腺)에서 분비되는 호프 수지(hop resin)와 호프 오일(hop oil)이다.

호프 수지는 맥주 특유의 고미성 향미를 내며 거품형성과 약간의 방부성이 있으므로 저장성을 높여 준다. 또한, 호프의 탄닌 성분은 맥즙의 단백질 성분과 결합하여 침전·제거됨으로써 맥주의 단백질에 의한 혼탁을 방지하기도 한다.

맥즙의 단백질은 물에 용해성인 단백질(albumin)과 기타 다른 단백질로 대별되며, 높은 온도에서 응고(변성:denaturation)되는 단백질과 낮은 온도에서 응고되는 단백질로 나뉜다. 따라서 이들 중에서 적당량을 가열과 저온으로 분리해 내는 것은, 맥주에 저장성을 부여한다는 의미로나 혼탁방지라는 측면에서 하나의 중요한 공정이 된다.

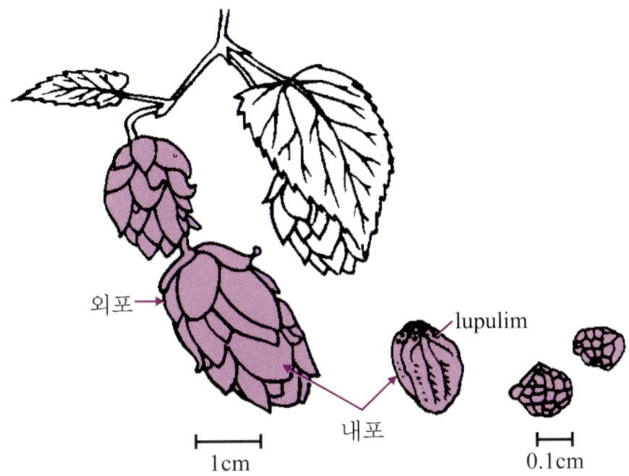

그림 2-22 호프의 구과

1) 화학적 성분

① 호프 수지(Hop resin)

신선한 호프의 구과를 용매로하여 메탄올과 디메틸에테르(dimethyl ether)를 추출하면, 호프 수지(total resin)를 얻게 된다. 이들 용매를 가열하여 휘발시키고 남은 잔사를 다시 헥산을 이용하여 추출하면, 불용성의 경수지(hard resin)와 가용성의 연수지(soft resin)를 얻게 되고, 헥산에 용해되어 있는 연수지는 헥산을 휘발시킴으로써 얻을 수 있게 된다.

이 연수지가 호프의 고미성분이며, 이들은 α-acid 와 β-acid 및 기타 연수지 물질로 구성되어 있다.

α-acid의 중요 성분은 후물론(humulone), 코후물론(cohumulone), 아드후물론(adhumulone)이고, β-acid의 성분으로는 루풀론(lupulone), 코루풀론(colupulone), 아드루풀론(adlupulone) 등이 있다.

α-acid는 신선한 호프의 2~12%를 차지하며, 쉽게 산화되는 성질이 있고, 산화와

동시에 고미성을 잃어버린다. α-acid는 맥즙에는 거의 불용성이며, 고미를 띠지 않으나, 맥즙을 끓일 때에는 이성화(異性化 : isomerization)되어 고미성이 강화된다. iso-α-acid는 제품화된 맥주에 총량의 약 30%가 잔존하고, 나머지는 산화 혹은 효모에 의한 흡착 등에 의하여 소실된다.

β-acid는 호프의 2~10%를 구성하며, α-acid보다 더 쉽게 산화되고 고미성도 낮다. α-acid 와 β-acid의 상대적 고미가는 1 : 1/9이 된다.

② 호프 유(Hop oil)

호프 유는 테르펜(terpene), 세스퀴테르펜(sesquiterpene) 및 에스테르(ester)와 같은 여러 종류의 방향성(aroma) 화합물로 구성되어 있으며, 쉽게 산화되고 불쾌한 향미를 주는 것이 대부분이다(70%). 맥즙을 자비할 때에 이들 중 80~90%가 휘발하나, 소량이 남아서 맥주에 독특한 향(aroma)을 제공한다.

③ 호프 탄닌(Hop tannin)

호프의 구과에 2~4% 정도가 존재하며, 맥즙을 자비할 때에 단백질과 결합하여 침전물로 제거되므로 맥주에서의 단백혼탁을 예방하는 역할을 한다는 것은 앞에서 언급한 바 있다. 호프의 오랜 기간의 저장 중에 산화되어 적갈색의 폴로바펜(phlobaphene)으로 변하여 맥주의 맛과 색깔을 손상시키는 원인이 되기도 하는데, 양조용수의 경도가 높은 경우에 더욱 심하다.

2) 호프의 이용률

α-acid가 맥즙자비 과정에서 일으키는 반응은 매우 복잡하나, 가장 중요한 반응은 이성화 반응이다. 전통적 양조법에 의한 호프의 이용률은 호프의 첨가량, 자비의 강도와 시간, 맥즙의 조성과 pH, 효모의 유형, 발효와 저장방법 등에 따라 달라지며 보통 10~40% 정도로 매우 낮다. 그러므로 저장이나 수송 경비를 절감하고 이용률을 높이기 위하여 여러 형태의 가공품이 만들어져서 유통되고 있다.

3) 호프 가공제품

① 압착 호프 : 천연 호프이나 산화방지를 위하여 CO_2 아래에서 압착시킨 것이 대부분이고, 보통 알갱이(pellet) 형태가 많다.

② 호프 추출물(Hop extract) : 호프의 성분을 용매로 추출하고 농축한 것이다.

③ 이성질화된 호프 추출물(Isomerized Hop extract) : 호프 추출물을 가열하여 이성화

한 제품이다.

④ 호프 파우더(Hop powder) : 호프를 건조하여 분쇄한 가루 제품이다.

⑤ 강화된 호프 파우더(Enriched hop powder) : 고미와 관련이 없는 줄기와 잎을 제거하여 고미성분의 함량을 높인 분말 호프이다.

⑥ 루풀린(lupulin) : α–acid량이 15% 이상이 되게 루풀린을 강화시킨 제품이다.

(5) 양조용수(釀造用水)

양조용수는 음료수로 적합한 무색, 무취, 투명하고 부유물이나 미생물 오염이 안 된 청결한 용수이어야 한다. 맥주의 양조수 이외에도 제맥아용수, 보일러용수, 냉각용수, 세척용수 등으로 양조용수에 대한 10~15배 가량의 물이 필요하다.

1) 용수의 염류

일반적으로 물에는 0.3~0.5g/L 정도의 염류가 함유되어 있고, 이들은 양조할 때에 직접적으로 주류나 맥주의 맛에 영향을 주는 것은 아니나, 간접적인 영향, 즉 효소의 활성이나 교질물들에 영향을 준다.

물 속의 염류는 언제나 해리된 상태의 이온(ion)으로 존재하며, 음이온(anion)과 양이온(cation)의 평형상태(equivalent)를 유지한다. 그러므로 Cl^-, SO_2^{2-}, Na^+ 등으로 표현하는 것이 타당하다.

① 자연수의 이온

표 2-9 자연수의 이온

양이온	음이온
H^+	OH^-
Ca^{++}	HCO_3^- (bicarbonate, 중탄산이온)
Mg^{++}	SO_4^{--}
Na^+	Cl^-
K^+	SiO^{--} *1
Al^{++}(극미량)	NO_3^- *2
Fe^{++}, Fe^{++}+(미량)	NO_2^- *3
Mn^{++}(극미량)	
NH_4^+(미생물 오염) *4	

*1 일반 여과법으로는 투명해지지 않는 혼탁한 우물물에 많이 함유되어 있다.
* 2,3,4 등은 미생물의 대사산물이거나 분비물이며, 공해용수에서 흔히 많은 양이 검출된다.

2) 용수의 경도

경도(Hardness)는 물속에 용해되어 있는 Ca^{2+}, Mg^{2+} 등의 2가 양이온 금속의 함량을 이에 대응하는 $CaCO_3$(mg/L)으로 환산한 값으로 물의 세기를 나타낸다. 한국과 미국은 물 1L중에 1mg의 $CaCO_3$가 함유된 물을 1ppm이라 한다. 한편 독일은 CaO 10mg/L을 함유한 경우를 경도 1도라 하고, 프랑스는 $CaCO_3$ 10mg/L을 함유한 경우를 경도 1도(1°)라 하고 있다. 독일식의 1°는 미국식의 17.85ppm이다.

물속에 녹아있는 2가 양이온 금속의 기준을 정해서 그 기준보다 더 많은 양이 녹아 있으면 '경수(센물, hard water)' 라 하며 그 이하면 '연수(단물, soft water)' 라 한다.

일반적으로 0~75mg/L이면 연수(soft), 76~150mg/L이면 약한 경수(moderately hard), 150~300mg/L이면 경수(hard), 300mg/L 이상이면 강한 경수(very hard)로 분류한다.

① 일시경도(temporary hardness 혹은 carbonate hardness)

중탄산이온(HCO_3)의 알칼리 토금속(earth alkali)과의 결합에 의한 경도로, 자비에 의하여 쉽게 제거되는 경도이다.

$$Ca^{++} + 2HCO_3 \xrightarrow{\text{가열}} CaCO_3\downarrow + H_2O + CO_2\uparrow$$

② 영구경도(permanent hardness)

염산, 젖산, 초산 등의 유기산이 Ca이온이나 Mg이온 등과 등량으로 존재하여 생긴 경도로, 이 등량비가 깨어지는 농도까지 농축하지 않으면 침출되지 않는 경도를 말한다. 즉, 경수를 만들기 위하여는 가열이나 또는 다른 방법으로 농축하여야 하기 때문에 비용이 많이 든다.

③ 총 경도(total hardness)

영구경도와 일시경도의 총합을 총 경도라고 한다.

3) 양조용수의 알칼리도(alkality)

각종 이온이 양조과정에서 주질(酒質)에 미치는 영향은 여러 가지가 있다. 이 중에서 특히 칼슘이온(Ca^{++})과 중탄산이온(HCO_3^-)은 맥즙과 맥주의 pH에 크게 영향을 준다.

중탄산이온(HCO_3^-)은 맥즙을 자비할 때에 CO_2와 OH^-로 바뀌어서 pH의 상승을 가져온다. 칼슘이온(Ca^{++})은 맥아에 존재하는 인산이온과의 반응으로 H^+을 생성하여 맥즙의 pH를 저하시키며, 다음과 같이 완충효과를 나타내게 된다.

* H_3PO_4 $H^+ + H_2PO_4$: 제1인산(primary phosphate)

$H^+ + H_1PO_4$: 제2인산(secondary phosphate)

$H^+ + HO_4$: 제3인산(tertiary phosphate)

용수의 알칼리성 중탄산이온(bicarbonate)을 중화시키기 위하여는 3.5 당량의 Ca^{++}이 필요하며, Ca^{++}는 간접적으로 pH를 낮추는 역할을 한다. 즉, 인산을 불용해성 인산염(tertiary)과 용해성 인산염으로 결합함으로써 H^+을 자유롭게 한다.

* $3Ca^{++} + 3HPO_4 \longrightarrow Ca(PO_4)_2 + 2H^+$

증류수로 맥아즙을 만들었을 때의 pH는 항상 5.0~6.0이 된다. 이것은 일종의 완충상태(buffer)로 맥아의 인산·질소화합물 그리고 미량의 유기산에 기인한다. 이런 맥즙에 보통의 용수를 첨가하여도 pH는 변화하지 않는다. 용수에 비교적 많은 탄산이 함유되어 있으면 pH가 산성으로 나타날 수 있다. 그러나 맥즙을 자비할 때에 탄산은 쉽게 CO_2로 휘발하게 된다.

탄산수소염(Bicarbonate)은 $HCO_3^- + H^+ \longrightarrow H_2O + CO_2\uparrow$로 되며, 용수나 맥즙을 자비할 때에 수소이온 1몰을 사용하여 알칼리화한다.

즉, 맥즙의 알칼리화 요인은 용수의 탄산수소염과 비례한다. 또한, 높은 pH는 맥주제조에서 다음과 같은 악영향을 끼친다.

① 효소의 활성에 영향을 주어 당화 및 액화 등이 원활하지 못하게 된다.

② 당화와 액화가 원활하지 않으면 맥즙이 투명하지 못하여 여과가 용이하지 못하게 된다.

③ 위와 같은 이유들로 맥즙의 수득(yield)이 적어진다.

④ 맥즙을 자비할 때에도 단백질 응고가 완전하지 못하게 된다.

⑤ 캐러멜화와 멜라노이딘(melanoidin) 색소 등의 생성으로 맥즙의 색이 나빠진다.

⑥ 호프의 맛과 향이 거칠어진다.

⑦ 높은 pH에서는 젖산균의 오염이 쉬워지며, 또한 오염에 의한 혼탁이 발생하고 산성의 맥주가 된다.

4) 양조용수의 개량

다량의 양조용수를 개량하는 데는 시설과 작업에 따른 비용이 많이 필요하므로 가급적 양질의 물을 사용할 수 있는 곳이 맥주 공장에 필수적이다. 그러나 부득이한 경우에는 다음과 같은 방법으로 처리할 수 있다.

① 자비에 의한 경도저하

용수를 75℃ 이상으로 가열하면 경도가 없어지나, 높은 비용이 단점이다.

$$Ca(HCO_3)_2 + n\ cal \longrightarrow CaCO_3\downarrow + CO_2\uparrow + H_2O$$

② 석회수 첨가에 의한 경도 저하

비교적 값싼 비용으로 경도를 저하시킬 수 있으므로 많은 곳에서 이 방법을 채택하여 실시하고 있다. 방법은 용수에 포화석회수를 첨가하여 탄산염을 탄산칼슘으로 침전시키는 방법에 경도를 저하시키는 방법이다.

$$CO_2 + Ca(OH)_2 \longrightarrow CaCO_3\downarrow + H_2O$$

$$Ca(HCO_3)_2 + Ca(OH)_2 \longrightarrow 2CaCO_3\downarrow + 2H_2O$$

③ 산(酸)에 의한 탄산염의 중화

염산이나 황산 등을 사용하여 탄산염을 중화하는 방법으로, 세심한 계산과 주의가 필요하다. 방법이 정확하지 못하면, 염산을 사용하였을 때, 탄산소다로부터의 Na^+과 염산으로부터의 Cl^-이 결합하여 NaCl를 형성하여 짠맛을 내게 되는 경우가 있다. 황산을 사용하였을 경우는 영구경도 발생의 위험이 뒤따른다.

④ 전기 투석에 의한 방법

이온교환막(semi permeable cell)에 전류를 통하여 전해질을 막 외로 분리해 내는 방법으로, 공해용수의 처리나 사막지역에서의 식수해결, 즉 해수를 담수로 만드는 공정 등의 많은 이용이 가능한 방법이다.

(6) 맥주용 효모(Brewer's yeast)

맥주양조에 주로 이용되는 효모는 *Saccharomyces*속에 속하며, 형태는 구형(크기 : 5μm) 혹은 난형(6~8×9~11μm)으로 주로 출아법(budding)에 의하여 증식하는 단세포 미생물이다.

유럽과 우리나라 등에서 생산하는 라거 맥주에 이용하는 하면효모인 *S. uvarum*(종전에는 *S. carlsbergensis*로 표기하였음)과 영국 등에서 에일 생산에 이용하는 소위 상면발효 효모인 *S. cerevisiae*가 있다.

1) 맥주효모의 특성

일반적으로 효모류는 탄소원으로서 단당류인 포도당, 과당, 만노오스(mannose) 및 갈락토오스(galactose)와 이당류인 맥아당, 자당 등은 발효를 잘 하나, 유당은 발효를 하지 못한다. 그러나 몇 몇 효모들은 젖당, 멜리비오스(melibiose) 그리고 트레할로스(trehalose) 등을 오랜 동안의 적응 시간을 거친 후에 발효를 하기도 한다. 또한, 많은 종류의 효모들은 삼당류인 라피노오스(raffinose)를 발효하기도 한다. 인베르타아제(Invertase)를 가지고 있는 효모들은 라피노오스에서 자당부분을 분해하여 과당과 멜리비오스로 분해한다.

멜리비오스를 가지고 있지 않은 효모들은 멜리비오스를 발효시키지 못하여 남겨두게 된다. 이런 효모는 라피노오스를 1/3만 발효하며, 효소 갈락토-헥소키나아제(galacto-hexokinase)를 가지지 못한 효모는 갈락토오스(galactose)를 발효하지 못하여 라피노오스 2/3 발효성을 가지고 있다고 표현한다.

raffinose=galactose-포도당-fructose
포도당-fructose=sucrose
galactose-포도당=melibiose(lactose)

전분이나 이눌린(fructose의 연쇄)은 일반적으로 효모를 직접 이용하지 못하며, 에탄올을 이용하는 것과 없는 것이 있다.

맥주효모로는 야생효모나 세균의 오염이 없는 균종(菌種, strain)으로, 강한 발효력을 가지며 맥주에는 좋은 향미(flavor)를 부여하고, 또한 응집성(flocculation)이 뛰어나서 발효 후에 발효액으로부터 잘 분리될 수 있는 특성을 가져야 한다.

일정한 맥주의 품질을 유지하기 위하여는 우수한 균주를 여러 단계의 발효시험을 거쳐서 종효모(種酵母, seed culture)로 선정하여 보관하며, 필요 시에는 증식시켜 사용한다.

한 번 접종하여 사용한 효모는 보통 7~8회 정도 회수하여 재사용할 수 있다. 재사용하는 동안에 효모는 제반 특성이 나빠져서 퇴화 혹은 변성을 하여 발효에 이상을 초래하는 경우가 종종 있다. 그런 경우에는 보관 중이던 효모를 다시 순수분리하고 증식시켜 다시 사용하여야 한다.

효모의 퇴화를 일으키게 하는 요인은 양조용수의 불량, 원료품질의 불량, 당화의 불량, 발효온도의 불규칙적인 변화, 잡균의 오염 등이 있다.

4. 맥주 제조공정

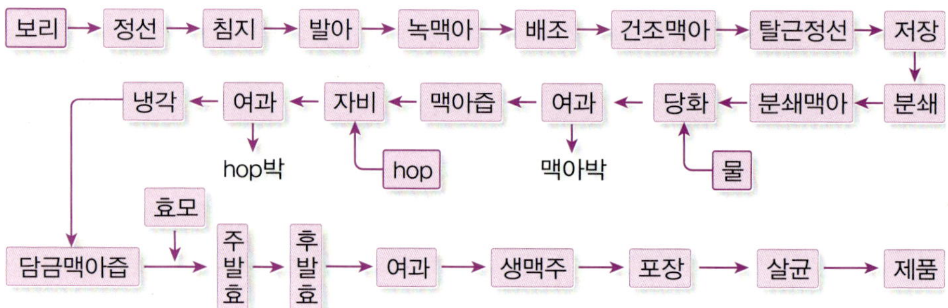

그림 2-23 맥주의 제조공정

(1) 맥즙 제조(Mashing)

맥아성분에서 물과 여러 효소들로 분해 추출되는 가용성 성분을 '추출물(extract)'이라고 하며, 이때에 얻어진 용액을 맥즙(wort)이라고 한다. 맥즙의 성분은 대부분 발효성 당이며 덱스트린, 단백질, 아미노산, 무기물, 향미성분, 색소 등이 함유되어 있다. 여기에 호프를 첨가하여 맥아즙을 완성시킨다.

맥즙의 제조과정은 ① 맥아의 분쇄, ② 당화와 액화, ③ 여과, ④ 호프(hop)첨가와 자비, ⑤ 여과, ⑥ 냉각, ⑦ 산소의 취입 등의 순서로 이루어진다.

1) 맥아의 분쇄

맥아 분쇄의 목적은 담금과정에서 맥아의 가용성 물질이 효소들의 작용에 의하여 좀 더 용이하게 분해되도록 하기 위함이다. 맥아의 분쇄도는 맥즙의 수율(收率, yield)과 맥주의 품질에 큰 영향을 미치는 요인이다.

맥아를 너무 잘게 분쇄하면 덩어리가 형성되어 당화와 여과가 지연되며, 특히 곡피 성분(탄닌, 색소)들이 많이 용출되어 맥주의 색깔·맛·안정성에 나쁜 영향을 주게 되므로 피하여야 하며, 반대로 너무 거칠게 분쇄하면 추출물의 수율이 낮아진다.

분쇄 방법은 드라이 밀(dry mill) 등과 같은 건식과 웨트 밀링(wet milling)과 같은 습식이 있다. 용해가 잘 된 맥아는 세분되기 쉬우므로 드라이 롤 밀(dry roll mill) 등으로 가볍게 분쇄한다.

2) 당화(糖化, Saccharification)

분쇄한 맥아에 양조용수를 혼합하는 것을 담금(mashing)이라고 하며, 이 혼합물을 매시(mash)라고 한다. 당화의 목적은 매시 중의 맥아성분들을 적당한 온도와 pH에서 효소들이 작용하게 하여 용수에 침출되게 하고, 특히 전분의 아밀라아제(amylase)에 의한 당화로 높은 추출물을 얻는 것이다.

당화과정에서 효소작용에 영향을 주는 인자는 ① 용수의 무기물 조성, ② 맥아의 품질, ③ 맥아와 물과의 혼합비율(mash thickness), ④ 온도와 시간 등이 있다.

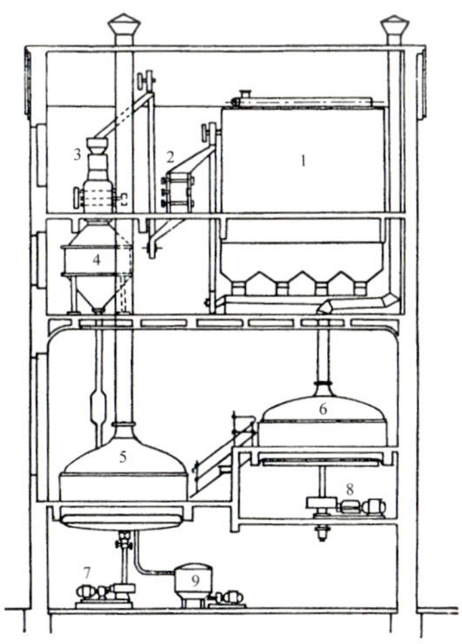

그림 2-24 담금실(sud house)의 배치

1. 맥아 silo 2. 정선기 3.4. 분쇄기
5. 당화솥 6. 당화조 7. 교반 프로펠러기
8. 교반기 9. 호프 분리기

① 전분의 분해

맥즙 추출물의 약 98%가 전분으로부터 생성되고 나머지는 불용성의 다당류로부터 생성된다. 전분은 20~24%의 아밀로오스와 나머지 아밀로펙틴으로 구성되어 있다. 효소에 의한 전분의 분해는 다음과 같이 3단계로 진행된다.

① 망상구조로 결합되어 있는 아밀로오스와 아밀로펙틴 등이 풀어진다. → ② 전분의 액화로 거대분자인 아밀로오스와 아밀로펙틴은 연쇄상에서 비교적 적은 형태로 절단된다. → ③ 당화효소에 의하여 단당류, 이당류, 삼당류 등의 당으로 분해가 진행된다.

② 전분 분해효소

전분 분해효소는 가수분해효소(Hydrolase)로 분류되며, 가수분해효소의 작용은 가수분해 중에 에너지를 발생하거나 또는 에너지를 발생하지 않으며, H_2O를 취하거나 분리하며, 기질을 분리하거나 결합시키는 성질을 가진 효소로, 아밀라아제나 프로타아제 등이 대표적이다. 맥아, 곰팡이, 세균 등에서 비교적 쉽게 얻을 수 있다.

- α-아밀라아제(α-1,4-gluconohydrolase)

세포 내 효소(endoenzyme)로 포도당의 α-1,4직선 결합형태인 아밀로오스의 내부, 임의의 곳을 빠르게 절단하므로 일명 액화효소라고도 부른다. 표2-10과 같이 맥아, 곰팡이 *Aspergillus oryzae, Asp. niger*나 세균 *Bacillus subtilis* 등이 이 효소를 생산한다.

표 2-10 전분 분해효소

맥아 아밀라아제	곰팡이 아밀라아제	세균 아밀라아제
α-amylase β-amylase limitdextrinase γ-enzyme α-glucosidase	α-amylase limitdextrinase glucoamylase(=amyloglucosidase) transglucosidase	α-amylase

이 효소의 활성 최적온도와 최적 pH-범위는, 다음과 같다.

표 2-11 α-아밀라아제의 활성 최적온도와 pH

α-아밀라아제	최적온도(optimum temperature)	최적 pH
맥아 α-amylase	70~75℃	4.7~5.4
곰팡이 α-amylase	50~60℃	5.5~5.9
세균 α-amylase	85℃까지 활성을 유지한다.	5.3~6.8

이 중에서 세균 α-아밀라아제는 당화액에 칼슘염이 존재하면 온도가 85℃가 되어도 활성을 가지며, *B. stearothermophillus*의 α-아밀라아제는 90℃까지 활성을 잃지 않는다. 따라서 효과적인 α-아밀라아제의 작용조건에서는 최적온도와 pH 외에 Ca^- 염의 존재가 큰 의미를 갖는다. 곡류의 담금에서는 칼슘염이 자연적으로 함유되어 있으므로 별 문제가 되지 않으나, 감자 등의 담금에서는 칼슘염을 첨가하지 않으면 액화에 지장을 받기 때문에 별도로 첨가해야 한다.

- β-아밀라아제(α-1.4-maltohydrolase)

세포 내 효소로 α-아밀라아제가 직선의 아밀로스 임의의 곳을 절단하면, 양쪽 끝으로부터 맥아당 단위로 절단된다. 활성 최적온도는 맥아 매시에서는 60℃ 전후이며, 그 이상의 온도가 되면 비교적 빨리 활성은 약화되고 파괴된다.

β-아밀라아제는 보리 또는 호밀 등 고등식물에만 존재하는 것으로 알려졌으나, 최근에는 유사한 효소들이 세균인 *Pseudomonas stuzeri*, *Acrobacter aerogenes* 등에서 발견되었다고 보고되고 있다.

- 한계 덱스티리나아제[limitdextrinase(grenzdextrinase)]

맥아·귀리·털곰팡이류(Mucorales 목) 등에서 발견되는 효소인, 한계 덱스티리나아제는 한계 덱스트린(limitdextrine)의 끝부분에서부터 맥아당, 말토트리오스(maltotriose) 포도당 단위까지 분해한다. 활성 최적온도는 40℃이며 최적 pH는 5.1이다. 곰팡이 한계 덱스티리나아제는 저분자 비발효성 당, 즉 이소말토오스(isomaltose) 등을 포도당으로 분해한다.

- γ-enzyme(amylopectin 1.6-glucosidase)

오직 맥아에서만 발견되었고, 아밀로펙틴 중의 α-1.6-결합을 분해시키는 능력을 가져서 큰 분자를 작은 분자로 분해시킨다. 그러나 그렌즈덱스트린(grenzdextrine)을 분해하지는 못한다.

• 글루코아밀라아제[glucoamylase(amyloglucosidase)]

세포 내 효소로 *Asp. niger*, *Endomycopsis bispora* 등에서 발견되고 당화력이 높으며, 아밀로펙틴 등에 구애받지 않고 덱스트린, 말토트리오스, 맥아당 등을 포도당 단위로 분해한다. 활성 최적온도는 50~60℃이고, 최적 pH는 4~5이다.

맥아의 당화효소들은 함께 작용하여 당화시간이 비교적 빠른 장점이 있는 반면에, 곰팡이 글루코아밀라아제는 작용시간이 오래 소요되나 끝까지 포도당 단위로 당화하는 장점이 있다. 즉, 높은 발효도를 기대할 수 있다.

표 2-12 아밀라아제의 온도별 최적 pH

온도(℃)	최적 pH	
	α-아밀라아제	β-아밀라아제
40	4.6~4.8	4.5~4.7
50	4.7~4.9	4.6~4.9
55	4.9~5.1	4.8~5.0
60	5.1~5.4	5.0~5.2
65	5.4~5.8	5.5~5.7
70	5.8~6.0	5.6~6.0

③ 당화과정 중의 단백질 분해

보리의 단백질은 제맥아 과정에서 70%가 일어나고, 당화과정에서 30%가 일어난다. 가용성 질소물질은 추출물의 5~6%를 차지하며, 이는 맥아의 총 질소화합물의 30~40%에 해당한다. 가용성 질소의 94%는 맥즙의 자비과정에서도 응집 및 침전하지 않고 가용성 상태로 남으며, 이것의 약 40%는 아미노산(formol 질소)인데, 보리 단백질의 약 10~15%에 해당한다.

단백질 분해로 생긴 아미노산은 맥아즙에 완충능을 부여하고, 당과 결합하여 멜라노이딘을 생성하여 맥주의 색깔에 영향을 주며, 효모의 주요 영양원이 된다.

단백질 분해에 관계되는 효소는 배조 과정에서 많이 파괴되기 때문에 당화과정에서의 단백질 분해는 불충분하다. 따라서 고분자의 단백질과 폴리펩티드(polypeptide)는 완성 맥주에까지 남아서 탄닌의 폴리페놀과 결합하여 혼탁을 일으키기도 하며, 맥주의 거품 생성에도 영향을 주고, 맛에도 영향을 준다(palate-fullness).

단백질 분해의 최적온도는 45~50℃이며, 일반적으로 이 온도대에서 휴지(休止)한다. 최적 pH는 온도에 따라 변화하며 온도가 상승하면 최적 pH도 상승한다.

④ 당화과정

• 당화의 방법

여러 효소들의 분해작용은 최적온도 범위에 따라 각각 다르게 나타난다. 당화과정을 조절할 수 있는 인자는 온도이므로 당화는 온도를 점차적으로 상승시키는 방법(자비법)과 높은 온도에서 강온시키는 방법(침출법)이 있다.

• 자비법(Decoction method)

당화조(mash tun)에 담금한 매시의 일부를 당화 솥(mash copper)으로 옮겨 1차 자비하고 되돌려서 온도를 당화 최적온도로 상승시켜 약 15~20분 동안 교반하며 당화를 하고, 다시 일부를 2차로 당화 솥으로 옮겨서 자비를 하고 되돌려서 온도를 상승시켜 액화온도로 만든 후에 액화와 당화를 하는 방법이다.

3차로 자비하는 방법은 농순맥주제조의 경우에 한하여 실시하기도 한다.

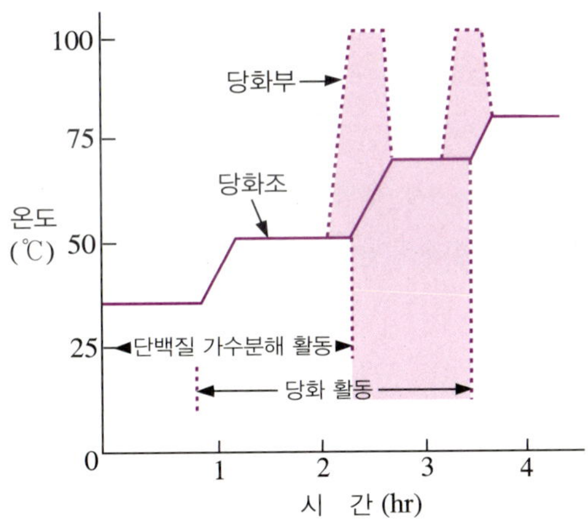

그림 2-25 2회 자비법

• 침출법(infusion method)

하나의 당화조를 이용하여 매시 전부의 온도를 상승시키며 당화와 액화를 하는 방법과 온도를 올렸다가 다시 낮추는 과정으로 당화를 하는 방법이 있다. 침출법은 당화시간이 단축되고 설비가 적게 사용되는 장점이 있으나, 용해가 불충분한 맥아를 사용하는 경우에 추출물의 수율이 크게 떨어진다.

• 당화용수의 계산

당화용수는 보통 맥아 100kg에 대하여 담색맥주의 경우는 500~600L가 필요하다. 담금에서 첫 번째로 얻게 되는 맥즙을 1번 맥즙이라고 하며, 완성된 맥즙과의 농도차가 2~3% 되게 용수량을 사용한다.

당화용수량은 다음과 같이 정한다.

$$W = A(100-B)/B$$

W : 맥아 100kg에 대한 당화용수(kg)
A : 맥아 100kg의 추출물(kg)
B : 맥즙농도(무게 %)

3) 당화액의 여과(Filtration)

당화가 끝난 당화액을 여과하여 맥즙과 박(粕)으로 분리하는 과정이다. 이 과정으로 1번 맥즙을 얻고, 다시 박(粕)에 남아 있는 추출물을 헹구어 얻어 내는 과정(2번 맥즙)이 뒤따른다. 여과법은 ① 여과조를 이용하는 방법과 ② 여과기를 이용하는 방법이 있다.

① 여과조(lauter tun)법

여과는 원형의 여과조에서 실시하며, 여과조의 바닥에는 약 0.51mm의 작은 틈으로 구성된 여과판이 있어서 이 틈새로 맥즙이 통과하며 여과된다.

적절한 여과속도와 맑은 맥즙을 얻기 위하여는 여과층을 잘 형성시켜야 한다. 여과조에 미리 여과판을 덮을 정도의 물을 얇게 채운 다음, 그 위에 당화액을 옮겨서 약 30분 동안 정치한다. 먼저 큰 입자들이 가라앉고 그 위에 작은 입자들이 가라앉게 됨으로써 자연적인 여과층이 형성된다. 그런 후에 틈새를 열어서 처음의 여과액은 되돌리고, 맑은 맥즙을 채취하여 1번 맥즙으로 한다.

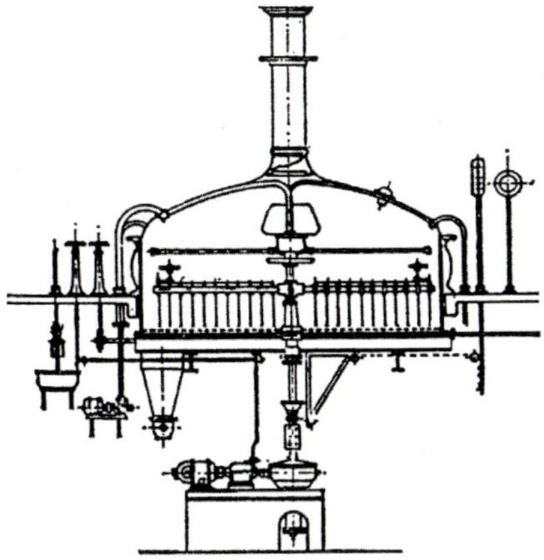

그림 2-26 여과조(lauter tun)

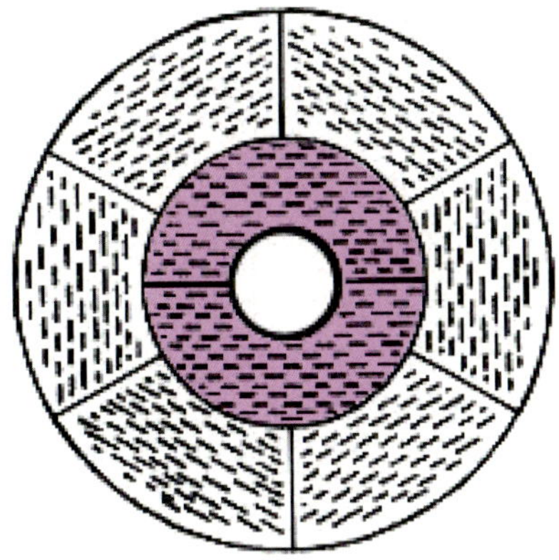

그림 2-27 여과조의 바닥과 틈새

② 여과기(filter press)법

금속의 여과판에 여과포를 깐 여과기로 여과한다. 여과조법에 비하여 시간은 단축되고 수율은 높으나, 분해와 청소 및 재조립 등의 노력이 많이 든다.

4) 호프 첨가와 맥즙의 자비

여과가 끝난 맥즙에 호프를 첨가하고 자비 솥(mash copper)에서 자비한다. 자비의 목적에는 ① 맥즙의 농도를 일정하게 농축 ② 고온 응집성 응집물 제거 ③ 호프의 α-산의 이성화(isomerization) ④ 살균과 효소의 불활성화 ⑤ 갈색화(Maillard) 반응을 일으켜서 향미와 색깔을 부여 ⑥ 좋지 않은 휘발성 성분의 휘발 등이 있다.

호프의 첨가량은 맥주의 유형에 따라 다르나 일반적으로 담색맥주에는 0.3~0.55 kg/hL의 비교적 많은 양을 사용한다. 농색맥주에는 0.2~0.3kg/hL로 적게 사용하여 강한 맥아향이 느껴지도록 한다.

5) 자비 중에 일어나는 화학반응

① 아민과 환원당과의 갈색화 반응에 의한 멜라노이딘의 생성과 캐러멜의 생성
② 맥아의 단백질과 호프의 탄닌(polyphenol) 성분이 반응하여 고온 응고성 응집물(hot break) 생성, 그리고 냉각 중에는 냉 응고성 응집물(cold break) 생성
③ 호프 수지의 이성화 등이다.

응집물은 침전·여과 또는 원심분리법 등으로 제거한다.

6) 맥즙의 냉각과 산소취입

맥즙은 하면발효용으로는 5~10℃로, 상면발효용으로는 10~20℃로 냉각한다. 냉각방식은 평판열교환기(plate heat exchanger)를 사용한다.

산소의 취입은 여과장치 등을 통과한 무균(無菌)공기로 맥즙의 용존산소량이 8~14mg/L로 되게 한다.

(2) 발효(Fermentation)

맥주제조에서 발효과정은, 맥즙의 추출물이 효모의 작용으로 생화학적 대사를 거쳐서 주 생성물인 에탄올과 CO_2를 생성하며 또한 각종 발효부산물을 생성시켜 맥주의 독특한 향미를 만드는 과정이라고 할 수 있다.

용존산소는 효모의 균체증식에 이용되고, 필요량만큼 증식된 효모는 용존산소가 소진되면 맥즙의 발효성 당을 이용하여 발효하며 생존하게 된다.

효모는 맥즙 중의 자당 및 포도당과 과당을 우선적으로 이용하고, 다음으로 맥아당을 이용한다. 이들 당들은 해당경로를 거치며, 성장 증식에 필요한 에너지 생성과 균체 성분으로 이용된다.

맥즙에 산소량이 적어지면 대부분의 피루브산(pyruvate)은 해당경로를 따라 에탄올 생성에 이용된다. 그러나 산소량이 많아지면 호기호흡(aerobic respiration)에 의하여 피루브산은 CO_2와 H_2O로 완전산화되면서 더 많은 에너지를 생산하게 되어 효모의 증식이 증가하게 된다. 이러한 현상을 파스퇴르 효과(Pasteur effect)라고도 한다.

발효부산물은 에탄올과 CO_2 외에도 글리세롤, 퓨젤 알코올, 에스테르, 디아세틸, 각종 유기산 등으로 매우 다양하다. 이들 중에는 향미(flavor)를 좋게 하는 것과 나쁘게 하는 것들이 있으므로, 발효관리는 중요하다.

부산물의 생성에 영향을 주는 요인은 ① 효모의 종류나 접종량 ② 발효온도의 조정과 방법 ③ 저장방법 ④ 맥즙의 조성 ⑤ 원료 ⑥ 맥주의 살균여부 등이다.

발효는 발효실에서 일어나는 주발효(primary fermentation)와 저장실에서 일어나는 후발효(post fermentation)로 구분된다.

그림 2-28 개방형 발효조

1) 효모의 첨가

효모를 맥즙에 잘 분산시켜 맥즙의 응집물이나 효모의 사세포(死細胞)를 침전 분리한다. 이것을 효모의 '세척' 이라고 하며 발효를 순조롭게 하고 맥주의 향미가 좋아진다.

이상(泥狀) 효모의 첨가량은 약 0.5% 정도이며, 맥즙에 분산시켰을 때에는 1.5×10^7 cells/mL의 농도가 일반적이다. 효모의 첨가량은 발효속도에 관련되며 향미에도 영향을 준다. 첨가량이 너무 많으면 주질이 나빠지고, 너무 적으면 발효가 지연되므로 잡균의 오염이 우려된다.

2) 발효의 온도조절

일반적으로 저온발효는 맥주의 향미가 좋고 효모취가 적으며 거품의 유지성(泡持性)이 좋기 때문에 담색맥주의 발효에 적합하다. 온도조절은 발효실과 발효조의 저온유지가 선행되어야 하며, 하면발효의 경우는 6℃ 정도에서 시작하여 10℃ 정도로 끝내고 상면발효는 15~20℃에서 3~4일에 발효를 끝낸다.

3) 발효의 경과

효모 첨가 3일 후에 효모의 분열이 가장 왕성하고, 4~5일 후에 효모 수가 최고에 도달한다. 발효는 효모 수가 가장 많은 시기에 가장 왕성하게 일어나며, 발효열에 의하여 품온도 상승한다.

발효액면의 변화는 거품의 생성에 따라 시포기(始泡期), 저포기(底泡期), 고포기(高泡期), 그리고 다시 거품이 파괴되는 쇠포기(衰泡期) 등으로 나타난다.

4) 발효실과 발효용기

발효조의 종류는 개방형과 폐쇄형의 탱크로 나눌 수 있다. 전통적인 발효조는 주로 뚜껑이 없는 개방형이었으나, CO_2의 회수문제·발효실 안에 있는 공기의 위험성·오염 가능성·자동세척 가능성 등으로 점차 밀폐식 탱크로 변하고 있으며 대량생산의 경우에는 밀폐식이 유리하다.

최근에는 보온문제를 해결하여 옥외설치가 가능한 원통 원뿔(cylindroconical)형의 발효조가 널리 이용된다. 옥외 설치로 공장건설비의 절약, 노동력의 절감, 전통적 맥주와 차이가 거의 없는 품질 등으로 대규모 공장에서 이 방법이 보편화되어 가고 있다.

5) 효모의 회수와 재사용

일반적으로 발효액 1hL에서 약 2L의 이상(泥狀)효모가 회수된다. 이것을 세척하고 나면 약 1.2~1.5L가 재사용할 수 있는 양이 된다.

6) CO_2의 회수

CO_2는 11%의 맥즙 1hL에서 이론상으로는 4kg을 얻을 수 있으나, 실제로는 약 2kg만이 회수된다.

(3) 저장(Lagering)과 여과

저장의 목적은 맛의 숙성 또는 청징 및 안정화 및 후발효에 의한 CO_2의 포화에 있다. 저장실의 온도는 0~2℃로 유지하며, 저장기간은 약 7~13주 정도가 된다.

후발효의 조건으로는 적당한 양의 추출물이 존재하고, 발효력이 강한 효모가 적당량으로 존재하여야 한다.

저장기간 중에 침전된 효모가 과다한 경우에는 효모의 자기소화(autolysis)가 일어나서 좋지 않은 효모취(yeasty flavor)가 맥주에 남게 되어 품질저하를 일으킨다. 따라서 과다한 효모는 원심분리 등으로 분리해 내는 것이 좋다.

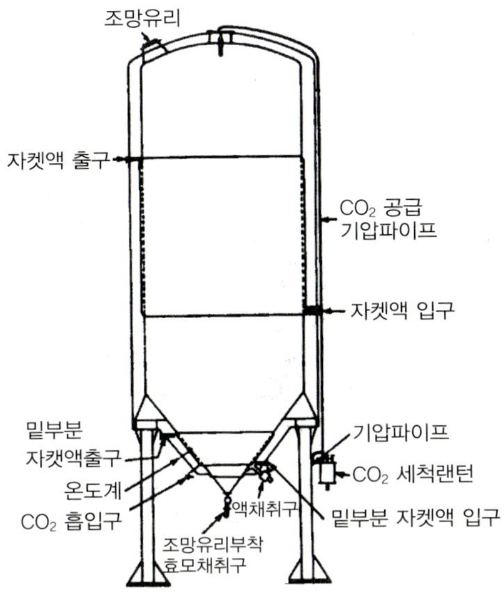

그림 2-29 원통 원뿔 발효조

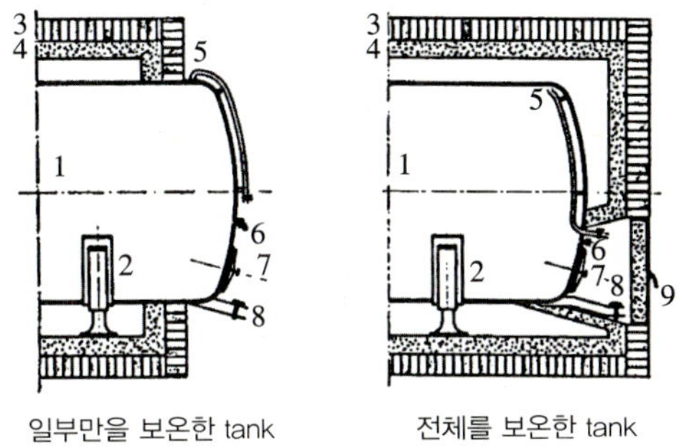

그림 2-30 저장실과 저장 탱크

1) 청징(Clarification)

청징은 부유물과 같은 혼탁물질과 그 원인물질을 제거하는 과정으로, 특히 저온에서 불안정한 교질상태를 만드는 단백질과 탄닌 등의 저온 혼탁물질을 제거하여 맥주를 안정화시키는 데에 그 목적이 있다.

청징방법에는 ① 침전 분리 ② 흡착제에 의한 흡착 분리 ③ 효소를 이용한 저분자로의 분해 ④ 원심분리 등이 있다.

2) 여과(Filtration)

여과는 ① 면여과기(asbest와 면섬유) ② 규조토(硅藻土, kieselguhr)여과기 ③ Schichten여과기(여과지와 asbest) ④ 원심분리기(centrifuge) ⑤ 직경 0.06mm의 미소공극 필터[micropore filter(ceramic filter)]와 같은 기기를 사용하여 실시한다.

여과한 맥주 속에는 50~60cells/100mL 정도의 효모가 남아 있다.

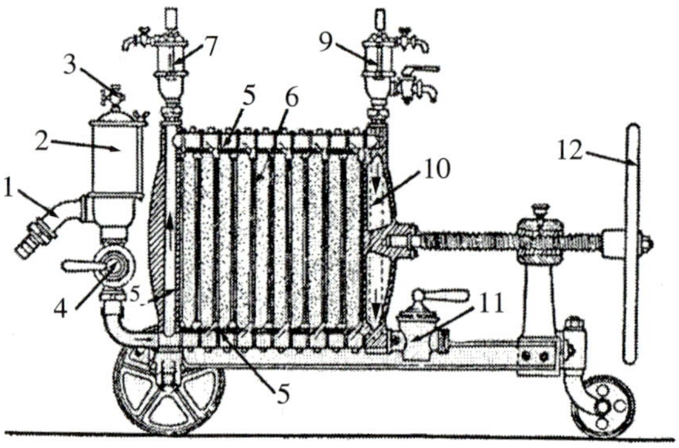

1. 맥주의 입구 2. 맥주 관찰 등 3. 배기꼭지 4.꼭지
5. 맥주 통로 6. 면 7. 여과 전의 맥주 관찰 등과 공기배출꼭지
8. 압력계기 9. 여과 후의 맥주 관찰 등 10. 여과맥주의 배출통로
11. 배출조절꼭지 12. 압축기

그림 2-31 면여과기

그림 2-32 규조토 여과기

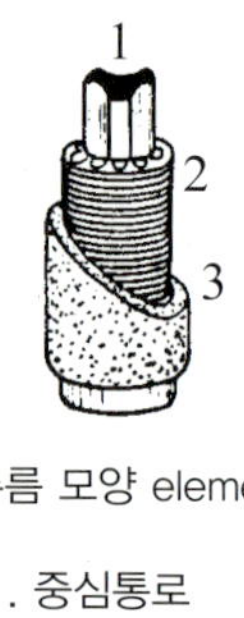

주름 모양 element

1. 중심통로
2. 미세구를 가진 주름
3. 규조토

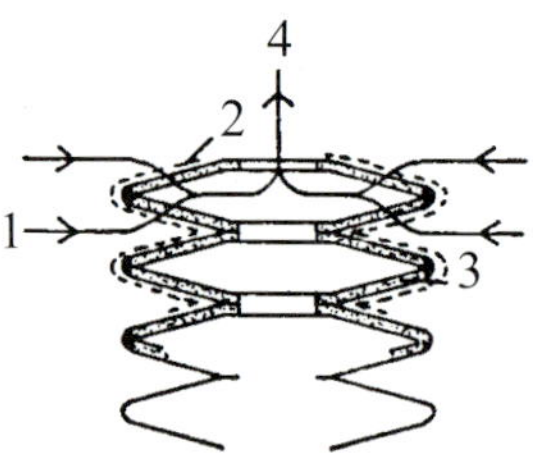

미세공의 금속 element

1. 맥주의 입구
2. 규조토층
3. 미세공의 금속판
4. 맥주의 출구

그림 2-33 규조토여과기의 기본구성

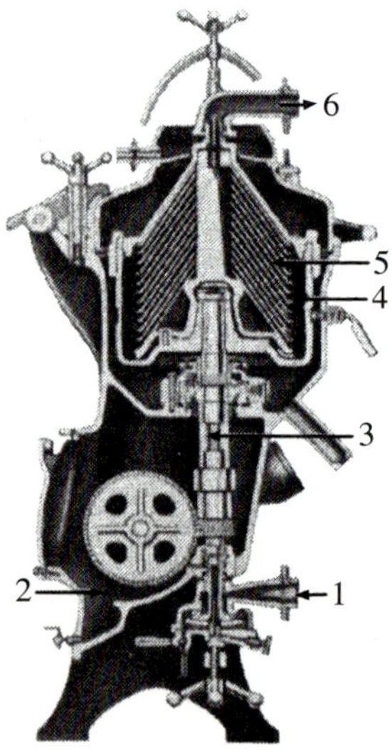

1. 맥주 투입구
2. 기계 oil–실
3. 맥주 통로
4. 덮개
5. 원뿔 접시
6. 여과맥주의 출구

그림 2-34 원심분리기

(4) 포장(Packaging)

1) 포장용기

맥주의 포장에 주로 사용되는 용기는 유리병이나 알루미늄 캔 등이다. 병은 자외선의 차단성이 우수한 호박색 내지 연한 적갈색을 띤 것이 좋다. 자외선에 오랫동안 노출되면 좋지 않은 향미(light-struck flavor)가 생성된다.

2) 포장작업

여과 후에 살균을 하지 않고 그대로 제품화한 것을 생맥주(draught beer)라고 하며 케그(Keg) 등에 넣어 포장한다. 신선한 맛을 주지만 잔존 효모나 미생물 때문에 오래 저장할 수 없는 단점이 있다.

저장성을 높이기 위하여 병 맥주나 캔맥주를 가열살균하기도 하나 열에 의한 맛의 손상은 불가피하다. 이런 손상을 피하기 위하여 세라믹 필터(ceramic filter)를 사용하여 미생물을 제거하는 방법도 실용화되고 있다.

맥주의 병입과정은 다음과 같다.

① 세병기(bottle washer) → ② 주입기(filler) → ③ 왕관타전기(crowner) → ④ 상표부착기(labeller)

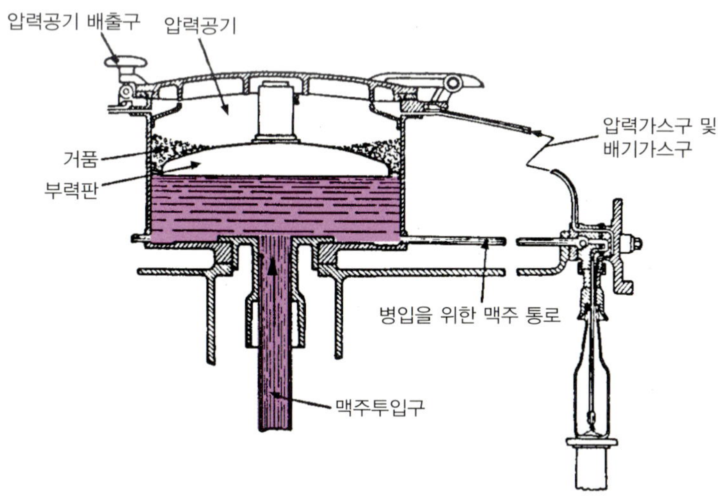

그림 2-35 원심분리기

3) 저온살균(pasteurising)

살균방법은 68~72℃에서 15~30초 간 살균을 실시하는 순간 살균법(瞬間殺菌法, flash pasteurisation)과 60℃에서 20여 분 간을 실시하는 터널 살균법(tunnel pasteurisation)이 있다.

지나친 가열은 주질(酒質)의 손상을 가져오므로 적정수준을 유지하는 것이 중요하다.

살균효과는 미생물의 치사율(lethal rate)과 살균시간으로부터 얻을 수 있으며, PU로 표시한다.

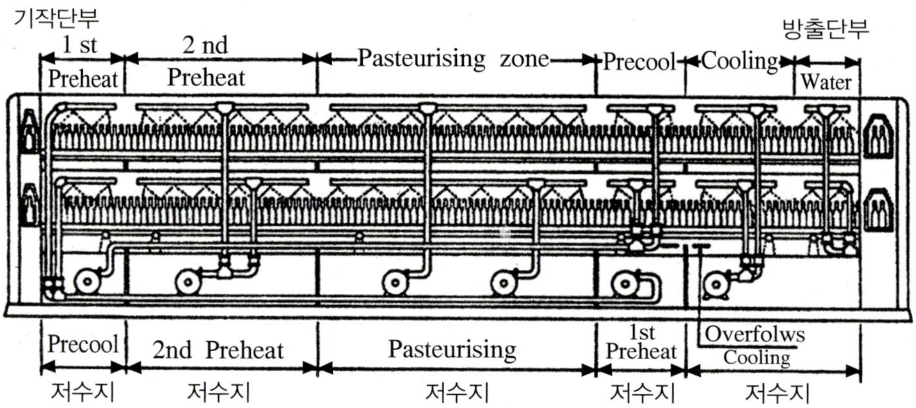

1st preheat : 40~46℃로 4~6분 동안 예열
2nd preheat : 61~63℃에서 12~14분 동안 전기(前期) 저온살균
Pasteurising zone : 58~61℃에서 16~20분 동안 본(本) 저온살균(pasteurising)
precool : 38~43℃로 5~6분 동안 예냉각　　cooling : 냉각수 온도로 10분 동안 냉각

그림 2-36 터널식 저온살균기

1PU(Pasteurisation Unit)는 60℃에서 1분 동안의 살균효과와 같으며, 맥주살균에서는 보통 5~15PU 정도의 살균강도를 사용한다.

(5) 오염미생물

1) 오염균의 종류

① 곰팡이 : *Fusarium*이 맥아에 오염되어 있으면 맥주분출(gushing)의 원인이 된다.

② 효 모 : 발견되는 야생효모는 *Saccharomyces*속이 81%로 대부분을 차지하며 *Candida*가 8%, *Hansenula*가 3%, 그 밖의 균들이 약 8% 정도가 된다.

③ **세균** : 맥주 제조과정의 조건이 세균의 증식에 적합하지 않아서 오염이 큰 문제가 되는 경우는 적다. 그러나 그람양성균인 젖산균, 즉 *Pediococcus*, *Lactobacillus* 등과 음성균인 초산균 *Acetobacter* 등이 종종 발견된다.

(6) 맥주의 품질

1) 향미(Flavor)

향미는 맛(taste)과 냄새(odour)와 조직(texture)으로 이루어지는 말초신경의 복합적인 인식현상이다. 맥주에서의 향미는 맥아, 호프, 양조용수와 효모의 발효부산물 등에서 비롯된다. 따라서 이들 원료의 선택은 매우 중요하고 발효과정 역시 잘 조정되어야 한다.

2) 색깔(Color)

색깔은 주로 맥아에서 유래된 멜라노이딘과 캐러멜에 의한 것이고, 광택이 있는 투명한 황금색이 바람직하며, 산화가 되면 적색으로 기울어진다.

3) 발포성(Foam formation)

거품은 맥주의 꽃이라고 할 만큼 중요하게 인식되며, 또한 CO_2의 휘발을 막아서 맥주의 청량감을 유지시키는 중요한 역할을 한다. 따라서 발포성과 포지성이 좋아야 한다. 거품 형성과 혼돈이 되는 것이 소위 분출(噴出, gushing)이라는 현상이다. 분출은 맥주병을 열었을 때에 내용물이 급격히 팽창하여 거품과 함께 밖으로 솟아 넘치는 현상으로 원인으로는 진동, 높은 온도, 금속이온의 침전, *Fusarium*의 오염 등이 있다.

4) CO_2 함량

CO_2는 물에 용해되어 있는 탄산으로 상쾌한 산미와 청량감을 주며, 맥주에는 0.3~0.5%(w/w) 정도가 함유되어 있다.

5) 맥주의 열량

맥주의 열량은 주로 비발효성 탄수화물과 에탄올로부터 발생한다. 알코올 함량이 4%인 맥주 1L는 약 1,840KJ(440kcal)의 열량을 낼 수 있다.

4. 약·탁주

우리나라의 전통주인 약주와 탁주는 찹쌀이나 멥쌀을 원료로 하고 누룩을 효소제로 하여 천여 년 이상을 양조되어 왔으며, 특히 탁주는 농주(農酒)나 재주(滓酒) 또는 회주(灰酒)라고도 하여 옛부터 널리 음용되어 왔던 가장 오랜 역사를 가진 술이다. 약·탁주의 원래 풍미는 일제강점기에 입국법(粒麴法)이 도입됨에 따라 많이 퇴색하였고, 1963년에 정부의 식량정책으로 원료가 밀가루로 대체되었으며, 또한 옥수수가루(옥분) 등이 혼용되어 제조되면서 고유의 맛과는 더욱 차이가 커졌다고 말할 수 있다.

1977년에 주조 원료로 다시 쌀을 사용하게 되면서, 밀가루 약·탁주는 사라지고 쌀 막걸리가 음용되기 시작하여 현재는 거의 모든 원료가 쌀로 대체되는 실정이다.

약·탁주의 발효는 누룩 등의 당화효소제가 원료인 전분을 당화하고 효모가 알코올 발효를 병행하여 진행되는 방식이다. 맥주의 경우는 이와는 달리 당화와 발효의 공정이 분명하게 나누어져 있다.

우리나라 주세법상 탁주는 녹말이 포함된 재료와, 국(麴)과 물을 원료로 하여 발효시킨 술덧을 여과하지 아니하고 혼탁하게 제성한 것으로 정의한다. 그리고 약주는 탁주와 같은 술덧을 여과하여 제성한 것이다.

1. 원료와 원료의 처리

주원료는 쌀, 밀가루, 옥수수가루(玉米粉), 고구마 전분, 고구마 전분당 등이다. 그밖에 양조용수와 발효제인 곡자(麯子) 또는 분국(粉麴) 등이 있다. 원료에 따라 처리법이 다르나, 전처리→흡수(吸水)→증자(蒸煮)→냉각의 과정을 거치게 된다.

(1) 밀가루

약·탁주 제조용의 밀가루는 중력분의 1급품이 적합하다. 먼저 밀가루에 20~30%의 물을 첨가하여 반죽기로 반죽을 한다. 흡수를 위하여 1시간 정도 방치한 다음, 40~60분 동안 증자한 후에 냉각한다. 이것을 체로 쳐서 제국용은 0.5~1.0cm^3, 덧방용은 1.0~1.5cm^3 내외의 크기로 입자를 고르게 한다.

(2) 쌀

15~18시간 동안 물에 침지하고, 이 기간 중에 2~3번의 물 교환을 해준다. 쌀에 40% 정도의 수분을 흡수시킨 후에 증자하고 냉각한다.

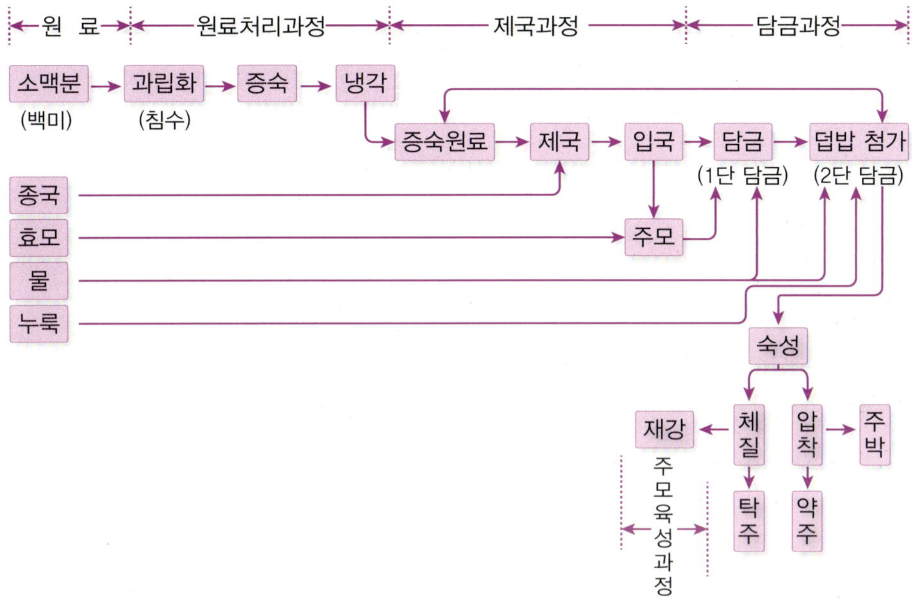

그림 2-37 약주와 탁주의 제조공정

2. 발효제(leavening agent)

발효제는 아밀라아제와 프로테아제 등을 비롯한 각종 효소를 함유하여 전분을 당화한다. 또한 단백질 외의 성분들을 분해시켜 효모의 영양원과 발효 중의 향미성분 생성에 기여하기도 한다. 사용되는 발효제로는 곡자와 분국, 그리고 조효소 제품 등이 있으며 각 양조장에서 자가제조하여 사용하는 입국이 있다.

(1) 누룩(곡자, 麯子)

누룩은 술덧 숙성주에서 전분을 가수분해하여 발효성 당으로 만들어 주는 제반 효소들의 공급원이 되는 것으로, 주로 밀을 원료로 하여 만든다.

누룩은 분곡(粉麯)과 조곡(粗麯)으로 나뉜다. 분곡은 밀을 멧돌로 갈아서 체로 쳐서 나온 고운 가루로 만든 것인데, 그 색이 희다고 하여 백곡(백국, 白麴)이라고도 부른다.

조곡은 백곡용 가루를 빼고 남은 기울이나 혹은 빼지 않은 거친 분말을 그대로 사용한 것으로, 일반적인 누룩은 조곡을 의미한다.

누룩의 제조법은, 깨끗한 누룩을 거칠게 분쇄한 다음에 원료의 25~30%의 물을 첨가하여 잘 혼합하고나서 1~2시간 재워 둔다. 수분이 균일하게 흡수되면 일반적으로 둥근 원형판 모양으로 성형하여 통풍이 잘 되고 따뜻한 방(곡자실)에서 띄운다.

누룩에서는 *Rhizopus*, *Aspergillus*, *Mucor* 등의 곰팡이, *Saccharomyces*속의 효모 및 *Bacillus*속의 세균이나 젖산세균 등이 검출된다. 이들 미생물은 야생균으로서 원료나 제조과정 중에 혼입된 것들이다. 따라서 제조방법이나 지방에 따라 미생물의 미생물상은 서로 다를 수 있고, 따라서 주질(酒質)도 서로 다르게 된다.

누룩의 품질은 술의 품질에 가장 큰 영향을 주는 요인이다. 누룩을 쪼갰을 때에 담황색 혹은 회백색을 띠는 곰팡이가 잘 번식되어 있고 특유의 향기가 있어야 좋은 누룩이며, 부패취나 메주 냄새가 나고 속이 갈색으로 된 것은 좋지 않다.

누룩의 규격은 일반적으로 0.8kg형과 1.6kg형이 있으며, 수분함량은 12% 이하이고, 당화력(SP, Saccharogenic Power)은 300 이상이어야 된다.

(2) 입국(粒麴)

약·탁주용 입국은 *Aspergillus niger mut. kawachii*(우리나라에서는 백국균白麴菌)이라고 부른다)를 증자한 쌀이나 밀가루에 접종하여 적당한 온도와 습도에서 2~3일 동안 배양한 것으로, 일본에서 개발된 속성 발효제조법이며 이 발효제를 코지(Koji)라고 한다.

백국균은 황국균(黃麴菌, *Asp. oryzae*)에 비하여 증식은 더디나, 산 생성은 강하여 술덧의 잡균 오염방지에 효과적이다. 또한, 당화형의 내산성 아밀라아제를 강하게 생성하며 많은 유기산을 생성한다.

1) 국실(麴室)

국실은 이중벽으로 하고 벽 사이를 단열재로 채움으로써 보온이 잘 되도록 하며, 온도와 습도를 잘 조정할 수 있는 설비와 작업하기에 편리한 구조이어야 한다. 제국실은 재래식 제국실과 자동으로 온도와 습도를 조정하는 기계식 제국실로 구별된다.

2) 제국(製麴)

제국방법은 제국원료를 취급하는 방법에 따라 ① 보쌈 바닥 국제조법, ② 상자 국제조법, ③ 기계적 국제조법 등이 있다.

① 보쌈 바닥 국제조법

증기로 찐 후 냉각한 원료에 종균을 골고루 접종하고 살균된 보자기로 덮어서 품온이 28~30℃가 되도록 하는데 이 작업을 입국(入麴)이라고 한다. 입국 후에 10시간 정도가 지나면 곰팡이는 발아가 시작되고 품온은 서서히 상승한다. 품온이 35~36℃ 정도가 되면 전체를 잘 혼합(뒤지기, 1차 손질)하여 30℃가 될 때까지 냉각한다. 1차 뒤지기 후에는 높이가 처음의 1/3로 되게 하고 품온이 37℃를 넘지 않도록 실내 온도를 조절한다.

5~6시간 후에 높아진 품온을 조정하고 2차 뒤지기를 하며 온도를 낮춘다. 2차 뒤지기 후에는 더 얇게 펴고 온도관리는 실온으로 한다. 이렇게 하여 처음부터 40시간이 지나면 제국은 완료된다.

② 상자 국제조법

보쌈법에서와 같이 입국한 것을 1차 손질한 다음, 상자(30cm×45cm×5cm)에 일정량을 산 모양으로 담아서 막대쌓기 하고, 제2일 오후에 품온이 약 37~38℃가 되면 2차 손질(뒤지기)을 하며, 상자를 벽돌쌓기 하여 품온을 37℃ 이하로 관리하고 제3일 오전에 출국(出麴)한다.

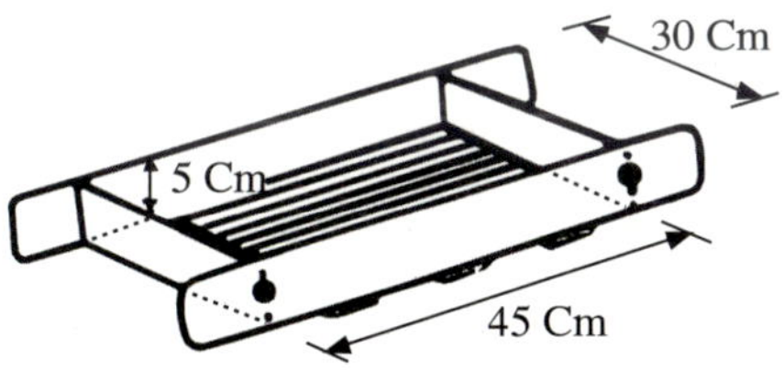

그림 2-38 국(麴)상자

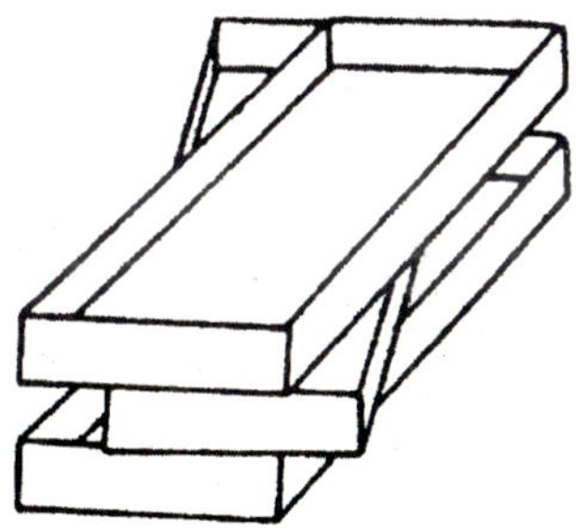

그림 2-39 상자쌓기 (井자 쌓기)

③ 기계적 국제조법

두껍게 쌓여진 원료 사이를 온도와 습도가 조절된 바람을 강제 통풍시켜 온·습도를 조정하며 제국하는 방법으로, 인력이 절감되고 장소를 적게 차지하는 이상적인 제국방법이다.

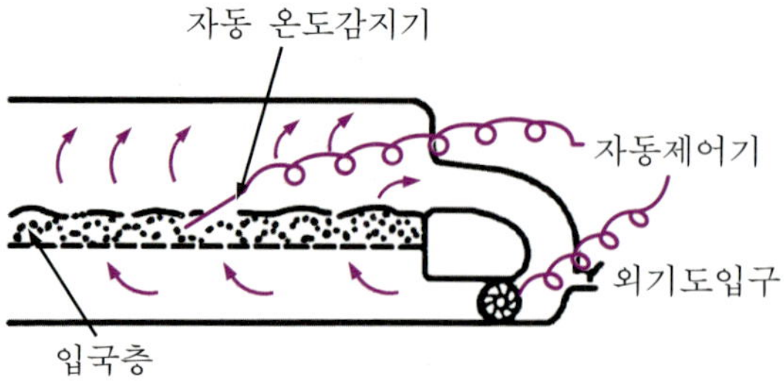

그림 2-40 기계적 제국기

3. 주모(술밑, 酒母)

주모는 개방된 용기에 국(麴)과 용수를 일정비율로 혼합하고 거기에 효모를 접종하여 22℃ 내외의 온도로 배양한 것을 말하며, 수국(水麴)주모라고도 한다.

개방형 주모제조는 잡균의 오염이 우려되나, 국균이 생성한 유기산들이 어느 정도 오염을 방지한다. 주모실은 오염을 방지할 수 있게 격리되고 보온과 통풍이 잘 되는 곳이어야 한다. 담금용기는 오지독이나 뚜껑이 있는 스테인레스스틸 또는 법랑제의 탱크가 이용되며, 크기는 원료 10kg에 대하여 40L 정도의 용량이 필요하다.

주모제조방식에는 다음과 같은 것이 있다.

① **수국주모**(水麴酒母) : 덧밥과 젖산을 첨가하지 않고 입국만을 사용하여 제조한 주모이며, 입국이 갖는 산(주로 구연산)에 의하여 자동적으로 pH 3~4 내외로 적당하게 조절되기 때문에 산을 보충할 필요가 없는 장점이 있어서 약·탁주용 주모로 널리 사용된다.

② **곡자주모**(麯子酒母) : 곡자와 덧밥, 그리고 젖산을 사용하여 제조한 속양주모의 하나로, 곡자 중에 많이 있는 *Sacch. cerevisiae*형의 효모에 젖산을 첨가하고 배양하여 육성한 주모이다.

③ **속양주모**(速釀酒母) : 분국, 덧밥, 물로 담금하고 배양효모를 접종한 후에 젖산으로 산도를 조절하여 안전하고 신속하게 육성되는 주모이다.

④ **대용주모**(代用酒母) : 입국만으로 담금한 발효 중의 1단 담금의 술덧이나 숙성술덧의 일부를 쓰는 주모이다.

1) 주모담금의 배합

입국만을 원료로 하여 덧밥과 산을 첨가하지 않고 만든다. 주모담금 배합의 예는, 입국 10kg에 15L의 용수를 첨가하고 종효모 100mL를 혼합한다. 만드는 방법은 먼저 용수에 효모를 첨가하고 입국을 가하여 교반 혼합한다. 효모는 호기적일 때에 증식을 더 잘하므로, 5~6시간마다 교반하면 산소공급을 하면서 품온을 조절하는 효과도 얻을 수 있다.

품온은 효모가 증식함에 따라 상승하게 되며, 담금을 한 2일 전후에는 28~30℃에 달하게 된다. 30℃ 이상의 온도에서 장시간 있으면 노쇠현상이 빨리 일어나므로 최고품온을 30℃ 이내로 조절하는 것이 중요하다. 이후에는 급격한 온도의 강하를 방지하며, 담금으로부터 5~6일 만에 완성된다. 완성된 주모는 저온에서 보관하고 사용할 때에는 잘 교반하여 사용한다.

표 2-13 주모 담금배합의 예 (원료 10kg 기준)

종 류	급수(비율)L(%)	종효모(mL)	전산(mL)	덧밥(kg)	국(kg)
수국주모	13(130)	100			입국 10
곡자주모	15(150)	100	120	10	곡자 5
속양주모	13(130)	100	100	10	분국 1

4. 담금 (mashing)

원료와 주모가 준비되면 담금을 하게 된다. 주모, 입국, 덧밥 혹은 곡자 등을 담금용수와 혼합한 혼합물을 술덧(酒醪, mash)이라고 한다.

술덧은 1단 담금(술덧)과 2단 담금(술덧)으로 나뉜다. 1단 담금은 주모 또는 입국 및 용수를 원료로 하여 담그며 입국의 각종 효소 및 유기산을 침출시켜 입국 자체를 용해·당화시킨다. 2단 담금은 1단 담금에 주원료 및 입국 혹은 다른 발효제(누룩)와 담금용수를 첨가하여 당화작용과 발효를 병행시키는 과정이다.

현재 장려되는 탁주와 약주의 담금 배합비는 표 2-14 및 2-15와 같다.

표 2-14 주모 담금배합의 예 (원료 10kg 기준)

원료	담금방법	주 모	1단	2단	계	비율
입국	①	2kg	① 8kg		10kg	10%
	②	2kg	② 18kg		20kg	33%
	③	2kg	③ 33kg		35kg	35%
덧밥	①			90kg	90	90
	②			80kg	80	80
	③			65kg	65	65
곡자	①			2.5	2.5	2.5
	②			2.5	2.5	2.5
	③			2.5	2.5	2.5
분국	①			3	3	3
	②			2	2	2
	③			–	–	–
급수	①	3L(150%)	12L(150%)	144L(150%)	159l	159
	②	3L(150%)	27L(150%)	136L(150%)	166l	160
	③	2.6L(150%)	49.5L(150%)	117L(150%)	169l	160

① 방법은 입국과 급수 비율이 낮고, 분국 비율이 높다.
② 방법은 입국과 급수 비율이 중간이다.
③ 방법은 입국과 급수 비율이 높고, 분국은 사용하지 않는다.

표 2-15 약주 담금 배합의 2가지 예 (사용원료 : 소맥분 100kg)

원료	담금방법	주 모	1단	2단	계	비율
입국	①	2	① 18		20	20
	②	2	② 28		30	33
덧밥	①			80	80	80
	②			70	70	70
곡자	①			5	5	5
	②			5	5	5
분국	①			1.2	1.2	1.2
	②			–	–	–
급수	①	3	27	136	166	166
	②	2.6	42	126	170.6	170

(1) 1단 담금

1단 담금에 필요한 재료는 입국, 주모 및 용수이다. 용수는 원료중량의 150~180%를 사용하는데, 겨울에는 약간 낮게(150 ~160%) 하고 여름에는 다소 높게(160~180%) 담금한다. 1단 술덧은 입국과 주모 및 용수로 담금하여 입국이 가지고 있는 각종 효소 및 산을 침출시켜 안전한 효모증식과 입국자체의 용해·당화를 목적으로 하는 주모의 증량(增量)공정이라고 할 수 있다.

주모는 총 주원료의 2%를 사용하며, 담금온도는 23~24℃로 한다.

(2) 2단 담금

1단 담금 24시간 후에, 찐(증숙) 원료를 투입하고 용수를 추가하며, 필요에 따라 누룩이나 기타 발효제를 투입하는 과정을 2단 담금이라고 하며, 투입되는 전분질 원료를 덧밥 혹은 덮밥이라고도 한다. 그 밖의 물이나 기타 발효제가 되는 곡자, 입국, 분국 등을 첨가하여 당화작용과 알코올 발효 작용을 병행시켜 전분질을 에탄올과 향미물질로 전환시키는 과정이 2단 담금이다.

5. 발효(fermentation)

(1) 술덧의 경과와 관리

1단 담금 후에 1일 1~2회 고물개 등으로 교반하여 술덧을 혼합하고 품온을 30℃ 이하로 조절한다. 2단 담금 후 10여 시간이 경과하면 당화와 동시에 발효가 활발하여진다. 술덧은 부피가 팽창하며 품온도 발효열에 의해 서서히 상승한다. 이때에 매일 1~2회 교반하며 발효를 진행시킨다.

약주와 탁주의 담금 경과는 다음과 같다.

표 2-16 탁주 술덧의 담금 경과의 예(원료 : 밀가루)

경과시간	품 온	pH	에틸알코올(%)	산 도	환원당
1단 담금 24시간	23	3.6	6.5	15.0	4.0
2단 담금 시	20	4.1	3.8	7.0	2.0
2단 담금 후 12시간	28	4.1	9.0	7.2	2.4
〃 24 〃	33	4.0	12.0	7.4	0.5
〃 36 〃	33	4.0	14.0	7.6	0.5
〃 60 〃	28	3.8	16.1	7.6	0.2
〃 80 〃	27	3.7	16.5	7.8	0.1
〃 120 〃	24	3.9	16.6	7.8	0.1

표 2-17 약주 술덧의 담금 경과의 예(원료 : 쌀)

경과시간	품 온	pH	에틸알코올(%)	산 도	환원당
1단 담금 24시간	23	3.6	6.5	15.0	4.0
2단 담금 시	20	4.1	3.8	7.0	2.0
2단 담금 후 12시간	28	4.1	9.0	7.2	2.4
〃 24 〃	33	4.0	12.0	7.4	0.5
〃 36 〃	33	4.0	14.0	7.6	0.5
〃 60 〃	28	3.8	16.1	7.6	0.2
〃 80 〃	27	3.7	16.5	7.8	0.1
〃 120 〃	24	3.9	16.6	7.8	0.1

1) 품온관리

술덧 발효의 최고품온은 32~33℃로 억제하고, 또 급격한 품온의 하강(온도 shock)을 방지한다. 28~30℃로 품온을 유지시키는 것이 바람직하다.

2) 산도관리

2단 담금 후의 산도는 6~8도 정도가 된다. 담금이 끝난 후에 산도의 변화가 거의 없는 것이 좋으나, 발효의 진행으로 산도는 약간씩 증가하고 pH는 내려간다.

산도가 급격히 증가하는 것은 유해세균의 번식에 의한 이상현상인 경우가 대부분이고, 산도가 9도 이상이 되면 산패된 것으로 본다.

3) 감패(甘敗)와 산패(酸敗)

술덧의 정상적인 과정은 효소에 의한 전분의 당화와 효모의 발효작용이 균형 있게 진행되어야 한다. 그러나 당화와 발효 작용의 속도는 품온과 밀접한 관계가 있다. 품온의 변화에 따라 두 작용의 균형이 깨어지면 감패나 산패가 발생된다.

특히 여름철 술덧의 품온이 35℃ 이상으로 지속될 경우에, 당화속도가 빠른 데 비하여 효모는 노쇠 등으로 활성이 저하되기 때문에 발효가 정지되고, 술덧에 당분이 축적되어 감미를 갖게 된다. 이러한 변패를 감패(sweetification)라고 한다.

그리고 고온에 적합한 각종 산(酸)의 생성 세균들에 의하여 여러 종류의 산이 생성되어 변패되는 것을 산패(acidification)라고 한다.

이런 감·산패현상은 특히 여름철에 흔히 볼 수 있는 것으로 고온에 의한 경우 외에도 작업의 전(全)과정에서 잡균의 오염에 의해 발생하는 경우도 많으므로 주의하여야 한다.

6. 제성(製成, finishing)

탁주 술덧은 2단 담금으로부터 2~3일 후, 약주 술덧은 4~5일 만에 숙성된다. 숙성된 탁주의 술덧은 알코올 함량을 측정하여 제성실로 옮겨서 희석할 물(後水)의 양을 계산한 후에 후수를 가하여 잘 교반[이런 조작을 할수(割水)라고 부르기도 함]하면서 체 혹은 주박분리기로 주박(酒粕)을 제거한다.

약주의 경우는 술덧을 명주포대(酒袋)에 넣어서 여과·압착하거나, 회전식 여과기로 여과한다.

7. 약·탁주의 품질

(1) 탁주의 품질

탁주는 알코올 함량이 6~8%이고 각종의 유기산, 비타민, 여러 종류의 아미노산과 발효과정 중에 생성된 에스테르, 알데히드, 퓨젤유 등을 함유하고 있기 때문에 매우 특이한 향미를 가지고 있다.

탁주는 제성한 후에 일정 기간 후발효가 진행되어 청량미(清涼味)를 가지고 있으나, 시간이 오래 경과되면 청량미는 상실되고 앙금이 많이 생겨서 주질이 떨어지게 된다.

탁주의 일반성분의 한 예는, 표 2-18과 같다.

표 2-18 탁주의 주요성분

알코올 (%)	조단백질 (%)	총산 (%)	pH	열량 (KJ)	퓨젤유(%)	비타민. B_1 γ(%)	비타민. B_2 γ(%)	비타민.C γ(%)	니아신 γ(%)
6~8	1.1	0.2~0.5	3.8~4.7	338	0.02~0.04	2.4~7.1	28.8~44.5	740	150

탁주의 기타 성분으로는 당류인 이소말토오스, 자당, 포도당, 과당, 크실로오스, 라피노오스, 이소말트리오스, 펜토오스 등이 있고, 유기산류로는 젖산, 호박산, 아세트산, 구연산, 푸마르산, 말산 등이 함유되어 있으며, 아미노산류는 리신, 티로신, 류신, 세린, 글리세린, 프롤린, 발린, 트립토판, 아스파르트산, 시스틴, 알라닌, 페닐알라닌, 글루탐산 등이 함유되어 있다.

(2) 약주의 품질

약주의 알코올 함량은 10~13%로, 탁주와 같이 각종 아미노산·유기산·비타민 등을 함유하고 있으며, 약주 특유의 향미를 갖고 있다. 약주는 담황갈색으로 감미와 산미가 강한 술로 풍미도 좋으나, 20℃ 이상의 온도에서 저장하면 군내가 난다. 약주 역시 저장성이 매우 낮으며 저온살균을 하나, 색이 짙어지고 이취(군내)가 생성되기도 하므로 세심한 주의가 필요하다.

약주의 일반성분은 표 2-19와 같다.

표 2-19 약주의 일반성분(%)

성분 / 약주	알코올	조단백질	총 산	총 당	추출물	pH
쌀 약주	10~13	1.6	0.12	1.9	3.78	4.5
밀가루 약주	10~13	2.4	0.34	3.5	5.92	4.3

향기성분으로서 이소-아밀 알코올, 이소-부탄올, n-프로판올, 아세트산에틸, 아세트알데히드, 포름알데히드, 아세톤, 디메틸설파이드 디아세틸 등이 검출된다.

5. 청주(清酒)

청주는 쌀을 원료로 사용하여 양조하고, 최고 20%까지의 고농도 알코올분을 함유한 숙성 술덧을 여과·제성한 술을 말한다. 청주는 본래 탁주였으나, 일본의 도꾸가와 막부(德川幕府) 시대에 근래의 청주(正宗, sake)로 발전되었다고 한다.

1. 원료

(1) 양조용수

주류양조에는 용수(用水)가 중요하지만, 특히 청주양조에서는 주질(酒質)에 미치는 영향이 크기 때문에 매우 중요하다.

양조용수는 무색·투명·무미·무취하며 오염되지 않은 음료수이어야 한다. 옛날부터 양질의 물이 존재하는 곳에 명주(銘酒)가 생산된다고 하였는데, 이는 담금용수가 좋아야 술양조가 원만하게 진행되어 우량주가 얻어지기 때문이다.

우량 양조용수의 성분에는 미생물(효모)의 증식 및 발효에 필요한 K와 P가 풍부하게 함유되어 있고, 청주의 색과 향미에 악영향을 주는 Fe성분은 적게 들어 있어야 한다.

K와 P는 국균과 효모의 증식 및 발효의 필수성분이며, 유명한 청주양조장의 물속에는 이 성분이 다른 양조장보다 많이 함유되어 있다.

유해성분이 되는 철분과 유기물에 대하여 고찰하여 보면 다음과 같다.

① Fe : 청주의 착색을 촉진하고 향미를 저하시킨다. 철로 인한 착색은 국균이 생산하는 페리크롬(ferrichrome)류와 철과의 킬레이트(chelate) 화합물에 의해서 발생한다. 따라서 양조용수에는 철분함량이 적을수록 좋다(0.01ppm 이하). 용수 중의 철분을 제거하는 방법으로는 기폭법, 탄소여과법 등이 있다.

Check Point

chelate 화합물

그리스어로 게를 뜻하는 말에서 유래하였다. 착염(complex salt)의 일종으로, 게가 금속이온을 무는 것 같은 형상에서 이런 명칭이 되었다.

② **유기물** : 유기물은 직접적으로 양조에 위해를 끼치는 성분은 아니나, 이들의 함유는 용수의 오염척도로 볼 수 있다. 용수의 분석에서 $KMnO_4$로 환산하여 7ppm을 초과하면 수원(水源)이 오염되어 있는 것으로 취급한다. 그리고 암모니아, 질산염, 아질산염 등도 유기물분해에서 유래된 성분이므로 많으면 좋지 않다.

양조용수에 유효한 성분을 적당량 첨가하여 가공하기도 하는데, 그 방법은 다음과 같다.

① 경도 1° 를 높이기 위하여 물 100L에 첨가하는 경도제(硬度劑) : $Ca(H_2PO_4)_2 \cdot H_2O$: 4,465g, $MgSO_4 \cdot 7H_2O$: 4,356g, $Ca(H_2PO_4)_2 \cdot H_2O$: 3.1g과 $MgSO_4 \cdot 7H_2O$: 1.4g을 병용한 것이다.
② 물 100L에 식염 1.65g을 용해하여 염소로서 1L 중 10mg을 증가시킨다.

(2) 원료미

청주의 알코올 및 향미(香味) 등은 쌀로부터 비롯되므로 주질에 미치는 영향은 매우 크다. 원료미의 판정기준은 다음과 같다.

① 형상은 대립이며 충실하고 균일하여야 한다.
② 심백이 희어야 한다.
③ 건조도는 수분함량이 14% 정도의 연질미로 흡수성이 빠르고 증미할 때 탄력성이 있어야 한다.

이러한 기준에 적합할 때 국균의 증식이 용이하고, 주모는 술덧 중에서 당화를 잘 받게 된다.

Check Point

대립(大粒)

쌀알 1,000개의 중량은 평균적으로 20~30g 사이인데, 26g 이상을 대립이라고 한다.

심백(心白)

쌀알의 중심부위가 백색이고 불투명한 곳을 심백이라고 하며, 주로 대립에서 볼 수 있다.

원료미를 식용쌀의 정백도보다 높은 비율(70~75%)로 정백시키는 목적은, 현미(玄米)의 외측에 함유된 지방·회분·단백질·비타민을 제거하는 데 있다. 이들 쌀겨 성분은, 술의 색과 향미를 나쁘게 할 뿐만 아니라, 주질을 저하시키는 퓨젤유의 생성기질로서 작용하기도 하며, 또 오염미생물의 생육인자(growth factor)로 이용될 가능성도 높기 때문이다.

2. 원료미의 처리

(1) 정미(精米)

현미의 외층부위에는 단백질이나 지질이 많고, 이들은 청주의 색과 향미에 나쁜 영향을 주며, 또 비타민과 회분이 많아서 국균과 효모의 생육을 과도하게 만들 우려가 있기 때문에 양조관리를 어렵게 하기도 한다. 따라서 이들 유해성분을 제거하기 위하여 정미를 한다.

정미에서 얻은 백미의 현미에 대한 중량 %를 정백도(精白度)라고 하며, 정백에 의해서 가장 많이 감소되는 성분은 표 2-20에서와 같이 지방과 회분이고, 단백질은 그다지 감소하지 않는다.

표 2-20 정백 중의 성분변화(단위 %)

쌀의 종류	수 분	단 백 질	지 방	회 분	전 분
현 미	13.9	8.0	2.20	1.10	71
정백비율 90%	13.6	7.4	0.67	0.40	75
〃 80%	13.2	5.6	0.20	0.20	77
〃 50%	10.1	5.5	0.08	0.17	80

일반적으로 정미율이 적을수록 주질은 향상된다고 한다. 최근의 청주제조에 이용되는 쌀의 정미율은 75%이며, 목적에 따라서는 70%나 50%까지 정미한 백미가 사용되기도 한다.

(2) 세미(洗米)

백미에 부착되어 있는 미강을 제거하기 위하여 세미를 행하며, 근래에는 펌프를 이용한 자동세미기를 사용하여 세미와 수송을 동시에 행하는 방법이 많이 이용되고 있다.

(3) 침지(물빼기)

세미가 끝난 쌀은 바로 물에 침지하여 적당한 양의 물을 흡수시킨다. 흡수의 정도는 일반적으로 20~30%이며, 흡수가 끝나면 물빼기를 한다. 흡수속도는 미질(米質), 정미율, 정미 후의 경과일수, 수질, 수온 등에 따라 다르다. 침지에 소요되는 시간은 작업하면서 정해야 한다. 고도로 정미한 쌀은 흡수속도와 흡수율이 크기 때문에 세미 및 침지에 특별히 주의하여야 한다.

(4) 증자(蒸煮)

전분을 α-화하여 국균의 생육 및 효소작용을 용이하게 하기 위하여 증기로 찌는(증자) 작업으로, 적당히 흡수(吸水)한 쌀알의 중심부까지 α-화하는 데는 약 15분 정도가 소요된다. 증자된 찐쌀은 국(麴)제조용으로는 35℃ 정도로 냉각하고, 담금용 찐쌀은 20~25℃까지 냉각시켜서 사용한다.

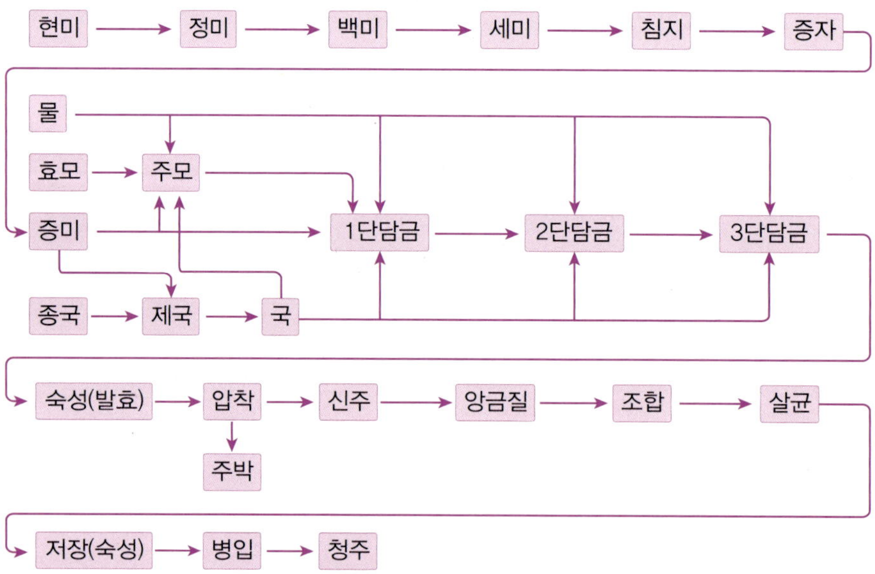

그림 2-41 청주의 제조공정

3. 국의 제조

청주의 국은 찐쌀에 국균인 *Asp. oryzae*를 번식시키고, 충분히 포자가 착생된 것을 수분 10~12%로 건조시킨 것이다.

청주 국으로서 구비하여야 할 조건은 ① 균사가 너무 길지 않고 찐쌀 내외로 번식이 빠르며, ② 아밀라아제생성력이 강하고, ③ 프로테아제생성력은 약하며, ④ 짙은 색을 생성하지 아니하고, ⑤ 좋은 향미와 풍미를 내야 한다.

국을 제조하며 나뭇재를 첨가하는 경우도 있다. 그 이유는 ① 알칼리성으로 인하여 잡균의 증식을 억제하고, ② 국균에 필요한 무기물을 공급해 주며, ③ 국균이 생산하는 산성물질의 중화와 포자형성이 잘 되도록 하는 데에 그 목적이 있다.

나뭇재 대신에 화학약품을 사용할 수도 있다.

(1) 제국법

국균의 생육에는 적당한 온도, 습도, 공기(산소)가 필요하다. 이들의 조절에는, 국실의 온도와 습도뿐만 아니라, 찐쌀의 품온과 수분, 국균 자체의 발열, 수분과 탄산가스의 방출량도 관여된다. 그러므로 조작할 때에는 이들 조건을 감안하여 행하여야 한다.

제국의 방법에는 정치법으로 국개법, 상국법(箱麴法), 상국법(床麴法) 등이 있다. 또한, 기계적 제국법으로는 통풍법(通風法)이 있다.

1) 국개법(麴蓋法)

일반적으로 국실의 온도는 26~27℃로 하며 벽면·천장·바닥 등이 단열 및 방수되어야 하고 난방장치가 있어야 하며 잡균의 오염을 방지하기 위해서는 살균이 손쉽게 이루어질 수 있어야 한다. 제국 조작은 다음과 같이 진행된다.

① **재우기** : 35℃ 정도로 냉각된 찐쌀을 면포로 싸서 둔다.

② **섞기** : 0.1% 정도의 종균(種菌)을 살포하여 혼합한 후에 쌓아 둔다.

③ **뒤지기** : 섞기 이후 약 10시간 후에 쌀 덩어리들을 손으로 깨트리는 작업을 하여 균사가 골고루 퍼지도록 한다.

④ **담기** : 종균을 접한 후에 약 20시간이 경과하면, 국상자(국개)에 약 1.5kg씩 넣은 다음, 시렁 위에 6장 정도를 포개어 쌓는다.

⑤ **뒤바꾸기** : 쌓은 후에 3~4시간이 경과하면 국상자의 상하에 따라 온도차가 생기므로 뒤바꾸기를 하여 주고, 이 조작 후 다시 3~4시간이 지나면 온도상승(최대, 37℃)을 방지하기 위하여 중앙에 골을 파 준다(그림 2-39참조).

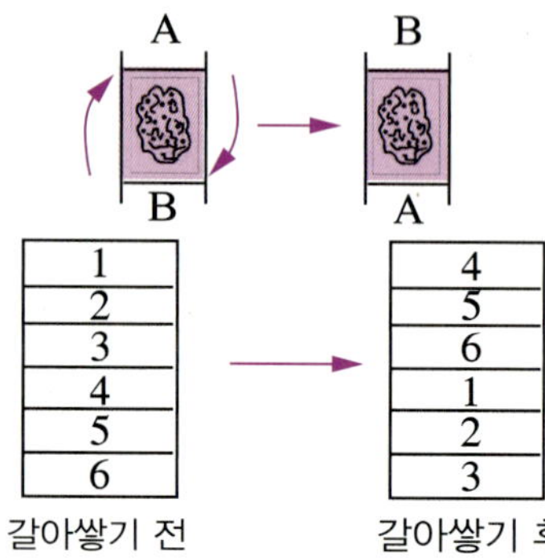

그림 2-39 국상자 뒤바꾸기

⑥ **두 번째 손질** : 다시 5~6시간이 지나면 품온(品溫)이 37~38℃로 상승하게 되므로, 3~4줄의 골을 파 준 후에 뒤바꾸기를 한다.

⑦ **출국**(出麴) : 두 번째 손질 8~12시간 후에 제국은 완료된다.

제국 중의 효소생산 경과의 한 예는 그림 2-40과 같다.

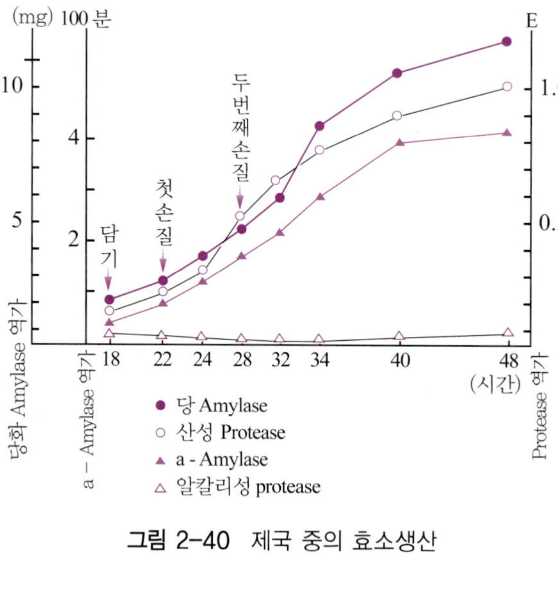

그림 2-40 제국 중의 효소생산

2) 상국법(箱麴法)

담기까지는 국개법과 같다. 찐쌀 약 10~15kg을 담을 수 있고, 밑에서 공기를 유통시킬 수 있는 간격을 설치한 규모가 큰 국상자에 담기를 한다. 국층은 공기(산소)가 유통하기 쉽고 교반작업도 간단히 할 수 있도록 되어 있으므로 간편하고 노력도 절감된다.

3) 기계적 제국법(통풍법)

국상자를 사용하는 제국은 많은 노력과 충분한 경험이 필요하기에 근래에는 기계제국장치가 고안되고 공정의 기계화가 실시되고 있다. 기계 제국은 적당한 온·습도로 조절된 공기를 대형용기에 넣은 찐쌀 안으로 송입(送入)하여 제국 중에 발생하는 열과 이산화탄소를 밖으로 쫓아내어 품온과 산소량을 적당히 제어함으로써 국(koji)을 제조하는 방법이다.

4. 주모(酒母)

주모 제조는 술덧을 발효시키는 효모를 확대 배양하는 공정으로, 주모는 건전하고 젊은 효모가 많아야 될 뿐만 아니라, 잡균오염을 방지하는 젖산도 함유되어 있어야 한다. 주모에 필요한 젖산을 어떻게 얻느냐에 따라 2가지로 구별된다. 즉, 유산균을 주모에 함께 배양시키며 젖산을 생성시키는 키모토계(生酛系) 주모와 시판젖산을 첨가하는 속양계(速釀系) 주모로 구분된다.

① **키모토계 주모** : 찐쌀, 국(koji), 물을 사용하여 담그는데 저온담금을 하여 처음에는 질산(HNO_3) 환원균(*Achromobacter, Escherichia, Aerobacter, Flavobacterium, Pseudomonas* 등)에 의해서 아질산이 생성되고, 이 아질산은 다음 증식하는 주모의 젖산균(*Leuconostoc, Lactobacillus*)이 생산하는 젖산과의 상승작용으로 야생효모를 도태하여 발효용 효모는 거의 무균상태로 된다.

② **속양계 주모** : 시판젖산을 사용하여 산성으로 하고 당화를 진행시키며, 효모를 담금할 때에 첨가하여 조기 증식시키고 단기간에 주모 제조 공정이 이루어진다는 장점이 있다.

주모를 생략하고 시판 배양효모를 사용할 경우, 담금 총 백미 1톤에 대하여 압착효모 300~500g을 술덧을 담금할 때 젖산과 함께 첨가한다.

주모 종류와 그 비교는 표 2-21과 같다.

표 2-21 주모 종류와 비교

	젖 산	담금온도	생산일수	성 분		관 련 미생물	종 류
				amino acid	산 도		
속양계 주모	시판젖산	20℃	7~15	2~3	7	효모	속양모도, 고온당화모도
키모토계 주모	젖산발효	8℃	20~30	5~8	10	질산환원균, 젖산균, 효모	키모토, 야마하이모도

(1) 주모의 미생물

청주효모의 증식에 따라 주모의 품온은 상승하며, 효모의 수는 1mL당 1천만 마리(10⁷)에 가깝게 되고, 발효가 시작되어 발효 최성기에는 약 3×10^8/mL 전후까지 증식하게 된다.

담금 초기에는 청주효모 이외에 산막효모·홍색효모·*Torula*효모 등이 존재하나, 이들은 알코올에 약하기 때문에 후기에는 거의 없어진다. 또 국으로부터의 다양한 세균, 담금용수로부터의 세균 등의 각종 세균이 존재하나, 이들은 대부분 산에 약하므로 키모토계 주모에서는 거의 사멸된다.

주모의 젖산균은 이상(泥像)젖산 발효균이며, 연쇄상구균인 *Leuconostoc mesenteroides*와 정상젖산균으로 간균(桿菌)인 *Lactobacillus* 등이 있는데, 이들은 생성된 산(酸)과 알코올 및 고온(25~35℃)에 의하여 사멸되게 된다.

그 밖에도 국(koji)에서 유래된 곰팡이(*Penicillium, Rhizopus, Mucor*)나 방선균 등이 주모에서 발견되기도 하지만 큰 문제를 발생시키지는 않는다.

5. 술덧

청주술덧의 제조에는 담금농도를 조절하기 위한 3단 담금법, 고농도 담금법, 그리고 좋은 맛을 내기 위한 저온발효 등이 있다.

(1) 담금법

청주술덧은 개방발효 형식이 대부분이기 때문에 잡균에 의해 오염되기 쉽다. 그러므로 산, 알코올, 효모수를 갑자기 희박하게 만들지 말아야 한다(min. 10^7/mL 이상). 그래서 찐쌀과 물을 3회로 나누어 가하고 점차 주모를 증량(增量)하는 방법을 택하고 있다.

술덧담금의 규모는 사용하는 백미의 총 중량으로 표시된다. 1,500~2,000kg이 표준이나 근래에는 8,000kg까지 담금하는 수도 있다. 그러나 담금물의 양이 많아지면 술덧의 온도조절이 필요하기 때문에 냉각장치가 있어야 한다. 주모를 기초로 하여 약 15배의 국, 찐쌀, 물을 3단계로 나누어 4일 동안에 걸쳐 담금한다.

첫 번째 담금을 초첨(初添, 하츠조에), 두 번째를 중첨(仲添, 나나조에), 세 번째를 유첨(留添, 도메조에)이라고 한다. 초첨 다음날은 담금하지 않는데 이는 효모증식의 기회를 주기 위한 것이다.

술덧의 3단계 배합비는 모든 원료미의 7~8%의 주모량을 기준으로 하여 주모 : 초첨 : 중첨 : 유첨 = 1 : 2.0~2.2 : 3.8~4.5 : 6.0~7.2로 한다.

감미청주를 양조할 때는 4단계로 담금하며 마지막 4번째는 8% 전후의 찐쌀을 발효말기에 첨가하여 당화시킨다.

담금에 사용하는 용기는 원형의 개방발효조가 보통인데, 근래에는 스테인리스 스틸 등을 사용한다.

담금비율의 예는 표 2-22와 같다.

표 2-22 담금배합의 예(단위 : kg)

쌀의 종류	주 모	초 첨	중 첨	유 첨	4단	계
총미(總米)	140	280	530	890	160	2,000
찐쌀	95	200	405	715	160	1,575
국	45	80	125	175	–	425
급수	155	250	635	1,260	160	2,460

담금온도는 초첨할 때에 12~13℃, 중첨할 때에 9~10℃, 유첨할 때에 7~8℃로, 처음에는 높게 하고 점차 낮춘다.

보통 유첨한 후 8~13일째에 최고온도 14~16℃가 되도록 유도하고, 이 온도를 5~7일 동안 유지시키며, 그 이후는 점점 강하하여 20~24일에 끝낸다. 숙성 술덧에는 알코올이 18~20%에 달한다.

산량(酸量)은 효모의 종류나 품온경과에 따라 차이가 있으나, 정상발효에서는 전기에 산 생성이 많고 후기에는 거의 생성하지 않는다. 최종산량은 산도 2.4~2.8이 일반적이다.

발효초기에 효모증식이 지연되면 산생성균이 증식하여 이취(異臭)를 내며, 산도는 4~7까지 되고, 알코올 생성량은 12~15%에 그친다. 이 현상을 부조(腐造)라고 하는데, 대부분은 젖산균들에 의해 일어난다. 부조현상을 치유하는 방법은, 주모 또는 효모를 첨가하여 발효를 촉진시키고 그 이후에 알코올을 첨가한 다음 탈산(脫酸)하는 방법이 있다.

산생성균 외에도 야생효모에 의해서 오염되는 수도 있으므로 TTC 염색법으로 효모의 순도를 검색하기도 한다.

Check Point

TTC-염색법

무색인 2, 3, 5-triphenyl tetrazolium chloride(TTC)에 의해 탁주효모나 산막효모인 *Saccharomyces cerevisiae*형은 홍색으로 염색되고, 청주효모인 *Sacch. cerevisiae*형은 적색으로 염색된다.

(2) 술덧의 변화

술덧에는 온도변화와 함께 성분변화도 일어난다. 유첨한 후 2~3일째에 몇 개의 줄무늬 거품이 나타나고, 3~4일째에 거품이 술덧 전변으로 확대된다. 4~6일째가 되면 기포가 최고에 달하고 탄산가스가 왕성하게 발생하며, 특유의 향기가 발생한다. 이러한 상태가 4~7일 동안 계속되면 기포는 점점 줄어들고 작은 거품으로 변한다. 이 시기에 알코올 생성이 왕성하고, 청주고유의 향미가 강해질 때이다. 이러한 술덧 표면의 변화는 국이나 찐쌀의 경도(硬度)나 온도의 경과 등에 따라 다르고, 특히 효모의 종류에 따라 영향을 크게 받는다.

표 2-23 담금배합의 예(단위 : kg)

유첨 후 일수	보메(Bé)	환원당(%)	알코올%(v/v)	총산(호박산 %)
3~4	7~8	7~8	3~4	0.06~0.07
6	5~6	6~7	6~7	0.08~0.09
9	4~5	6~7	9~10	0.09~0.10
12	3~4	5~6	11~12	0.10~0.11
15	2~2.5	4~5	15~16	0.11~0.15
18	1~1.5	3~4	17.5~18.5	0.14~0.16
21	0~0.5	2~3	18.5~19.5	0.14~0.16

6. 제성 및 저장

발효가 끝난 숙성 술덧은 술덧의 압착→앙금질→조합→살균→저장 등의 공정을 거쳐서 출하하게 된다.

(1) 압착

숙성술덧에서 청주액과 고형물(酒粕)을 분리하는 공정으로, 술덧을 포대에 담아서 수압식/유압식의 압착기를 사용하여 분리한다.

(2) 앙금질

압착이 끝난 청주액은 백탁으로 술맛이 거칠다. 압착된 액은 전분미립자나 효모가 혼탁해 있어 탱크에 정치(靜置)하여 침전하는 침전물을 분리하는 공정을 하는데 이를 '앙금질' 이라고 한다. 정치는 약 10일 동안 진행하며 상등액은 분리하여 면여과·규조토여과·활성탄여과 등을 거쳐서 맑게 한다.

앙금질이 끝나고 살균까지의 기간이 약 40일 걸리는데 이 기간 중에 숙성이 일어난다.

(3) 조합

알코올 도수, 추출분, 산도, 아미노산, 색, 맛과 향 등을 고려하며 제품의 균일화를 위하여 조합을 한다.

(4) 살균(火入)

살균은 여과가 끝난 생주(生酒)를 50~60℃에서 5~15분 동안을 행하는데 주질에 따라 조절한다. 살균방법은 사관식(蛇管式) 또는 플레이트식 열교환기를 사용하며, 살균온도는 높을수록 효과적이나, 청주 중에 함유되어 있는 당과 아미노산에 의해 갈색반응(maillard reaction)으로 착색되거나 청주 고유의 향미가 소실될 수도 있으므로 유의하여야 한다.

Check Point

화락현상(火落現象, 히오찌 현상)

히오찌균은 *Lactobacillus*에 속하는 젖산균으로서, homo type과 hetero type의 젖산균이 청주에 번식하면 청주는 백탁이 되고, 산미가 증가하여 디아세틸취가 생겨서 주질을 손상시킨다. 이 균들은 알코올 15% 이상의 청주에서 생육할 수 있으며, 일반적으로 고온균에 속한다.

(5) 저장 및 출하

청주의 숙성이 이루어지는 시기는 저장기간이며 이때의 품온관리는 주질에 많은 영향을 끼친다. 일반적으로 저장온도는 15~25℃이나, 이보다 너무 낮으면 숙성이 지연되고 너무 높으면 과숙(過熟)이 되어서 주질을 손상시킨다.

출하시기가 된 청주는 더욱 청징해야 하고, 활성탄 여과를 행하여 착색 및 향미를 조절하여 병입한다. 살균을 위하여 청주를 60℃로 가열하여 병입하든지, 아니면 병입한 후에 가열하여 저온살균을 한다.

7. 청주의 성분

양조장에서 청주의 알코올 함량은 20% 전후이지만 시판제품은 16%이다. 청주 중의 당류는 대부분 쌀에서 유래된 포도당이다. 청주에는 쌀의 덱스트린(dextrin)에서 생성된 포도당·맥아당·덱스트린은 발효 중 효모에 의해 포도당과 맥아당은 소비되나, 포도당는 청주 중에 일부 잔류하여 감미를 부여하고 원숙한 맛과 깊은 맛에 관여 하는데, 맥아당은 거의 남지 않는다.

청주의 산(酸)류는 유기산으로, 약 70%가 술덧에서 효모에 의해 생성되고, 약 20%는 효모로부터 유래되며, 약 10%는 쌀 및 국(koji)으로부터 나온다(표 2-24 참조).

청주의 질소화합물(전질소량:0.1~0.15%)은 대부분 아미노태와 펩티드(peptide)태이다.

청주에서 지방족 또는 방향족 등 약 15종의 카르보닐 화합물(carbonyl compound)이 검출되는데, 이들은 알데히드 케톤(aldehyde keton)류로 청주 특유의 향기성분이 되고 있다. 청주의 이상 향기의 주성분은 디아세틸(diacetyl)로 알려지고 있다.

표 2-24 청주의 유기산

acid	mg/100mL	acid	mg/100mL
acetic acid	3.5	lactic acid	37.1
propionic acid	0.5	malic acid	38.0
succinic acid	61.5	citric acid	5.4
fumaric acid	1.7	pyruvic acid	0.5
aconitic acid	2.0	α-ketoglutaric acid	0.3
glycolic acid	4.7		

청주의 비타민 함유량은 종국(種麴)의 차이, 국의 사용량, 알코올 첨가 등의 양조조건과 여과방법 등에 따라 차이가 있다. 다른 양조주에 비하여 전체적으로 적게 함유되어 있는데, 비타민 B_6만이 많이 들어 있는 것이 특징이다. 이들 비타민류는 미량 함유되어 있으므로 청주의 향미에 크게 영향을 미치지 않는 것으로 생각되나, 티아민과 같이 당취(糖臭)를 발생한다든가 플라빈과 같이 청주 색의 일부분이기도 하다.

청주의 착색은 황색의 플라빈, 갈색의 멜라노이딘, 적갈색의 페리크리신(ferrichrysine)의 3가지이다. 갓 제성된 청주(新酒)는 플라빈이 많이 들어 있고, 오래된 노주(老酒)는 멜라노이딘이 증가하며, 철분이 많은 청주는 페리크리신이 많다. 숙성이 진행됨에 따라 색은 점점 짙어지는데, 이는 아미노 카르보닐(amino carbonyl) 반응에 의한 멜라노이딘 생산 때문인 것으로 추정되고 있다.

6. 증류주

우리나라 주세법에 따르면 "증류주라 함은 술덧, 기타 알코올분(分)을 함유한 재료를 증류하여 제성한 것으로서 다음의 것을 말한다."로 정의되어 있다. 구분은 소주, 고량주, 주정 위스키, 브랜디 및 기타 증류주로 하였다.

증류주는 각 나라마다 고유한 것이 있으며, 우리나라의 대표적인 증류주로는 소주가 있는데, 기록에 의하면 고려 충렬왕(1275~1308) 때에 원(元)나라로부터 전래되었다고 한다. 소주(燒酒)는 '불이 붙는다' 하여 붙여진 명칭으로, 화주(火酒) 또는 노주(露:이슬로) 등으로 불리었다.

증류주는 곡류전분을 발효시키고, 그 발효액을 증류하여 얻은 위스키 등이 있으며, 브랜디와 같이 과실을 원료로 사용한 것, 당밀(molasse) 등을 이용하여 얻은 럼 등이 있다.

그 밖에 여러 가지 방향성 식물을 유출하여 특징 있는 향미를 부여한 가향주도 있다.

1. 소주

소주는 곡류, 서류(薯類), 당밀을 발효시켜 증류한 주정을 알코올 도수 30% 이하로 조절하여 제품화한 것으로 우리나라와 일본에서 많이 마신다.

소주는 제법에 따라 구식 소주, 신식 소주, 일본식 소주 등으로 구분된다. 구식 소주는 전분 분해효소를 제공하는 국(麴, koji)을 밀기울로 만든 누룩을 사용한 것을 말하며, 누룩 대신에 곰팡이 *Aspergillus*속을 이용하고 증류장치도 고리(古里, 또는 는지 : 흙으로 빚어 만든 소주 내리는 기구) 대신에 증류기를 사용하여 만드는 것은 신식 소주라고 부른다.

(1) 재래소주

재래소주의 일반적인 제조법은 밀이나 기장으로 만든 조국(粗麯 : 밀기울로 만든 누룩)을 이용하여 주조(酒造)용 원료인 쌀, 수수, 조, 고구마 등의 술덧을 당화하고 발효시켜 단식증류기(그림 2-41 참조)로 증류한다.

단식증류기로 증류하기 때문에 주정 이외에 각종 향미성분이 많아서 독특한 방향(芳香)을 갖는다. 1960년대 이후, 희석식 소주의 출현으로 재래식 소주의 제조는 단절되었다.

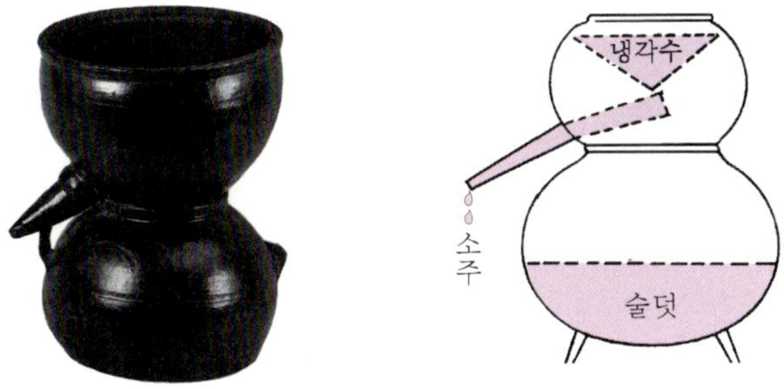

그림 2-41 고리(古里)

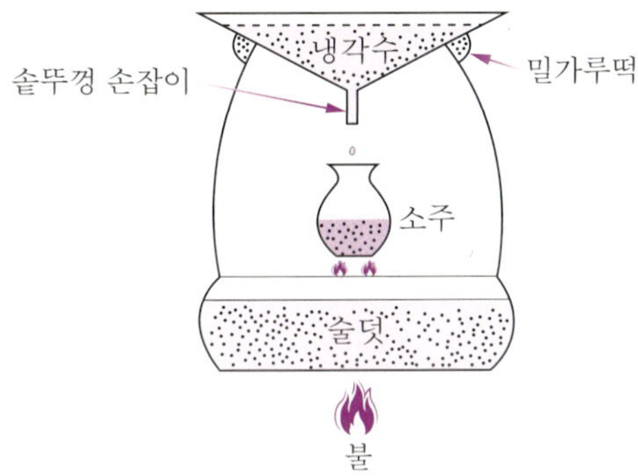

그림 2-42 는지

1) 재래식 소주의 증류기

가정에서는 솥과 솥뚜껑을 이용한 간이식 증류장치인 는지(그림 2-42)를 만들어 증류하였다. 는지는 손쉽게 설치할 수 있어서 편리하기는 하나 그 성능이 고리에 미치지 못하였다.

고리는 만든 재질에 따라 토고리(土古里), 철고리(鐵古里), 동고리(銅古里)가 있다. 고리는 아래와 위 두 부분으로 되어 있고, 밑의 것은 아래가 넓고 위가 좁으며, 위의 것은 반대로 밑이 좁고 위가 넓게 되어 있다. 솥에 술덧을 넣고 그 위에 고리를 장치하며 이음새는 는지와 마찬가지로 밀가루나 쌀가루반죽으로 막아서 김이 새지 않도록 한다. 불을 약하게 때면서 상부의 냉각수가 더워지면 수시로 냉수를 갈아주면서 증류한다.

2) 술덧담금

재래식 소주의 제법은, 여름에는 항아리에 누룩가루와 물을, 겨울에는 더운물에 누룩가루를 넣은 후에 하룻밤 두었다가 찐 기장을 며칠 동안에 걸쳐 나누어 넣고 1~2일 후에는 소주에 단맛을 주기 위해서 멥쌀 고두밥을 가하고 5~10일 후에는 죽 모양의 찹쌀을 첨가하며, 여름에는 30일, 겨울에는 40일 정도를 숙성시켜서 증류한다. 증류기는 주로 동고리를 사용하였고, 증류하여 얻은 소주의 알코올 함량은 15~40%에 달하였다.

Check Point

기장

포아풀과의 일년초로 수수와 비슷한 곡류인데, 이삭은 가을에 익는다.

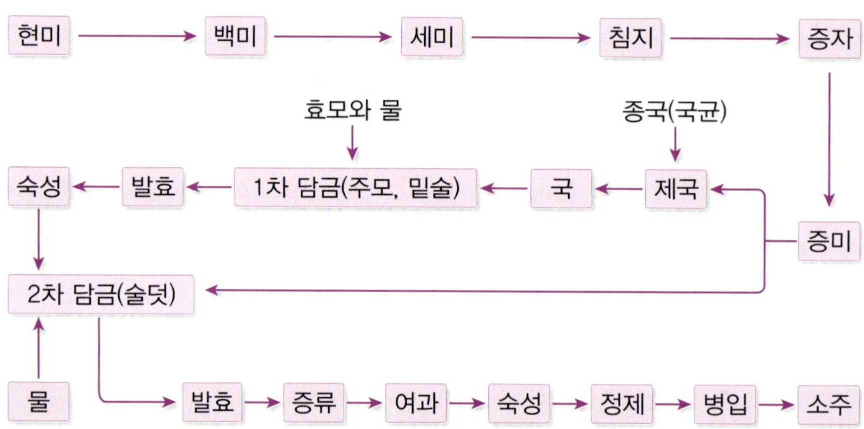

그림 2-43 소주의 제조공정

(2) 증류식 소주

증류식 소주는 1920년경부터 일본의 양조기술이 우리나라로 보급되면서 흑국균(黑麴菌, *Aspergillus niger*)을 입국(粒麴)으로 배양하여 쌀, 싸라기, 조, 고구마 등을 술덧으로 발효시켜 단식증류기로 증류하여 제조하기 시작하였다. 증류식 소주는 제국·담금·증류·저장의 공정을 거치며, 1960년대까지는 많이 제조되었으나, 증류식 소주제조장이 주정생산 시설로 확장되고 희석식 소주의 출현으로 제조기술과 술맛을 잃어 버리게 되었다.

1) 흑국(黑麴)의 제조

원료는 쌀, 조, 수수, 옥분(옥수수가루), 압맥(누른 보리), 귀리 등이 이용된다. 이들 원료를 세척하여 약 10시간 동안 물에 담그었다가 증기로 찐 후, 40℃로 냉각한 다음, 종국(*Asp. niger*)을 1~2% 살포하고 18~24시간 동안 보쌈하여 종국을 발아시킨다. 발아된 종국을 국상자에 담은 후 국의 품온을 30~37℃로 유지하면서 48~72시간 동안 증식시켜 출국(出麴)한다. 흑국은 황국(黃麴, *Asp. oryzae*)보다 고온경과를 하며 산생성이 높기 때문에 잡균의 오염과 증식을 억제한다.

2) 담금

담금은 2단 담금법으로 하며 1단 담금은 흑국에 120~150% 물을 첨가하고 25~30℃에서 3~5일 발효시킨다. 1단 담금은 주모 대용이 되므로 종효모(種酵母)나 종덧을 소량 첨가하면 안전하다. 숙성된 술덧에 1단 담금 원료의 2~3배에 달하는 원료를 첨가하여, 120~150% 물과 함께 넣고 25℃에서 담금하여 5~7일 발효시킨다.

3) 증류(distillation)

증류는 1176년 마지스타(Magister Salerus)의 저서에서 처음으로 아쿠아 아든(aqua arden, flamable water)으로 표기하였다. 알코올의 어원은 아랍어의 al kyhul에서 유래한 것으로, '곱고 건조한 가루' 라는 뜻이다. 그리고 증류를 뜻하는 스웨덴어 destilation은 라틴어의 destillare, 즉 낙수(落水)에서 유래한 말이다.

발효가 완료된 술덧을 끓이면 알코올과 일부의 물이 함께 증발되고, 대부분의 물과 효모 및 찌꺼기 성분들이 잔사(殘渣)로 남게 된다.

소렐(Sorel)의 연구에 따르면 10%의 알코올을 함유한 술덧을 증류하면 처음 응축되는 알코올의 농도는 51.0%(vol.)가 되며, 술덧의 알코올 농도가 5%일 때 증류된 부분의 알코올 농도는 35.8%이고, 술덧의 농도가 0%일 때 증류된 부분의 알코올 농도는 32.7%가 된다.

한편, 그뢰닝(Groening)에 따르면 알코올 10% 함유 술덧을 1차 증류하면 32.7%(vol.)의 증류분을 얻게 되고, 이 증류분을 2차 증류하면 58.3%의 증류분을 얻게 되며, 이것을 다시 3차로 증류하면 74.8%의 증류분을 얻게 되고, 재차 증류하면 83.2%, 그리고

5차 증류하면 87.3% 등으로 점차 알코올 함량은 높아진다. 그러나 거듭되는 증류에도 불구하고 알코올분 함량증가의 폭은 표 2-25에서 보는 바와 같이 커지지 않는다.

표 2-25 주정과 물의 혼합액 조성에 따른 비점과 증기의 주정함량

물과 알코올 혼합액(vol.%)	비등점(℃)	비등 증기의 알코올 함량(vol.%)
5	95.9	35.8
10	92.6	51.0
20	88.3	66.2
30	85.7	69.3
40	84.1	72.0
50	82.8	75.0
60	81.7	78.2
70	80.8	81.9
80	79.9	86.5
90	79.1	91.8

높은 농도의 알코올은, 수없이 반복되는 증류에 의해서 얻을 수 있다. 그러나 알코올의 물리적 성질, 즉 높은 흡습성 때문에 대기압 아래에서는 아무리 많이 증류해도 얻을 수 있는 최종 알코올 농도는 97.2%(vol.) 또는 95.57%(weight)이며, 이 농도에서의 비등점과 응축점은 모두 78.15℃가 된다. 그러므로 더 이상 가열하여 끓이더라도 농도는 높아지지 않으며, 99%의 알코올 용액을 증류하더라도 이때에 비등하는 증기의 농도는 이보다 오히려 낮아진다. 이 비등응축곡선의 교차점을 공비점(共沸點, azeotropic point)이라고 하며, 이 혼합액을 공비혼합물(共沸混合物, azeotropic mixture)이라고 한다.

4) 증류기

증류기는 단식 증류기와 연속식 증류기가 있으며, 이들은 모두 술덧의 알코올 성분을 가열·비등시켜, 알코올을 물에 용해되지 않는 고형물과 분리하고, 다시 증류분을 비등점의 차이(휘발성의 차이)를 이용하여 산과 고급 알코올, 알데히드, 에스테르 등을 분리·제거하여 순수한 주정으로 만든다.

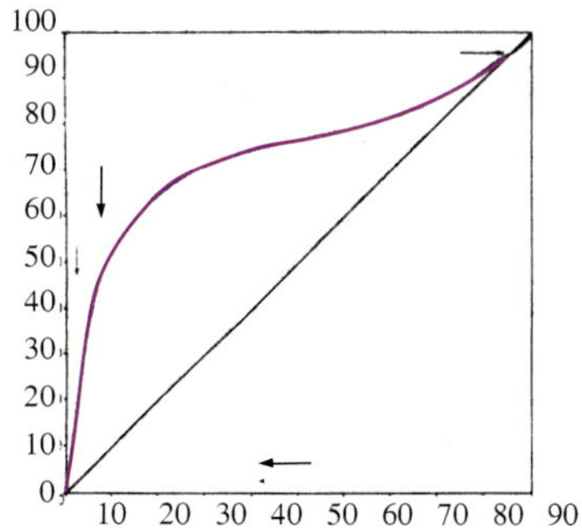

그림 2-44 비등응축곡선

① 단식 증류기(pot still)

증기취입식인 단식 증류기가 이용된다.

가열솥에 발효된 술덧을 넣고 증기를 취입한다. 이때에 휘발하여 상승하는 주정 증기가 증류탑에서 냉각수에 의하여 냉각 액화되어 유출된다.

증류시초의 유액 초류(初溜)에는 주정(酒精, sprite)과 알데히드, 에스테르 등이 많고, 마지막 유액 후류(後溜)에는 수분, 퓨젤유, 푸르푸랄(furfural)이 많다. 중간부분인 중류(中溜)의 주정이 가장 품질이 좋고 순수하다. 향미성분이 너무 강하거나 백탁이 있을 때는 탄소여과나 이온교환수지를 통과시켜 제거하거나 정제주정과 조합(blending)하여 제품화한다.

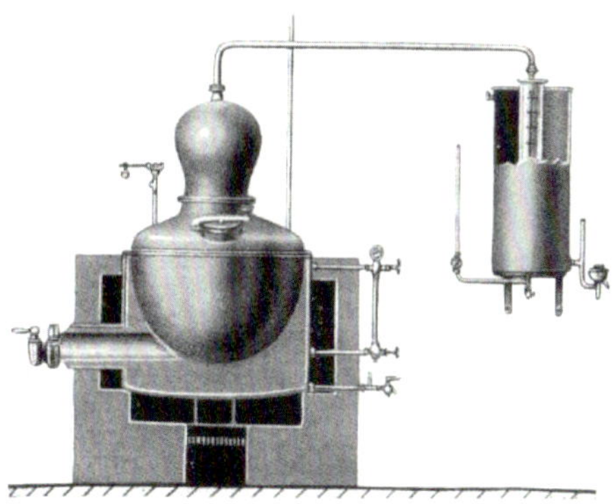

그림 2-45 증기취입식인 단식 증류기

Check Point

증류분의 성분

① 초류(初溜)

발효 중에 생성된 비등점이 낮고, 쉽게 휘발되는 휘발산(개미산, 초산), 알데히드, 에스테르 등이 주정과 섞여서 증류 초기에 비등되어 응축된 것을 초류라고 한다. 주정의 불순물로 취급된다.

② 주정(酒精, fine spirit)

순수한 물과 주정의 혼합물을 의미하나, 언제나 미량의 불순물이 섞여 있다.

③ 후류(後溜, fusel oil)

단식 증류의 마지막 부분에서 증류되는 비등점이 높은 성분들로, 물에는 기름과 같이 상부에서 모이며, 외관은 기름과 유사하게 보인다. 오일(oil)과 유사한 성질(종이에 오일과 같은 얼룩을 생성)과 외관으로 오일이라고 호칭되나 실제로는 기름이 아니다. 퓨젤유의 주성분은 대부분이 아밀알코올(amylalcohol) 및 부틸알코올(butylalcohol)이지만, 그 밖에도 각종 에스테르, 지방산 등이 함유되어 있다. 이들은 주정에서 악취성분으로 취급된다.

퓨젤유(fusel oil)의 생성이론

일반적으로 퓨젤유는 주정 중에 약 0.5% 함유되어 있다. 알코올 발효 중의 퓨젤유 생성이론은 여러 설이 있으나, 1905년에 에를리히(F. Ehrich, 1905)가 한 주장에 따르면 '효모의 물질대사 부산물로 생성된다.'라고 하였다. 아미노산의 분해과정에서 퓨젤유가 생성된다.

$$R-CH\cdot NH_2-COOH+H_2O \xrightarrow[\uparrow\ \text{효소}]{} R-CH_2-OH+NH_3+CO_2$$

즉, 암모니아를 효모가 질소원으로 이용하고, 퓨젤유가 잔유물로 남는다는 것이다.

반면, 주느부아(L. Genevois)와 라퐁(M. Lafon)은 1956년에 당으로부터 다음과 같이 퓨젤유가 생성된다고 주장하였다.

$$\text{포도당}\rightarrow R-CO-COOH+NH_2\rightarrow R-CO\cdot NH_2-COOH \xrightarrow[\uparrow\ \text{decarboxylase}]{} R-CHO+H_2\rightarrow R-CH_2-OH$$

그러나 근래에는 두 주장이 모두 옳다고 인정되고 있다.

퓨젤유의 생성기작은 사용하는 원료에 따라 다르게 나타난다. 아미노산과 단백질함량이 높은 고구마나 감자 같은 원료에서는 아미노산의 분해산물로부터 생성되고, 이들이 적게 함유된 원료로부터는 균체 자체의 아미노산과 당의 분해과정 중간 생성물로부터 생성된다고 보고되어 있다..

A. 술덧 증류탑 B. 주정농도 강화탑
C. 술덧 예열기 및 주정 응축기
D. 주정 냉각기 E. 주정 수용기
F. 증기 조절장치 G. 시료 냉각기

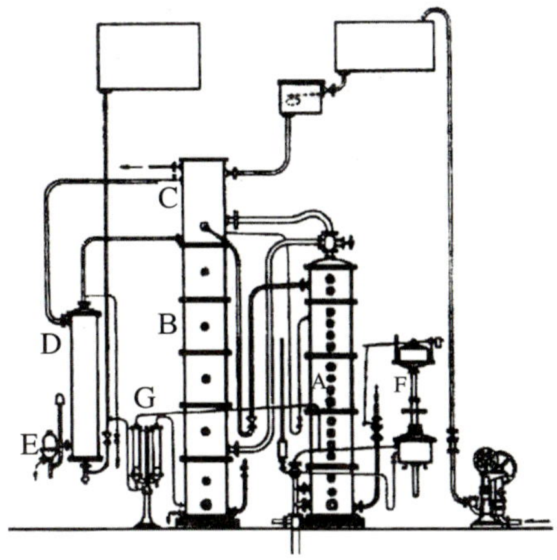

그림 2-45 증기취입식인 단식 증류기

② 연속식 증류기

연속식 증류기(continuous still)는 다량의 주정제조가 가능한 장치로, 증류 작업 부분은 ① 술덧과 주정의 분리 ② 초류분의 분리 ③ 퓨젤유의 분리 ④ 환류(還流, reflux)로 되어 있다.

연속식 증류기는 여러 개의 증류탑과 응축기로 조합되어 있으며, 여기에 가스 분리기와 퓨젤유 분리기가 부착되어 있다. 3~11개의 증류탑이 있으며, 각 탑의 주정 증기 출구에 2~3개의 응축기가 설비되어 있어서 각 응축기에서 응축된 주정은 다음 탑으로 옮겨지게 설치되었다. 이들 탑들은 ① 술덧과 증류잔사와 주정의 분리, ② 초류분의 분리 및 알데히드 등의 분리, ③ 후류의 분리, ④ 정류 등의 기능을 수행한다.

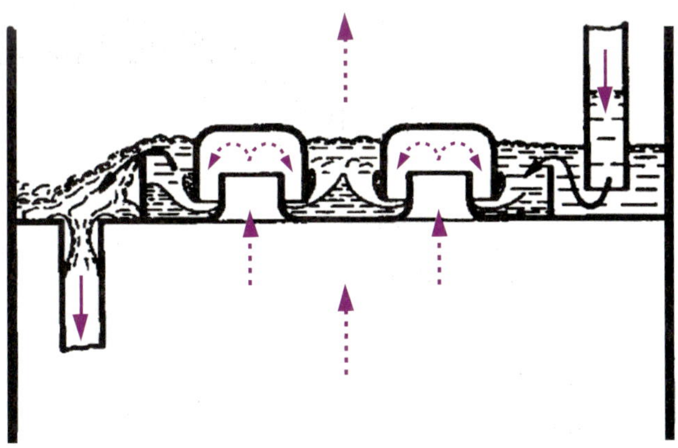

그림 2-46 증류 붕(棚)의 cup과 익류관(overflow pipe)

• 술덧 증류탑

술덧탑은 그림 2-45의 A와 같은 원통형으로 그 내부에 붕(棚, 시렁)이 있으며, 각 붕(plate, 최소 16~17개의 붕)에는 그림 2-46과 같이 알맞은 수의 증기 통기관이 있다. 각 통기관 위에 컵을 씌워 통기구를 통하여 상승하는 주정 증기가 바로 위로 나가지 못하게 한다. 각 붕에 액화되어 있는 술덧을 경유하여 상승하도록 하였으며, 가장자리에 익류관을 설치하여 하강하는 술덧이 붕에서 증발되고 폐액이 아랫단의 붕으로 계속 내려가게 하였다.

주박(酒粕)이 제거된 숙성된 술덧이 탑의 윗부분에서 아랫부분으로 흘러내리는 동안에 아래에서 올라오는 증기로 인하여 주정은 증발되어 주정농도가 낮아지며, 결국에는 주정분이 거의 없는 상태로 되어 폐액배출관을 통하여 폐수로 배출된다.

한편, 탑의 꼭대기에 모인 주정분을 함유한 증기는 탑 위의 응축기(그림 2-45의 C)에서 액체로 된 후에 다음 탑으로 들어가서, 다시 분별증류를 계속하여 불순물을 제거하게 된다.

• 응축기와 가스 분리기

응축기는 내부에 냉각용 동관을 수십 개 넣고 양쪽 끝에 관판을 붙인 열교환식의 냉각기이다. 대개 2~3개의 응축기를 직렬로 연결하여 각 응축기의 냉각수량을 조절함으로써 증기성분의 응축속도를 조절한다. 즉, 냉각수량이 많으면 비등점이 낮은 성분까지도 모두 응축되고, 냉각수의 양이 적으면 비등점이 높은 성분은 액체로 응축된다. 따라서 비등점이 낮은 성분은 기체상태 그대로 공기 중으로 휘발시킬 수 있다. 이러한 원리로 탄산가스 또는 알데히드 등의 저비점 성분을 분리한다.

• 정류탑

정류탑의 구조는 술덧 탑과 외형이 비슷하나, 시렁의 수가 훨씬 많아서 40~50단 정도이며, 술덧 탑에서 나오는 주정 증기를 농축하고 불순물을 좀 더 제거하는 역할을 한다. 즉, 탑 꼭대기에서 나오는 주정 증기를 농축하기 위하여 응축된 응축액 일부를 다시 정류탑으로 환원시켜 농축하게 되는데, 이를 '환류(還流)' 라고 하며, 이 환류량과 회수되는 주정의 비율을 환류비(還流比)라고 한다. 증류붕의 단수가 많을수록 환류비가 적어도 되며, 극단의 경우에 단수가 무한대이면 환류비는 0으로 되어 환류하지 않아도 된다. 환류비가 높을수록 열량과 냉각수가 많이 소모된다.

• 퓨젤유의 분리

숙성 술덧 중 퓨젤유의 생성량은 사용원료에 따라 그 양과 조성이 다르나, 대개는 0.3~0.6%이다. 원료에서 절간 고구마에 의한 술덧에는 아밀알코올류가 60%이고, 이소부틸알코올이 4.5% 정도이다. 당밀의 경우에는 아밀알코올이 고구마 원료에 비해 약간 적으며, 부틸알코올이 많다. 이 퓨젤유는 제품 중에 혼입되었을 때에 음용하면 숙취의 원인이 되므로 증류과정에서 제거되어야 한다. 아밀알코올은 정류탑의 밑부분이나 꼭대기에 모이지 않고, 주정농도가 42~43% 정도인 곳에 모이게 된다.

이 부분의 액을 연속적으로 탑 밖으로 유출시켜 퓨젤유 분리기에 분사하듯 혼합하면 물보다 비중이 가벼운 퓨젤유는 기름처럼 뜨게 되므로 이를 분리하고 남은 주정은 회수하여 재증류한다. 이때에 퓨젤유와 비중의 차를 크게 하기 위하여 물에 소금을 녹여서 분리효과를 높이기도 한다.

• 가수 증류(rectification)

알코올과 물의 혼합액에 여러 종류의 휘발성 불순물이 섞여 있을 때에 이들 불순물의 대부분은 알코올 농도가 낮을수록 휘발하기 쉽다. 이런 성질을 이용하여 가수(加水)증류를 하게 되는데, 가수량이 많아지면 열량이 많이 소모되어 많은 비용이 들기 때문에 보통 주정농도가 약 40%로 되도록 희석하여 정류한다.

(3) 희석식 소주

우리나라의 소주는 모두 희석식 소주로써 공업적으로는 연속식 증류기로 증류하여 생산한 주정을 물로 희석하여 제조한다. 주정을 활성탄(活性炭) 등으로 탈취한 뒤에 감미료, 유기산, 아미노산, 무기염 등을 첨가하여 맛과 향취를 개선하여 제품화 한다.

1) 탈취(脫臭)

입상(粒狀)활성탄과 분말활성탄을 사용하여 불순물과 이취(異臭)를 흡착시킨 후에 면여과기, 규조토 여과기, 마이크로필터 등을 사용하여 활성탄을 여과 제거한다.

과거에 품질이 좋지 않은 주정의 경우에 $KMnO_4$나 H_2O_2 등의 산화제를 사용하여 산화·탈취시키기도 하였으나, 기술상 매우 조심하지 않으면 Mn^{2+}의 잔류 위험이 있었다. 그러나 근래에는 활성탄과 고성능의 여과기 및 이온교환수지 등으로 손쉽게 탈취·정제할 수 있다.

2) 제품화

소비자의 기호에 맞게 조미하기 위해 설탕, 포도당, 과당, 천연감미료 등이 이용된다. 그리고 산미제로는 구연산 또는 호박산 등이 사용된다. 향미와 충만감(mouthfull-ness, vollmundigkeit)을 위하여 글리세린, 소르비톨과 아미노산인 글리세린이나 MSG 등을 첨가하고, 맛의 조화를 위하여 소금을 첨가하기도 한다.

2. 외국의 증류주

나라에 따라 고유의 증류주들이 있으며, 증류주를 발효원료에 따라 구분하기도 한다. 곡류나 전분을 원료로 한 위스키, 과실류를 원료로 제조한 브랜디, 그 밖에 당밀을 사용한 럼, 방향성 식물의 정유성분을 부여한 진 등 그 종류는 매우 다양하다. 많이 알려진 몇 가지 증류주를 소개하면 다음과 같다.

(1) 위스키(Whiskey)

곡류전분을 원료로 하여 만든 증류주로, 생산지에 따라 스카치 위스키(Scotch whis-ky), 아이리시 위스키(Irish whisky), 아메리칸 위스키(American whisky), 캐나디안 위스키(Canadian whisky) 등으로 불리고 있다.

맥아를 원료로 만든 위스키를 몰트 위스키(malt whisky)라고 하며, 옥수수 또는 연맥(燕麥, 귀리)을 사용하여 만든 것을 그레인 위스키(grain whisky)라고 한다.

① 스카치 위스키(Scotch whisky)

원료대맥은 이조맥(Gold melon)을 사용하는데, 맥주를 양조할 때와 유사하게 맥아로 제조하며, 녹맥아를 건조할 때에 이탄(泥炭)을 태워서 생긴 독특한 연기 냄새를 열풍과 함께 혼합 송풍하여 특유의 향기를 부여한다.

제조된 맥아를 분쇄하여 맥아의 약 4~5배의 온수를 가하면서 침출법(infusion법)으로 당화하여 농도를 15~20° 볼링(Balling)으로 한다. 효모는 상면발효맥주효모(*Sacch. cerevisiae*)를 사용하며, 발효온도는 30℃로 3~4일 동안 발효시킨다. 발효가 종료되면 단식증류기(pot still)로 증류한다. 알코올 전부를 회수하도록 증류한 것을 조류액(組溜液, low wine)이라고 하며, 알코올 농도는 18~24% 정도이다. 이것을 단식 증류기로 재증류하며, 이때에 초류분의 제거가 중요한데, 제품의 향미에 크게 영향을 주기 때문이다.

초기의 유출분(초류분)은 알데히드류 등으로 자극성이 강한 성분을 많이 함유하기 때문에 일정량을 초류분으로 제하고, 그 이후의 것을 위스키용(wine spirits)으로 한다. 위스키용 유출분의 알코올 농도는 60~70%로 하는데 50% 이하가 되면 휘발성분은 거의 유출이 끝나서 유액의 불쾌한 성분이 혼입되므로 이후의 유액은 초류액과 함께 차기 증류 때에 합하여 다시 증류한다.

위스키는 보통 떡갈나무(white oak) 통에서 2~8년 동안 저장한다. 이것을 숙성(熟成, aging)이라고 하며, 이 시기에 위스키 특유의 향미가 생성되고 맛이 원숙하게 된다. 또 나무로부터 용출된 성분에 의하여 갈색 내지 황금빛 색깔이 된다.

일반적으로 증류주는 통에서 장기 저장되면 향미가 좋아지는데, 몰트 위스키는 최저 3년 동안의 저장숙성이 필요하다.

저장된 위스키는 그레인 위스키와 혼합하기도 한다. 이것을 조합(組合, blending)이라고 하며, 조합된 위스키를 블랜디드 위스키라고 한다.

② 그레인 위스키(Grain whisky)

옥수수나 귀리 등을 원료로 사용하며, 당화를 위하여 맥아를 사용하는데, 맥아 사용량은 모든 원료 곡류의 10~20% 정도이다. 발효는 3~5일 동안 시키며 발효액의 알코올 함량은 약 5~7%이고, 증류는 2탑식 연속 증류기를 사용하여 증류한다. 이러한 증류기를 패튼트 스틸(patent still)이라고 하며, 알코올 함량이 85~95%의 증류분을 생산한다. 증류분은 곡류 특유의 향미를 나타낸다.

이때에 얻은 위스키를 역시 통에서 약 2년 정도 숙성시키는데, 몰트 위스키보다 숙성이 빠르다. 저장 전의 그레인 위스키는 보드카나 진의 원료로도 사용된다.

그림 2-47 위스키 저장창고

(2) 보드카(Vodka)

보드카는 거의 무색·무미·무취이므로 어떤 술과도 잘 조화되어 칵테일용으로 널리 이용된다. 보드카는 구소련을 중심으로 발달하였으며 오늘날에는 동유럽이나 미국 등지에서 대량 생산되고 있다.

보드카는 40% 정도로 희석한 그레인 위스키를 백엽목탄층(白樺木炭層)에서 완만한 속도로 통과시켜 제조한다. 목탄층의 수와 접촉시간이 제품의 품질에 크게 영향을 주며, 일반적으로 양질의 보드카는 접촉시간이 길다.

보드카는 순하고 감미로운 특유의 향미가 있는 술로, 때로는 소량의 설탕과 염류를 가하여 풍미를 부여하는 경우도 있다.

(3) 진(Gin)

진은 증류 직후의 그레인 위스키와 이것을 재증류하거나 거의 순수한 중성 알코올에 두송실(杜松實, juniper berry, *Juniperus communis*) 등의 향기성분을 가하여 제조한다. 진의 향미는 산화 혹은 다른 변화에 의하여 변하기 쉽기 때문에 통저장을 하지 않고 병포장을 하여 출하한다.

진의 제조공정은 60%의 알코올액을 증류기에 넣고 두송실이나 고수풀(coriander, *Coriandrum sativum*) 등의 향료식물을 절단하여 첨가하고 증류한다. 증류된 유액은 gin 특유의 향미를 갖는다. 유액 중 초류와 후류를 제하고 중류(fine spirits)분에 물을 가하여 37~50%의 알코올액으로 하여 병포장하여 출하한다.

(4) 럼(Rum)

서인도 여러 섬, 자메이카(Jamaica), 푸에르토리코, 미국, 쿠바 등지에서 대량 생산된다. 럼은 당밀 혹은 제당 후의 부산물인 폐당밀을 발효 및 증류하여 만든 술로 통에 저장한다.

제조방법은 다양하여 야생효모를 사용하는 경우와 순수배양효모를 사용하는 경우(현대적 생산시설)가 있고, 증류방법도 단식 증류기를 비롯한 구식 방법에서부터 개량된 형까지 다양하며, 증류액도 50~97%에 가까운 것 등으로 다양하다. 우량품은 3년 이상 오크 통에 저장되는데 통으로부터의 유출물질로 인해 착색 및 향미가 개선된다.

럼 제조에 관여하는 미생물은 *Saccharomyces, Schizosaccharomyces, Bacillus butyricus, B. amylobacters*, 초산균 등이다. 세균류는 초산과 낙산을 생성하고, 이것이 발효와 증류 중에 알코올과 결합하여 방향성 에스테르를 생성한다.

증류는 증기 또는 직화로 가열한 단식 증류기를 사용하여 2회 증류한다. 삼엽초의 잎, 아카시아의 껍질, 파인애플 등을 가하여 향을 부여하기도 한다. 오크 통에 담아서 3년 이상을 저장하고 조합하여 출하한다.

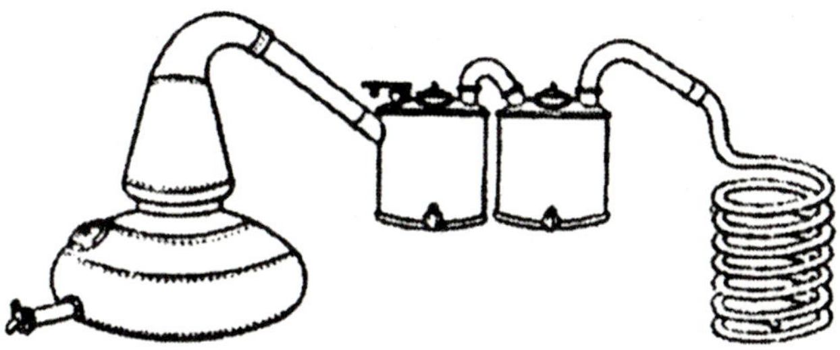

그림 2-48 자메이카의 럼-증류기

(5) 브랜디(Brandy)

브랜디는 양조한 과실주를 증류하여 만든 증류주로, 과실 원료명을 붙여서 그레이프 브랜디나 체리 브랜디 등으로 부르는데, 일반적으로 브랜디라고 하면 포도주 브랜디를 말한다. 브랜디를 생산하는 나라로는 독일, 미국, 러시아 외에도 여러 나라가 있다. 그 중에서도 가장 우수한 브랜디 생산국은 프랑스이며, 코냑(cognac)과 아르마냑(armagnac)이 유명하다. 브랜디의 품질 역시 포도주의 경우와 같이 원료 포도의 품질에 따라 좌우된다. 브랜디 제조용으로는 과즙은 산도가 높고 그리 많지 않은 18~19%의 당분을 지닌 과즙이 좋다.

증류기는 단식(pot still)과 연속식(continuous still)이 있는데, 아직도 우량한 브랜디 제조에는 단식 증류기가 사용되고 있다(그림 2-49 참조).

포도주를 증류하여 24~30%의 조유액(粗溜液)을 얻어서 이를 다시 재증류한다. 재증류는 위스키의 경우와 마찬가지로, 소량의 초류액은 버리고 중류액은 알코올 65~70%가 되게 채취하며, 후류액은 초류액과 함께 1차 증류에 다시 합류시켜 증류한다.

재증류액을 200~400L용 오크 통 속에서 저장한다. 저장기간은 위스키와 같아서 5년 정도면 제품화할 수 있으나, 수십 년 동안 저장과 숙성을 시키는 제품도 있다.

브랜디는 일반적으로 스트레이트(straight)에 의해 그 향미를 즐기며 음용되고 있으나, 칵테일용으로도 많이 소비되고 있다.

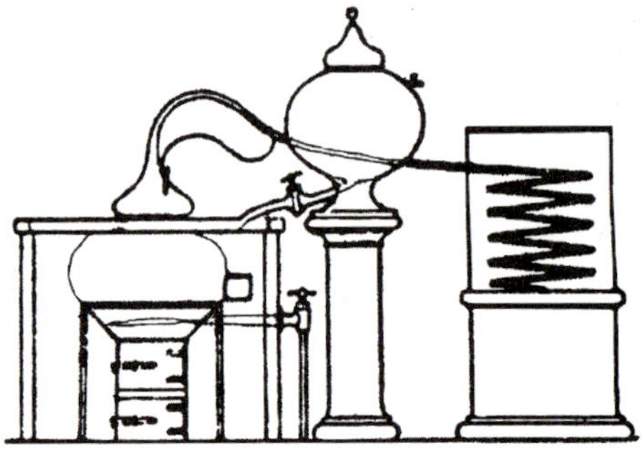

그림 2-49 코냑 증류기

그림 2-50 코냑 증류공장

(6) 기타 브랜디

포도 이외의 과실로 만든 브랜디로는 사과로 만든 애플 브랜디, 건포도로 만든 플럼 브랜디, 버찌로 만든 체리 브랜디 등이 있다.

[핵심문제 정리]

1. 주류 종류를 제조과정에 따라 분류하라.

2. 포도주의 종류와 제조과정을 정리하라.

3. 맥주의 종류와 제조과정을 정리하라.

4. 약·탁주의 종류와 제조과정을 정리하라.

5. 청주의 제국 방법과 제조과정을 정리하라.

6. 증류주의 종류와 제조과정을 정리하라.

Chapter 3. 장 류

1. 장류란
2. 된장
3. 고추장
4. 청국장
5. 간장

Chapter 3

장류(醬類)

학습 목표

- 장류의 정의와 종류를 숙지한다.
- 재래식 된장과 개량식 된장의 종류와 제법을 이해한다.
- 전통 고추장의 발효와 제법을 숙지한다.
- 청국장의 제법과 특성을 이해한다.
- 재래식 간장의 발효제법과 개량식 간장의 제법을 이해한다.

1. 장류란

우리나라의 장류는 된장, 간장, 고추장과 더불어 중요한 발효식품이다. 이들의 공통점은 콩을 주원료로 사용한다는 점이다. 익힌 콩은 메주로 만들어지고 여기에 각종 미생물들이 생육하며, 이들이 각종 분해효소를 분비하여 콩의 성분들을 분해한다. 콩의 탄수화물은 각종 당과 유기산·휘발산·알코올·에스테르 등으로 분해되고, 또 단백질은 단백질 분해효소들에 의해 여러 성분으로 분해되어 장류가 담그어지면 이들 성분들에 의해 숙성과 더불어 특유의 독특한 맛과 향기를 지니게 된다.

1. 단백질의 분해

단백질 분해는 단백질 분해효소에 의하여 생체내외에서 이뤄지고 있다. 순수하게 분리된 단백질은 염류의 존재와 관계없이 세균에 의하여 잘 분해되지 않는다. 그러나 곰팡이는 세균보다 생단백질(native protein)의 분해력이 강하다. 특히, *Aspergillus oryzae*는 그 대표적인 미생물이다.

세균의 단백분해효소는 당류의 첨가로 그 생성이 저해되는 경우가 있으나, 곰팡이에서는 반대로 당류의 존재가 자극되어 단백질효소를 더 많이 생성한다.

단백질 분해효소를 분류하면 표 3-1과 같다.

펩티다아제(peptidase)는 유리의 α-아미노기 또는 α-카복실기를 가진 펩티드에 작용하고 최외측의 펩티드사슬을 절단하여 아미노산을 생성한다. 또한, 유리의 카르복실기에 가까운 펩티드사슬을 절단하는 카르복시펩티다아제(carboxypeptidase)와 유리의 아미노기에 가까운 펩티드사슬을 절단하는 아미노펩티다아제(aminopeptidase)가 있다.

미생물의 세포막을 통과할 수 없는 큰 단백분자는 배지로 분비되는 단백분해효소로 소화되지만, 이러한 능력을 가진 미생물은 그리 많지 않다.

단백분해효소의 분비력은 미생물의 종류에 따라 다르며, 곰팡이의 경우 *Aspergillus, Penicillium*, 그 중에서도 *A. oryzae, A. niger* 등은 단백분해효소의 분비력이 크다.

표 3-1 단백질 분해효소

명 칭 / 단백질 분해효소	기질에 의한 구분명칭	작용점에 의한 구분명칭	종 류
proteinase (단백질가수분해효소)	peptidase	exopeptidase	aminopeptidase carboxypeptidase dipeptidase dipeptidyl aminopeptidase dipeptidyl carboxypeptidase 기 타
	proteinase	endopeptidase	serine proteinase thiol proteinase(cysteine proteinase) acid proteinase(carboxy proteinase) aspartic proteinase metalloproteinase

2. 아미노산, 펩타이드, 단백질의 맛

아미노산, 펩티드 그리고 단백질들은 식품의 가장 중요한 성분의 하나로서 식품의 화학적·물리적 성질이나 그 영양가에 중요한 공헌을 할 뿐만 아니라, 이를 함유하고 있는 식품의 맛에도 직접적인 영향을 준다.

(1) 아미노산의 맛

식품의 성분으로 존재하는 아미노산들과 기타의 일부 아미노산들은 그 맛에 따라 대체로 다섯 개의 그룹으로 분류할 수 있다.

① **제1그룹** : 전혀 맛이 없거나 거의 맛이 없는 아미노산들로, D-알라닌, D,L-아르기닌, D,L-아스파르트산, D-글루탐산, L-히스티딘, D,L-이소류신, D,L-리신, D,L-프롤린, D,L-세린, D,L-트레오닌, D,L-발린 등이 있다.

② **제2그룹** : 단맛을 가진 아미노산들로, 단맛이 강한 순서대로 나열하면 다음과 같다. D-트립토판, D-히스티딘, D-페닐알라닌, D-트리오신(D-tyrosine), D-류신, L-알라닌, 글리신 등이다.

③ **제3그룹** : 쓴맛을 가진 아미노산들로, 쓴맛이 강한 순서대로 나열하면 다음과 같다. L-트립토판, L-페닐알라닌, L-티로신, L-류신 등이다.

④ **제4그룹** : 유화물과 비슷한 맛(sulfurous taste)을 가진 아미노산들로, D,L-시스테인(D,L-cysteine), D,L-메티오닌(D,L-methionine) 등이 있다.

⑤ **제5그룹** : 아미노산 자체로는 별로 뚜렷한 맛을 갖고 있지 않으나, 함께 존재함으로써 다른 물질들의 맛을 변화(flavor modifier)시키거나 강화(flavor intensifier)시켜 주는 성질을 가진 아미노산들이다. 이 그룹에 속하는 아미노산으로는 L-글루탐산이 있다. 그 밖에 트리콜롬산(tricholomic acid), 이보텐산(ibotenic acid)들도 글루탐산과 비슷한 작용을 하는 것으로 알려져 있다.

(2) 펩티드의 맛

펩타이드는 그 종류도 많을 뿐만 아니라 각각의 맛에 대해서도 자세히 연구되어 있지 않은 편이나, 기리무라 연구진(Kirimura, J., et.al., 1969)은 펩타이드의 맛에 대하여 신맛을 가진 그룹, 쓴맛을 가진 그룹, 아무 맛이 없거나 거의 맛이 없는 그룹 등으로 구별하였다.

(3) 단백질의 맛

단백질은 일반적으로 무미(無味, tastesless)하며, 직접적으로 맛에 영향을 주지는 않는다. 그러나 촉감이나 기타의 비슷한 효과(tactile and simmilar effects)를 주며, 일부 단백질들은 수렴성(astringency)을 준다.

3. L-글루탐산 나트륨 (monosodium L-glutamate, MSG)

1908년에 이케다(Ikeda, K)가 다시마로부터 열수(hot water)로 추출하였고, 이것이 다시마 맛의 주성분이라는 것이 밝혀졌다. 또한, 각종 조리식품의 맛을 증진시킨다는 사실이 알려지게 되어 식품첨가물로 많이 사용하게 되었다.

L-글루탐산나트륨(MSG)은 밀이나 옥수수 등의 단백질을 가수분해하여 글루탐산을 유리한 후에 탄산소다로부터 부분적으로 중화시켜서 만들어 왔다.

예를 들면, 밀의 글루텐을 가수분해하여 MSG를 만들어 사용하였다. 그러나 근래에는 발효법으로 만들고 있으며, 발효균주로는 *Brevibacterium lactofermentum, Brev. roseum, Brev. saccharolyticum, Brev. flavum, Brev. megatherium var. liquefaciens* 등을 이용한다. 발효원료로는 포도당을 사용하여 전환율(conversion ratio) 35~45% 정도로 MSG를 생산한다.

MSG는 그 자체로는 특별한 맛을 가지고 있지 않으나, 야채나 육류 같은 식품에 소량을 첨가할 때에 식품의 맛을 강화시켜 주는 역할을 하는 미각 강화제(flavor intensifier)의 작용을 한다.

필그림(Pilgrim, F.J.) 등에 의하면 MSG는 쓴맛과 짠맛에 대한 미각의 예민도(taste accuity)를 증가시켰으나, 단맛과 신맛에 대해서는 큰 영향이 없었다고 하였다.

여러 연구결과에 따르면 MSG 자체는 상쾌한 단맛과 짠맛을 가지고 있으나, 그 중요한 작용은 식품 중의 일부 향미를 증진시키고, 나쁜 향미를 억제하여 주는 것으로 알려져 있다.

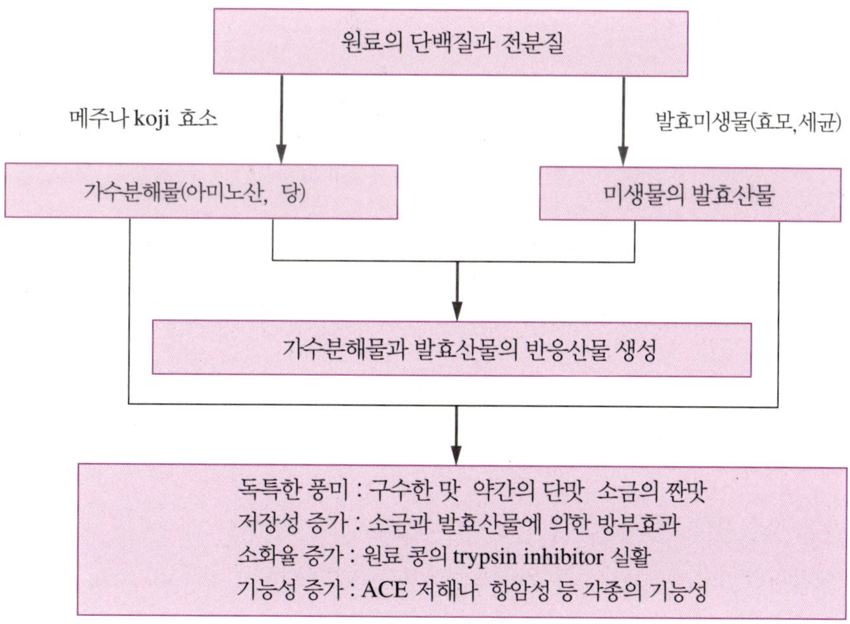

그림 3-1 장류의 특성

2. 된장

된장의 종류에는 재래식 된장과 개량식 된장이 있는데, 재래식 된장은 예부터 각 가정에서 메주로 만드는 재래식 간장의 찌꺼기를 말하며, 개량식 된장은 근래에 공장에서 대량 생산되는 된장을 말한다. 개량식 된장에도 전분질 원료에 따라 쌀된장, 밀된장, 보리된장, 콩된장 등 여러 종류가 있다.

1. 재래식 된장

재래식 된장(조선된장)은 조선간장의 부산물인 막된장과 메주를 이용해서 간장과 관계없이 별도로 만든 토장으로 구별되며, 그 밖에도 속성으로 만드는 막장·청국장을 가공한 담북장·수분이 많은 즙장 등이 있다.

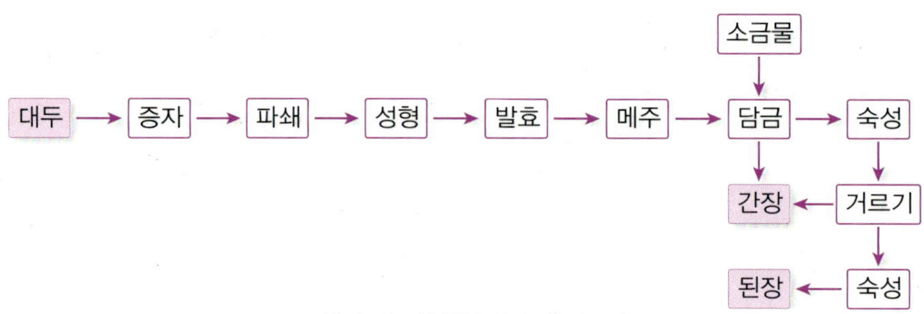

그림 3-2 한식된장의 제조공정

(1) 막된장

옛날에는 간장과 된장의 구별이 없이 걸쭉하게 담그어서 용수를 넣은 다음, 그 속에 고인 즙액을 간장으로 이용하고, 찌꺼기는 된장으로 이용했을 것으로 짐작된다.

(2) 토장

토장은 막된장에 메주와 염수(鹽水)를 혼합하여 숙성했거나 메주만으로 담그고 상온에서 장기간(2~3개월) 숙성시킨 된장으로, 그 원료비율은 표 3-2와 같다.

표 3-2 토장담금의 원료비율(단위 : kg)

원 료	수 량		원 료	수 량	
	예 1	예 2		예 1	예 2
막 된 장	10	–	소 금	1.3	3
원료가루	5	10	물	4	10

(3) 막장

막장은 일종의 속성된장으로 조선시대에 된장 대용으로 쓰이던 것이 시초로 보인다. 고문헌 「증보산림경제(增補山林經濟, 1760년)」에 염수장(炎水醬)에 대한 설명으로 "추동간(秋冬間)에 메주를 만들어서 초봄에 메주를 부숴 햇볕에서 6~7일 숙성시켰다가 햇 채소와 함께 먹으면 맛이 새롭다."라고 하였다. 이것이 오늘날의 막장의 원류로 추정된다.

현재의 막장제법을 보면, 보리를 곱게 분쇄한 다음, 여기에 엿기름물을 타서 죽을 쑨다. 그리고 고춧가루(또는 고추씨가루)와 소금 및 메줏가루를 혼합해서 더운 곳에 30~40일 동안 두는 순서로 진행된다.

막장의 담금 원료비율의 한 예는 표 3-3과 같다.

표 3-3 막장의 원료비율(단위 : kg)

원 료	수 량	원 료	수 량
메줏가루	2	보릿가루	0.6
고추씨가루	0.3	소금, 엿기름	0.4

(4) 즙장(汁醬)

「증보산림경제」에 기재되어 있는 즙장용 메주는 콩과 밀기울을 섞어서 만드는 것으로, 메주가 콩을 단일원료로 쓰는 점과 다르다.

콩과 밀기울의 비율은 1 : 2 또는 1 : 3이고, 이렇게 배합해서 만든 메주를 잘 말려서 사용할 때에는 분말화한다.

즙장을 담그는 방법은 여러 가지가 있는데 한 가지 예를 보면 즙장용 메줏가루에 소금과 물(염농도 약 3%), 그리고 무, 고추, 가지, 오이, 배추잎 등의 채소를 썰어 넣고 걸쭉하게 담아서 뚜껑을 덮고 햇볕에서 발효시킨다.

즙장은 주로 여름철에 식용하는데, 약간의 산미(酸味)가 있어서 새콤하고 감칠맛이 있다.

(5) 담북장

담북장은 청국장에 무채나 생강을 넣고 숙성시킨 장으로, 일종의 청국장 가공품이다.

(6) 쌈장

쌈장이라고 함은 상추쌈이나 배추쌈에 쓰이는 일종의 가공된장으로, 원래는 각 가정에서 자가제조하였고, 식용시기는 주로 날채소가 많은 하절기였다. 그러나 현재에는 사시사철 날채소가 공급되어 식용빈도가 많아지며 쌈장이 상품화되어 공장에서 제조되고 있다.

쌈장 제조의 주원료는 된장과 고추장이고, 기타 다진 마늘·참기름·참깨·다진 파·설탕·풋고추·다진 소고기 볶음 등이며, 기호에 따라서 적당량을 혼합하여 쌈장으로 하고 있다. 상업적 쌈장의 배합 예는, 표 3-4와 같다.

표 3-4 쌈장 배합의 예(단위 : %)

재 료	배 합	재 료	배 합
쌀고추장	30.0	설 탕	1.0
콩 된 장	63.8	물 엿	4.5
MSG	0.2	조미마늘가루*	0.5

*전분 75%, 농축마늘 15%, 식염 10%의 혼합물

2. 개량식 된장

된장의 주원료는 콩과 전분질 원료로 대별되고, 전분질 원료로는 쌀·보리쌀·밀쌀 등이 주로 사용된다. 때로는 소맥분, 옥수수, 감자 등이 이용될 수 있다.

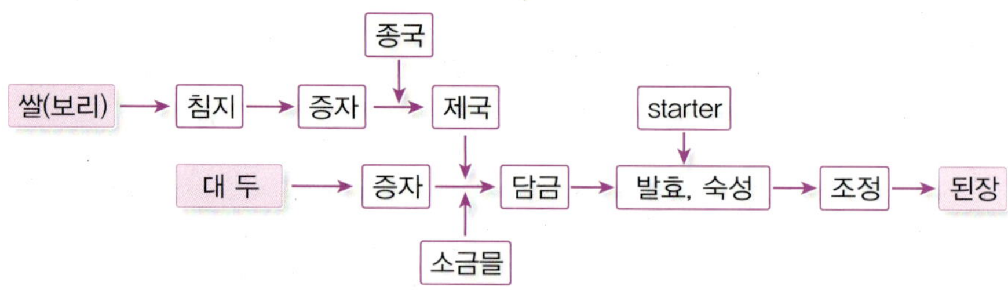

그림 3-3 개량식 된장의 제조공정

(1) 원료 및 원료의 처리

1) 대두

우리나라 대두의 연간 총 생산량은 약 90,700톤(통계청, 2016년)이며, 주로 장류제조에 이용되고 있고, 국내 생산량만으로는 수요를 채우지 못해서 연간 수입량이 15억 달러 이상이다. 그러나 대두의 생산량은 점차 줄어들고 있는 실정이다.

① 탈지(脫脂)대두

대두의 유지성분을 압착법이나 유기용제(有機溶劑)에 의하여 추출하고 남은 박을 탈지대두라고 한다. 용제에 의한 유지 추출 후, 대두는 용제를 회수하기 위하여 가열하는데, 이때 가열온도는 대두단백질의 성상에 영향을 주게 된다. 가열온도가 높을 때 단백질이 열변성을 일으켜서 수용성 질소량은 감소하고 불용성 질소량이 증가하게 된다.

탈지대두의 일반성분은 표 3-5와 같다.

표 3-5 탈지대두의 일반성분(%)

수분	단백질	당질	지방	섬유	회분	mg/%			
						Ca	P	Fe	Na
8.0	49.0	33.6	0.4	3.0	6.0	220	500	8.4	3

② 대두의 처리

대두 중에는 이물질인 토사나 먼지 등이 들어 있는 경우가 많기 때문에 정선을 하게 된다. 대규모 공장에서는 정선기를 이용하나, 소규모 공장에서는 물로 씻고 일어서 이물질을 가려낸다.

- 대두의 침지

대두의 침지와 흡수율은 대두의 품온, 수온, 신고(新古)에 따라 차이가 있다. 대두의 흡수속도는 포화함수율과 함수율의 차에 비례하고, 함수율은 흡수시간과 온도의 영향을 받으며, 대두의 침지 정도는 함수율 150%(흡수율 115%)로 하는 것이 적당하다.

침지는 대체로 여름철에는 6시간, 봄·가을에는 8~12시간, 겨울철에는 18시간 내외가 적당하다.

50℃ 이상의 고온의 경우에는 성분의 용실량(溶失量)이 많아지기 때문에 가급적 피해야 한다. 또한, 용실량은 용수의 경도(硬度)에 따라 다르며 경수인 경우에는 용실량이 많아진다.

- 대두의 증자

대두 증자의 목적은 국균(koji균)의 프로테아제에 의한 대두 단백질의 분해를 용이하게 하는 데 있으며, 증자조건은 질소이용률과 밀접한 관계가 있다. 압력이 높아짐에 따라 이용률이 나빠지고, 수용성 질소가 감소하여 단백질변성을 일으키며, 또 압력의 증가에 따라 자즙액(煮汁液)은 증가하고 탄수화물은 감소한다.

2) 탈지대두의 처리

① 살수(撒水)

탈지대두는 다량의 물에 침지하면 성분이 다량 용출되어 손실이 많으므로 필요량만큼만 흡수시켜야 한다. 살수량은 원료중량에 대하여 120~130%가 적당하다.

탈지대두의 중량에 비하여 살수량이 많으면 전 질소와 아미노질소의 이용률은 좋으나, 탄수화물의 이용률은 저하된다. 또한, 살수량이 많으면 제국을 할 때에 세포증식의 원인이 되므로 130% 이상의 살수는 좋지 않다.

② 탈지대두의 증자

탈지대두의 증자 역시 대두와 마찬가지로 가압증자법이 이용되고 있다. 증자조건은 원료의 상태, 관의 크기, 계절 등에 따라 다소 차이가 있다. 일반적으로 10~15lb(pound)를 1~2시간의 범위 내에서 행한다.

(2) 쌀과 보리쌀의 처리

1) 쌀과 보리쌀의 정백 및 세척

된장용 쌀의 정백 정도가 된장의 품질에 미치는 영향은 현저하지 않다. 일반적으로 장기 숙성의 붉은 된장은 2~5분 동안 도감(搗減)한 조정백(粗精白)이 좋고, 백된장과 같이 담백색의 된장은 1할 내외의 정백을 필요로 한다. 또한, 소맥 등은 조정백하고 도감은 10~30%이다.

2) 쌀과 보리쌀의 세척

직접 식료로 하는 것이기 때문에 토사를 완벽하게 제거하여야 한다.

3) 쌀과 보리쌀의 침지

① 쌀의 침지

쌀의 흡수도는 쌀의 연질상태·정백도·수온에 따라 결정되고, 그 값이 높을수록 흡수속도가 빨라진다. 그러나 보통의 경우에는 어느 정도 물을 흡수하면, 침지를 계속해도 수분흡수량이 변화하지 않으므로 시간의 장단은 더는 영향을 미치지 않는다. 침지하는 동안 수분흡수에 의한 쌀의 중량은 약 25% 증가한다.

② 보리쌀의 침지

보리쌀의 침지시간은 보리쌀의 품질, 정백도, 수온 등에 따라 다르며 특히 수온의 영향이 크다. 침지 정도는 맥립(麥粒)을 쪼개 보아서 맥립 중심부까지 물이 흡수되었을 때에 곧바로 물을 빼면 적당하다.

침지시간과 수온의 관계는 표 3-6과 같다.

표 3-6 탈침지시간과 수온과의 관계

침지온도 (℃)	침지시간 (시간)
10 이하	4~6
15	3~4
17~18	2~3
20~23	1~2
23 이상	40분 내외

4) 쌀과 보리쌀의 증숙(蒸熟)

침지에 의해 적당한 수분을 흡수한 쌀 또는 보리쌀은 물을 뺀 후 바닥에 목면포(木棉布) 또는 마포(麻布)를 깐 증숙통에 넣고 증숙한다.

통에 넣을 때는 쌀이나 보리쌀을 될 수 있는 한 엉성하게 넣어서 증기가 위로 잘 올라가게 하여야 한다. 증숙시간은 쌀인 경우에 증기가 쌀의 상면에 올라온 후부터 1~1.5시간이고 보리쌀인 경우에는 40~60분이면 충분하다. 증숙에 의하여 쌀의 중량은 원료미 중량의 약 1.7배로 증가된다.

(3) 제국(製麴)

콩된장을 제외한 일반 된장 양조에 있어서는 전분질 원료, 즉 쌀·보리쌀·정조맥 등을 제국 원료로 하고, 콩은 수세(水洗)·침지·증숙한 다음, 전분질로 만든 국(麴)과 함께 혼합 마쇄하여 발효시키는 것이 보통이다. 따라서 간장 제국과는 달리 미국(米麴) 또는 맥국(麥麴)을 만들게 된다.

종국은 일반적으로 *Asp. oryzae*의 장모균(長毛菌)을 순수하게 번식시킨 것을 사용한다.

1) 제국법

① 미국(米麴)의 제법

- **증미의 냉각과 종국의 혼합** : 찐쌀을 방랭하여 35℃ 전후로 냉각되었을 때, 원료 1가마니에 대하여 종국(황국균, *Asp. oryzae*) 70~80g의 비율로 골고루 살포하여 균이 찐쌀에 잘 부착되도록 비벼 준다.
- **재우기**(보쌈) : 쌀의 품온이 35℃ 전후가 되면 이것을 국실로 옮겨서 국실 내의 상위에 퇴적하고, 마대나 포대 등으로 덮어서 보온한다. 이때부터 곰팡이는 번식하기 시작한다.
- **뒤지기** : 퇴적 후 12~14시간이 되면 국균의 발육이 왕성하여 품온이 상승하게 되므로 온도조절, 생성된 CO_2의 방출, 산소의 공급과 고른 증식을 위하여 덩어리를 잘 부순 후에 전과 같이 다시 퇴적한다.
- **담기** : 뒤지기를 실시한 후에 3~5시간이 지나면 품온이 32~33℃ 가량이 되고, 쌀 표면에 흰 반점이 생기게 된다. 이때 다시 덩어리들을 잘 부수어 1.8~2.5L씩 국상자에 담는다. 국상자의 크기는 보통 길이 50cm, 폭 20cm, 깊이 4.6cm이다. 담는 양은 계절에 따라 가감되며, 겨울철에 약간 많이 담는다.
- **헤치기와 갈아쌓기** : 헤치기를 통하여 품온의 과격한 상승을 방지하고, 수분의 균일화를 꾀하며, 생성된 탄산가스를 제거하고 신선한 공기를 공급함으로써 국균의 번식을 촉진한다. 상자쌓기는 국상자가 상하 양측으로 되도록 서로 엇갈리게 쌓고, 다시 3~6시간이 경과하면 품온이 상승하여 40~42℃에 이르므로 다시 손으로 덩어리들을 부수고 상자에 고루 펴서 손질을 한 후에 이번에는 벽돌쌓기 식으로 쌓아 둔다.

- **출국** : 갈아쌓기 한 후 다음날 아침, 즉 3일째에 출국한다. 순조로운 제국이 진행되면 백색의 균사가 고루 덮이고, 약간의 황색포자가 발생하여 나오기 시작한다. 우수한 코지(koji)는 균이 충분히 번식하여 백색의 균사가 미립(米粒) 내부에까지 파고 들어가서 국을 손으로 쥐었을 때에 탄력이 있고 국 특유의 달콤한 냄새와 방향을 지닌다. 특히 고미·산미·산취 등의 불쾌취나 불쾌미가 없다.

② 맥국(麥麴)

일반적으로 보리쌀에서 국균의 증식은 쌀에서보다 빠르므로 맥국의 제조 실온은 낮게 하고 상자에 담는 양도 적게 한다. 증자한 보리쌀에 종국을 혼합한 다음, 보쌈을 하지 않고 그대로 국상자에 담아서 국실에 넣는 경우도 있다. 손질과 갈아쌓기 및 출국은 쌀의 경우와 같다.

(4) 담금

담금용기는 시멘트 탱크나 나무통이 널리 이용되나, 근래에는 담금온도를 30℃ 정도로 유지하기 위하여 이중벽의 보온용기를 사용하기도 한다.

1) 원료배합

된장의 종류는 원료(소금, 당)의 배합비율에 따라 다르게 되고, 또 그 비율에 따라 된장의 성분과 풍미·숙성기간·저장성 등에도 차이가 있게 된다.

① 쌀, 보리쌀과 대두의 비율

전분질 원료인 쌀 또는 보리쌀의 양이 많아지면 된장에 당분이 많아져서 향기성분이 많아지고, 숙성이 비교적 빨라지며, 점도가 감소한다. 이에 반하여 대두의 비율이 높아지면 감칠맛은 증가하나, 감미 및 향기는 적고 장기간의 숙성이 필요해진다. 따라서 제조하려는 된장의 종류에 따라 배합비율이 다르게 되며, 보통 전분의 사용량은 대두의 40~50%이다.

② 식염의 비율

식염의 비율이 높으면 저장성은 높아지나 숙성은 더디어진다. 이에 반하여 식염 비율이 적으면 숙성은 빠르나, 너무 적으면 산미가 증가하고 때로는 부패하게 된다. 보통 식염의 함량은 7~10% 정도인데, 때로는 15~16%에 이르는 것도 있다.

2) 혼합(混合)

혼합 방식에는 기계장치(혼합기)를 이용하여 일정량을 혼합하는 회분식 방법과 각 재료가 일정한 속도로 컨베이어를 통하여 운반되어 한 곳으로 모이게 하는 연속식 방법이 있다.

3) 담금방법

① 국과 식염의 혼합(鹽切麴 : 염절국)

필요량의 국에 식염을 가한 후에 잘 혼합하여 일정시간(1~3일)방치하는데, 이는 지나친 포자의 형성을 막고 국의 건조를 방지하는 효과가 있다.

② 종수(種水)

된장 담금에 혼합하는 액체를 총칭하여 종수라고 한다. 보통 사용되는 종수는 물, 염수(鹽水), 간장 박수(粕水), 대두자수(大豆煮水), 효모 또는 세균의 배양물 등이다. 그러나 물이나 염수 이외의 종수 사용에는 세심한 주의가 필요하다.

된장의 수분은 48~52%가 최적이므로 이에 적합한 종수를 조제·가온하여 첨가하면 된다.

③ 밑된장 첨가

된장을 담금할 때에 숙성된 우량품의 된장을 소량 첨가하는 경우가 있는데, 이는 유리한 미생물을 첨가해 주는 효과가 된다.

④ 마쇄(磨碎)

염절국과 40℃ 전후로 방랭한 찐대두와 밑된장을 혼합하고 종수로 수분을 조절하면서 마쇄한다. 마쇄의 정도는 제조공장에 따라 다르나, 대체로 대두의 1/3은 완전 마쇄되고 나머지는 대두가 쪼개지는 정도가 좋다.

⑤ 중석(重石)

마쇄가 끝난 후, 담금조에 꾹꾹 눌러 틈이 생기지 않게 담은 다음, 표면에 식염을 적당히 뿌려주고 폴리비닐 포로 덮은 다음, 가마니 등으로 다시 덮는다. 그 위에 나무판자를 얹은 뒤 무거운 돌을 올려서 숙성을 시키는 작업을 중석이라고 한다.

중석의 목적은 된장 표면의 건조를 방지하고 공기와의 접촉을 적게 하여 호기성 미생물의 번식에 의한 변질을 방지해서 제품의 균일화를 꾀하는 데 있다.

(5) 숙성(熟成)

1) 된장 숙성 중의 성분변화

대두 및 기타 원료의 단백질은 관여 미생물의 단백질 분해효소에 의하여 펩티드를 거쳐 아미노산으로 분해되며, 이들 펩티드나 아미노산이 된장 특유의 맛을 내게 된다.

전분질 원료의 탄수화물은 당화 효소에 의하여 당분이 되고, 이들은 효모에 의하여 알코올과 탄산가스 및 유기산류를 생성한다. 또 당과 단백질은 세균들에 의하여 산발효를 일으켜서 각종의 유기산류를 생성하고, 이러한 산과 알코올이 결합하여 각종 에스테르로 되어 된장 특유의 향기를 형성하게 된다.

된장 숙성 중의 성분변화는, 표 3-7과 같다.

표 3-7 된장숙성 중의 각 성분변화

성　분	담금당일	1개월 후	3개월 후	6개월 후	9개월 후	12개월 후
수분	48.52	51.25	50.64	50.20	50.90	12.92
전(全)질소	1.98	2.20	2.08	2.19	2.08	2.14
단백태질소	1.44	1.28	1.07	1.08	1.03	0.98
수불용성 질소	1.26	1.17	0.99	1.02	0.97	0.94
수용성 질소	0.72	0.93	1.09	1.17	1.17	1.20
아미노태 질소	0.29	0.42	0.52	0.51	0.50	0.49
염기태 질소	0.24	–	0.29	0.31	0.32	0.30
암모니아태 질소	0.04	0.07	0.10	0.11	0.09	10.11
조단백질	12.38	13.13	13.00	13.69	13.00	13.38
순단백질	8.81	8.00	6.69	6.75	6.44	6.13
환원당	8.95	9.94	9.36	9.60	9.63	9.49
전분 및 호정(糊精)	4.92	3.00	–	–	2.41	2.40
유리산(젖산)	1.48	1.39	1.93	1.81	1.93	2.32

2) 된장 양조 중의 미생물

① 효모

- 유포자효모 : *Saccharomyces, Hansenula, Pseudohansemula, Pichia, Debaryomyces*
- 무포자효모 : *Torulopsis*

숙성기간을 통하여 *Saccharomyces*속과 *Torulopsis*속이 전반적으로 존재하며, 우량된장에서는 방향성의 *Hansenula*속의 효모가 자주 발견된다.

② 세균

숙성에 중요한 역할을 하는 *Bacillus subtilis, Bacillus mesentericus, Bacillus megatherium* 등이 존재하며, *Bacillus mesentericus miso*가 전반적으로 존재한다.

3) 뒤지기

숙성기간 중 교반을 할 수 없으므로 그대로 방치하면 숙성이 진행됨에 따라 상하 내외의 품질과 수분 등이 불균일해진다. 따라서 숙성기간 중 1~2회에 걸쳐 다른 통이나 탱크에 옮겨서 숙성시키는 경우도 있다.

(6) 제품

담금 후에 보통 3~5개월이 경과하면 된장이 숙성된다. 숙성된 된장은 세쇄(細碎)하여 완제품이 된다.

1) 세쇄와 살균

담금할 때보다 더 곱게 마쇄기로 마쇄함과 동시에 60℃로 가열되는 가열기를 통과시키면 된장 중의 효모가 대부분 사멸된다. 일정시간의 살균 후에 다시 냉각기를 통하여 냉각한다.

마쇄와 살균과정 중에 식염이나 수분을 추가하여 품질을 일정하게 조정할 수도 있으며, 소르브산소다 또는 소르브산칼륨 등의 보존료를 첨가하기도 하는데, 그 첨가 허용량은 소르브산(sorbic acid)으로 계산하여 된장 1kg당 1g 이하이다.

2) 된장의 변질

변패의 원인으로서는 원료의 배합이 불합리한 경우와 미생물이 된장의 표면에 번식하는 경우가 있다. 전자의 경우는 식염의 양을 적당히 조절함으로써 해결할 수 있으며, 후자의 경우는 된장 표면의 보호를 철저히 하고 약간의 소금을 뿌려주면 어느 정도 방지할 수 있다.

① **괴어오르기** : 괴어오르기는 효모에 의한 알코올 발효로 생성된 CO_2에 의하여 된장이 부풀어 올라 용기 밖으로 넘쳐흐르는 현상으로, 내부는 해면상(海綿狀)으로 되고 술내가 강하게 풍기는 것을 말한다. 이런 상태가 계속되면 변패하게 된

다. 이런 제품은 염분의 함량이 적고 수분이 48% 이상이며, 당분이 10~25% 함유되어 있는 경우이다. 특히 여름철에 잘 발생한다.

괴어오르기의 방지를 위해서는 ⓐ 표면의 보호 ⓑ 식염과 당분의 추가 ⓒ 수분의 감소 등의 대책이 필요하다.

3) 된장의 영양가와 강화 된장

된장을 주된 단백질원으로 하여 동물에 실험한 결과로, 동물의 발육이 불량하였다. 또 된장의 숙성기간이 긴 것일수록 그 정도가 더욱 심하였다는 연구결과도 있다. 이런 현상은 된장 중의 시스틴(cystine)이 결핍되었기 때문에 오는 것으로 발표되고 있다.

된장의 영양가는 비교적 높은 편이나, 완전한 식품이라고 할 수는 없다. 이는 원료인 대두와 쌀, 그리고 보리쌀 등의 혼합비와 관계가 있다.

된장은 가장 보편적으로 이용되는 주요 식품으로서 일상 식품에서 결여되는 성분을 강화하는 데 가장 적당한 식품이 될 수 있다. 된장의 영양강화에 대한 연구는 Ca과 비타민 B_2로부터 시작되었는데, 근래에는 비타민 A와 비타민 B_1 등의 강화도 가능하게 되었다.

① **칼슘의 강화** : 된장의 풍미를 저하시키지 않는 글루콘산(gluconic acid), 구연산(citric acid), 주석산(tartaric acid) 등의 칼슘염류와 탄산칼슘 등이 있으며, 가격 면에서는 탄산칼슘이 가장 유리하다.

② **비타민의 강화** : 비타민 B_2의 첨가량은 된장 100g 중에 1.5~2.0mg 정도가 적당하다. 비타민 B_1의 첨가는 탄산칼슘에 섞어서 사용하면 파괴가 심하므로 종수(種水)에 용해시켜 첨가하는데, 첨가량은 비타민 B_2와 같다. 비타민 A의 강화를 위해서도 카로텐(carotene)생산균을 사용하거나 간유 등을 첨가하며, 첨가량은 된장 100g 중에 1,800~2,000 I.U. 정도이다.

3. 고추장

고추장은 콩과 전분질에 고춧가루를 혼합해서 발효시킨 우리나라 고유의 발효식품으로, 전분질의 가수분해로 생긴 감미(甘味), 고추의 매운맛(辛味), 단백질 분해로 생긴 아미노산의 감칠맛(旨味), 고추의 빨간색 등이 고추장의 품질을 좌우하는 요소라고 할 수 있다.

역사적으로 고추장이 우리나라에서 식용되기 시작한 시기는 16세기 말~17세기 초로 추정되고 있다. 선조 때의 「홍길동전」의 저자 허균(許筠, 1569~1618)의 저서 「도문대작(屠門大嚼)」에서 초시(椒豉, 매울 초, 메주 시)란 용어가 발견되는데, 이것이 오늘날의 고추장으로 짐작되고 있다.

고추장은 제조방법이나 사용되는 주원료에 따라서 전통식 고추장과 코지(koji)고추장으로 분류할 수 있다.

① **전통식 고추장**은 순재래식 방법으로 만들어지는 고추장이며, 야생(野生) 곰팡이 *Mucor, Rhizopus, Aspergillus* 등과 야생(野生) 세균 *Bacillus subtilis* 등이 혼재하여 발효숙성함으로써 만들어지는 고추장이다.

② **코지(koji) 고추장**은 순수배양 곰팡이인 *Aspergillus oryzae*(황국균)를 이용하여 장기간의 발효숙성과정을 거치는 ⓐ 숙성식 고추장과 10여 시간 만에 완성하는 ⓑ 당화식 고추장으로 구별된다. 또 숙성식 고추장은 처음부터 고춧가루를 넣고 숙성시키는 '고춧가루 선첨고추장'과 숙성 후에 제성과정에서 고춧가루를 넣는 '고춧가루 후첨고추장'으로 나뉜다. 일반적으로, 또 원료명에 따라, '쌀고추장', '찹쌀고추장', '보리고추장' 등으로 부르기도 한다.

1. 원료

(1) 고추

고추(red pepper)의 학명은 *Capcicum annam*, 원산지는 브라질의 아마존 유역이며 우리나라에는 조선시대 임진왜란 시기에 도입되었다고 한다.

세계적으로 생산되는 고추의 양은 900만 톤 정도이며, 우리나라의 생산량은 85,459톤(통계청, 2016년)이다.

1) 고추의 성분

① 매운맛

고추의 가장 중요한 성분은 매운맛을 내는 알칼로이드(alkaloid)의 일종인 캡사이신(capsaicin, $C_{18}H_{27}NO_3$)이며, 화학적으로 불포화사슬을 갖는 1카르복실산의 바닐아미드(vanillylamide)로 되어 있고 내부의 씨앗 부분보다는 과피에 월등히 많이 들어 있다.

우리나라 재배고추의 캡사이신류 함량은 표 3-8과 같다.

표 3-8 우리나라 재배고추의 캡사이신류 함량

품 종	부 위	캡사이신류		총 량	
		capsaicin (μg/g)	dihydrocapsaicin (μg/g)	(μg/g)	(g%/100g)
청 양	과 피 종 자	1,526.996 362.01	732.993 119.48	2,259.90 481.49	0.226 0.048 총량 : 0.274
다 복	과 피 종 자	225.174 16.72	310.354 14.754	535.53 31.474	0.054 0.003 총량 : 0.057
아 람	과 피 종 자	1,125.369 60.466	1,410.467 51.93	2,535.84 112.4	0.254 0.011 총량 : 0.265
청 홍	과 피 종 자	644.331 135.013	413.65 46.364	1,057.98 181.37	0.106 0.018 총량 : 0.124
홍 길	과 피 종 자	494 36.61	689.693 38.14	1,183.69 74.75	0.118 0.007 총량 : 0.126
적토마	과 피 종 자	296.49	216.926	513.42	0.051 총량 : 0.051

② 붉은 색소

과피의 붉은 색소는 주로 캡사이신과 루테인(lutein : carotenoid에 속하는 알코올의 일종)으로 되어 있다. 캡사이신은 대부분이 고추의 과피에 들어 있고 종실에도 소량이 들어 있으며, 이것은 고추장의 품질, 즉 빛깔을 결정짓는 가장 중요한 화학성분이라고 볼 수 있다.

고추의 색소성분은 공기 중의 산소에 의해서 바람직하지 않은 흑색으로 변화하게 되고, 분쇄된 고춧가루는 태양빛에 퇴색하게 된다. 고추장용의 고추는 일광건조로 한 것이 인공건조로 한 것보다 좋은 색상을 주는 것으로 알려져 있고, 품종 간에도 차이가 많다.

③ 마른 고추의 일반성분

단백질 9.3%, 지질 13.9%, 당질 33.2%, 섬유질 18.1%, 회분 6.1%, Ca 120mg%, P 130mg%, Fe 10mg%, 비타민 A 5,000I.U., 비타민 B_1 0.2mg%, 비타민 B_2 0.15mg%, niacin 1.5mg%, 비타민 C 200mg%이다.

④ 마른 고추의 영양가

마른 고추의 영양가는 표 3-9와 같다.

표 3-9 마른 고추의 영양가(가식부 100g당)

성분	함량	성분	함량
열량(KJ)	1,011	P(mg)	140
수분(g)	19.4	Fe(mg)	–
단백질(g)	10.9	비타민 A(I.U.)	7.45
지질(g)	15.2	비타민 B_1(mg)	0.3
탄수화물(g)	46.7	비타민 B_2(mg)	0.2
회분(g)	7.8	비타민 C(mg)	220
칼슘(g)	123	niacin(mg)	–

2) 고추의 종류

우리나라에서 재배되는 고추는 크게 재래종과 개량종으로 나눌 수 있고, 또 산지에 따라 전라도 고추와 충청도 고추 등으로 구별하기도 한다. 전라도 고추는 충청도 고추에 비하여 크기가 작지만, 캡사이신 함량이 높아서 상당히 맵다. 그러나 충청도 고추는 크기가 굵고 매운맛은 덜하지만, 고추장을 만들 때 발색(發色)효과가 좋은 장점이 있다.

(2) 기타 원료

① 전분질 원료로써 찹쌀은 가장 선호되는 원료이며, 찹쌀을 이용한 고추장을 찹쌀고추장이라고 하여 선호되고 있다. 찹쌀 외에 멥쌀이나 밀가루를 쓰는 경우도 많고, 보리를 쓰는 경우도 있으나, 이런 것은 색상이나 맛에서 찹쌀고추장보다 좀 뒤진다.

② 엿기름가루는 고운 체로 쳐서 사용한다. 고추는 꼬투리를 제거하여 잘 말린 고춧가루로 하며, 고추장의 색을 위주로 할 경우는 씨를 제거하는 경우도 있으나, 씨는 맛과 영양에 도움이 되므로 통째로 분쇄하는 것이 좋다.

③ 소금은 오래 묵혀서 간이 잘 빠진 것을 사용하는 것이 좋다.

④ 멥쌀이나 찹쌀은 보통 밥짓는 방법으로 밥을 지어서 이용해도 좋고, 미리 불려서 시루에 안친 후에 찌는 방법도 있다.

(3) 원료의 처리

1) 고추의 건조와 분쇄

① 건조

붉은 고추는 대부분 건조시켜 상품화하게 되며, 예전에는 농가에서 직접 태양건조(陽乾)를 하였으나, 근래에는 화력건조(火乾)를 하는 것이 일반화되어 있다.

고추장용 고추의 색상은 태양건조의 경우가 월등히 우수하다. 그러나 대량생산의 경우에는 화력건조 방식에 의존할 수밖에 없다. 그러므로 우수한 색상을 낼 수 있는 인공건조방법의 연구개발이 요구된다.

태양건조와 화력건조의 고추는 꼭지의 색깔로 구별되는데, 태양건조한 고추의 꼭지는 푸른색이 퇴색하여 갈색을 띠고 있으나, 화력건조의 것은 푸른색이 남아 있다.

화력건조된 고추는 대략 15~20%의 수분함량으로 유통되는데, 이와 같은 수분함량으로는 분쇄능률에 상당히 지장이 있으므로 분쇄할 때에는 열풍에 의한 재건조를 하게 된다. 분쇄의 가장 적합한 수분함량은 13~14%, 열풍의 온도는 40~50℃이다.

② 분 쇄

건조고추의 소량은 통고추 및 실고추로 이용되고, 대부분은 고춧가루의 형태로 가공되어 소비된다. 김치용 고춧가루는 그 크기가 15mesh 정도이므로 분쇄에 별 어려움이 없으나, 고추장용의 경우는 30~35mesh 분쇄하여야 하기 때문에 분쇄에 여러 어려움이 있다.

분쇄기의 재질과 그 마모의 정도에 따라 고춧가루 속에 철분이 혼입되는 일은 그동안 문제점으로 지적되어 왔다. 이들 철분은 식품위생학적 문제점도 있겠지만, 고추장의 색소에 산화촉진제로 작용하여 품질저하를 일으킨다.

통고추의 구성은 꼬투리, 과피 및 고추씨로 구분된다. 분쇄에 있어, 이 세 가지 부분의 분쇄 특성이 서로 달라 꼬투리의 제거는 필수적이어서, 어려움이 많았다. 그러나 최근에 꼬투리 제거기가 개발되어 업계에서 크게 환영받고 있다고 한다.

2) 제 국

된장의 제국과 마찬가지로 전분질 원료에 *Asp. oryzae*를 배양하여 제국하는 것이 보통이나, 경우에 따라서는 *Asp. oryzae*의 대두국 또는 *Bacillus subtilis*(natto)를 대두에 배양한 것을 사용하는 경우도 있다.

일반적으로 제국품온을 35~38℃로 유지할 수 있는 제국실에서 원료 중량의 0.2% 정도의 종국(種麴, *Asp. oryzae*)을 접종하여 40~42시간 동안 제국한다. 품온이 너무 높아지면 세균 등의 오염균이 발생하므로 주의가 필요하다.

2. 제법

(1) 전통식 고추장의 제법

전통식 고추장은 콩이나 기타 전분질 원료로 메주를 만들고 이것과 전분질 원료 및 고춧가루와 소금 등을 혼합해서 담금을 한다.

일반적인 제조공정은 다음과 같다.

콩과 멥쌀을 침지 후 혼합→증숙→성형→띄우기→건조→분쇄→고추장 메줏가루+찹쌀밥·고춧가루·소금·엿기름(맥아 가루)·물을 혼합→담금→숙성→제품

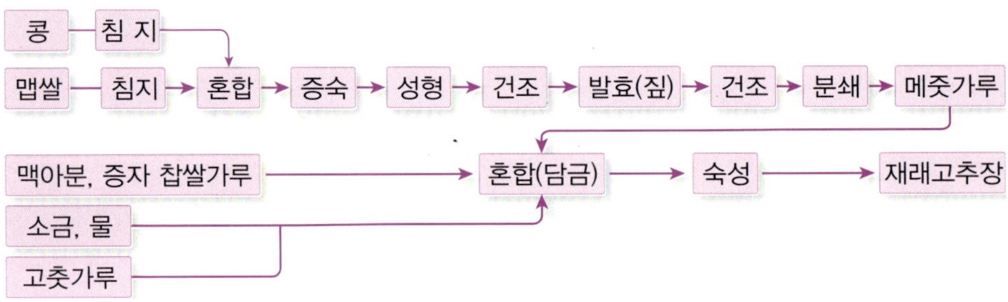

그림 3-4 전통식 고추장의 제조공정

전통식 고추장으로 유명한 순창지방의 고추장담금 배합의 예는 표 3-10과 같다.

표 3-10 순창의 전통식 고추장의 배합(단위 : g)

원료 \ 예		예 1	예 2
메주용	대두	240	200
	멥쌀	240	280
담금용	찹쌀	1,600	1,600
	엿기름가루	–	540
	고춧가루	800	900
	소금	600	600
	물	1,200	1,200

1) 고추장 메주의 제법(메주쑤기)

콩은 8~10시간 침지해서 물을 빼고, 멥쌀은 5~6시간 침지 후에 물을 뺀다. 콩은 시루에 넣고 찌는데 김이 오르면 약한 불로 2시간 정도를 지속한다. 압력솥을 이용하면 시간을 현저히 단축시킬 수 있다.

익힌 콩을 불린 쌀과 혼합하여 증기로 찐다. 증숙이 끝난 것은 가급적으로 식기 전에 절구에서 거칠게 찧고 어른 주먹보다 조금 더 크게 뭉쳐서 방에 볏짚을 깐 후에 늘어놓고 며칠 동안 말린다. 겉면이 꼬들꼬들하게 건조되면 짚으로 달걀을 싸듯이 5~6개씩 길게 싸서 처마 밑이나 헛간에 매달아 두어서 곰팡이(*Asp. oryzae, Mucor, Rhizopus*)나 세균(*Bacillus subtilis*) 등이 서서히 증식하며 고추장 메주의 특징을 형성하도록 만든다.

메주를 쑤는 시기는 일반적으로 가을이며 고추장을 담는 시기는 다음해 음력 2~3월경이므로, 고추장 메주의 발효기간은 6~7개월이 된다.

고추장 메주는 신 냄새나 썩는 듯한 냄새가 나지 않아야 하고, 표면에 푸른곰팡이(*Penicillium*)의 발생이 없어야 한다. 메주 내부에는 고초균(*Bacillus subtilis*)의 증식이 고르게 되어 있고 그의 독특한 냄새와 더불어 구수한 향이 나며, 분쇄하였을 때 노란 빛깔이 나야 좋은 상품으로 취급된다.

2) 담금 및 숙성

준비된 원료를 용기에 모두 넣고 혼합한다. 찰밥은 더운 것을 그대로 사용한다. 담금을 실시할 때에 가장 중요한 것은 수분함량으로, 약 40~50% 정도가 좋다. 수분이 과다하면 발효 및 숙성 과정에서 이상발효를 일으킬 수 있으며, 제품의 저장성에 악영향을 줄 수 있다. 또 수분함량이 너무 적으면 숙성에 지장을 줄 수 있다.

숙성 시기에는 고추장의 표면이 공기와 접촉하는 것을 최소화하여 갈변을 막고 미생물 오염을 방지하도록 한다. 예전에는 하루에 한 번씩 햇볕을 쬐어서 산막효모 등의 증식을 방지하였고, 햇볕에 쬐는 경우에는 하루에 한 번씩 교반하여 주었다.

담그고 3~4일 후부터는 식용이 가능하다.

(2) 발효숙성식 고추장의 제법

전통식 제법에서는 고추장 메주를 사용하며 엿기름가루로 보충하기도 하지만, 현재 국내 공장에서의 고추장 제법은 발효숙성식을 채택하고 있다.

발효숙성식 고추장의 원료배합비나 제조공정은 공장마다 서로 다르다. 현재 밀가루를 주원료로 사용하는 경우가 많고, 고품질을 위해서 쌀이나 찹쌀을 섞는 경우도 있다.

현행 식품위생법상 제품원료의 15% 이상 함유된 원료명을 상품명에 표시할 수 있게 되어 있다. '찹쌀고추장' 의 경우가 그 예 중의 하나이다.

① 제조공정

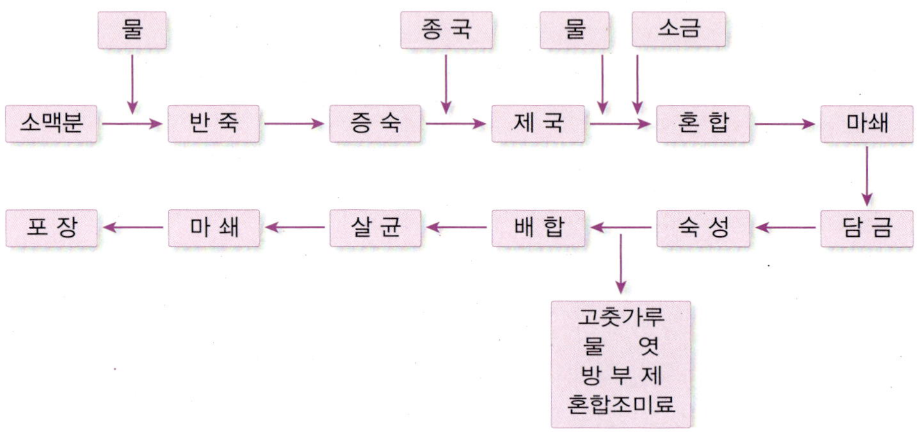

그림 3-5 발효숙성식 고추장(개량고추장, 코지고추장)의 제조공정도

② 제국

전분질 원료 전량을 제국한다. 전분질 원료는 소맥분 2급품이나 3급품을 흔히 사용한다. 종균은 *Asp. oryzae*를 사용하고 소맥분은 40% 정도의 수분함량이 되게 처리하여 연속증자기로 과립상태가 되게 충분히 익도록 찐다.

제국온도는 40℃ 이하로 한다.

③ 담금과 숙성

전분질 원료는 제국하여 증자한 대두 또는 고춧가루, 식염, 물(종수) 등을 배합하여 마쇄 혼합하고, 담금용기에 담아서 발효숙성하게 된다.

발효숙성기간은 숙성기간 중에 아미노태질소, 환원당, 수분, 염분, 산도, 에탄올 등의 성분변화를 분석하여 정하며, 실온에서 30~50일 동안을 발효숙성시킨다. 고추장의 원료 배합비율의 예는, 표 3-11과 같다.

숙성기간 동안에 전분질은 당류로, 단백질은 아미노산으로, 분해되어 고추장의 독특한 맛과 향기를 생성하게 된다.

숙성이 완료되면 당화조에서 당화물과 산당화물엿, MSG, 고춧가루, 보존료를 가한다. 그리고 종수를 가하여 제품의 수분을 50~55%로 하고, 70℃로 살균한 다음, 마쇄·냉각·포장하여 제품화한다. 보존료는 소르브소다 또는 소르브산칼륨이 사용되며, 허용량은 소르브산으로 계산하여 1g/kg 이하이다.

표 3-11 고추장 원료 배합비율(%)

원료 \ 예	예1	예2	예3
찹쌀	20.0		
쌀		15.0	
소맥분	26.0	30.0	51.0
대두	4.0		
MSG			0.2
식 염	8.5	9.0	8.5
고춧가루	7.5		6.5
물엿			5.0
소르브산	0.08	0.1	0.1
종국	0.03	0.03	0.03
물(종수)	33.89	39.37	28.87

4. 청국장

청국장은 콩의 발효식품류 중 가장 짧은 기간(2~3일)에 완성할 수 있는 우리의 전통식품 중의 하나이다.

유중림(柳重臨)의 「증보산림경제(增補山林經濟)」 중 전국장(戰國醬, 1760) 제법에 관한 부분이 나오는데 "태두(큰콩)를 잘 씻어 삶아서 고석(볏짚)에 싸서 따뜻하게 3일 동안 두면 진(生絲)이 난다."라고 하였다.

일본에도 낫또(natto, 納豆)라고 하는 청국장이 있는데, 제법이나 관여미생물은 우리의 청국장과 거의 비슷하나 식용방법은 큰 차이가 있다.

1. 청국장균

(1) 균학적 특성

일본의 사와무라(Sawamura)는 1905년에 청국장에서 세균을 분리하여 이것을 증자한 콩에 접종하면 항상 똑같은 청국장이 될 수 있음을 확인하고, 이 균에 대한 생리적 특성을 연구하였다. 그 결과 *Bacillus mesentericus*와 유사하나 다소 차이가 있음을 보고하고, 이 균을 신종(新種)이라고 하여 *Bac. natto Sawamura*로 명명하였다.

"Bergey's manual of Determinative Bacteriology 제6판"에서는 *Bac. subtilis*와 같은 균으로 취급하였으나, 제7판에서부터는 *Bac. natto sawamura*라는 균은 기재조차 하지 않았다. 따라서 청국장균이라는 균은 *Bacillus subtilis*로 인식되고 있다.

*Bacillus subtilis*는 찐콩에 잘 생육하며 그 외에도 여러 가지 곡물이나 육류, 어패류, 유제품 등에도 잘 생육하여 일종의 부패균으로 취급된다.

(2) 청국장균의 생육조건

재래식으로 청국장을 만들 경우는 특별히 배양된 균을 사용하지 않고 볏짚 등으로부터 균을 인도하여 이용하지만, 공장적에서는 우수한 균을 순수분리하고 증식배양시켜 이용한다.

청국장균 포자의 발아 최적온도는 40℃ 전후이며, 50℃에서는 지연되고, 55℃ 이상에서나 10℃ 이하에서는 24시간 내에 발아하지 못한다.

청국장의 실제제조에서는 증자한 대두를 솥에서 퍼낸 직후 약 80~90℃에서 접종하는데, 청국장균 포자는 내열성이 높고 포자에 단시간 고온충격(temparature shock)을 주면 발아촉진 효과가 있기 때문이다. 고온충격의 조건은 100℃에서는 1분, 85℃에서는 30분이 적당하다.

청국장균 포자의 열불활성은 100℃로 30분 이상 지속했을 때 일어난다. 그러나 영양세포의 생육 최적 온도는 40~50℃이며 최적의 pH는 중성이나 약알칼리성이다. 증두(蒸豆)의 pH는 보통 6.4~6.8이므로, 청국장의 생육에 가능한 조건일 뿐만 아니라, 발효가 진행되면 pH가 상승하여 7.6까지도 올라가므로 생육에 적절한 조건이 된다.

산소는 생육에 절대적으로 필요하므로 발효시킬 때에는 충분히 통기될 수 있도록 해주는 것이 좋다.

2. 청국장의 제조공정

재래식 방법으로는 증두에 볏짚을 덮거나 토막을 내어 군데군데 꽂아서 따뜻하게 보온해 두면 볏짚에 붙어 있던 청국장균이 증두로 옮겨져서 증식과 발효를 하게 된다. 볏짚은 비위생적이고 재현성도 좋지 않기 때문에 지금은 우량균주를 배양하여 접종한다. 제조공정은 다음과 같다

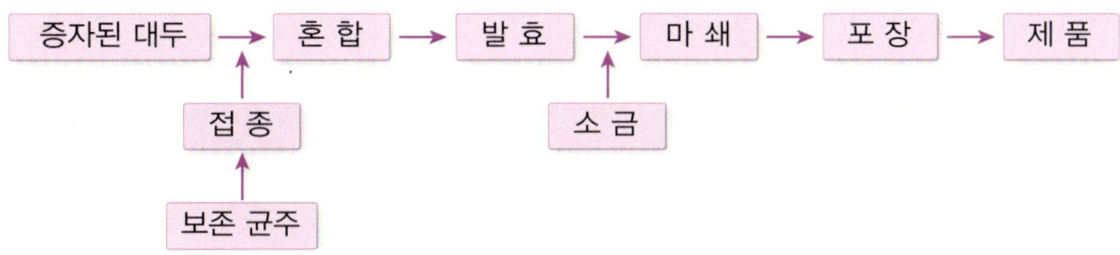

그림 3-6 청국장의 제조공정

(1) 원료처리

원료 대두는 알이 고르고 협잡물이 없는 국산 햇콩이 선호되고 있다. 침지는 10~15℃에서는 16~20시간 동안 하고, 20~25℃에서는 8~12시간으로 하며, 이때에 대두는 1.2 ~1.5배의 물을 흡수하여 중량은 2.2~2.5배로 늘어난다. 침지용수는 음료수로 적합하여야 하며, 칼슘이 500ppm 이상 있으면 증두가 부드럽지 못하고, 철분이 5ppm 이상이 되면 증두제품의 색상이 나빠진다. 증두의 부피는 원료대두의 2.3~2.6배로 된다.

대두의 증자방법에는 평압식(平壓式)과 가압식(加壓式)이 있다.

평압식의 경우에는 김이 완전히 오른 후부터 증기를 약하게 하여 3~4시간을 지속한다. 이때, 콩은 비린내가 나지 않고 손가락 사이에서 쉽게 뭉그러질 수 있을 정도로 익힌다.

가압식의 경우는 1.0~1.5kg/cm^{2}의 압력 상태에서 20~30분 동안 처리한다.

(2) 종균

전문적인 종균업자가 공급하여 주지 못할 경우에는 손수 배양하여 사용하여야 한다. 콩삶은 물을 2배 정도로 희석한 다음, 살균 후에 이를 배지로 이용하여 30℃에서 3일 정도를 진탕배양해서 사용한다. 접종 균수는 원료 대두량을 기준으로 5×10^7/kg

정도로 한다. 접종하는 균체수가 너무 적으면 야생균주들의 오염이 우려되고, 너무 많아도 좋지 않다. 종균은 멸균 생리식염수에 희석해서 뿌리고 잘 섞어 준다.

(3) 발효 및 발효관리

접종된 대두는 발효상자에 두께가 약 5cm가 되게 담아서 발효실에 쌓는다. 발아상자의 너비는 취급하기 편리한 정도로 하나, 높이는 10cm 정도가 적당하고, 밑바닥은 다공(多孔)으로 하여 통기성이 좋게 하는 것이 좋다.

발효실은 보온이 될 수 있어야 하며, 온·습도 조절이 가능해야 한다. 실온을 42~43℃로 유지하면 5~6시간 후에 접종된 포자가 발아하면서 서서히 품온이 상승하고, 실온도 따라서 상승하게 된다. 품온은 50~53℃ 이상으로 상승하지 않도록 한다.

한국식 청국장의 발효시간은 24~36시간 정도이다.

(4) 가염 및 마쇄

발효물 중량의 7~8%의 소금을 고르게 섞은 후에 8ø의 마쇄기 망을 통과시킨다. 마쇄된 청국장은 바로 계량포장하여 냉장한다.

3. 청국장 중의 특수성분

(1) 풍미성분

청국장의 풍미성분은 주로 단백질 분해물과 프로피온산(propionic acid), 호박산(succinic acid), 낙산(butylic acid) 등의 유기산이다. 특히 볏짚을 이용한 청국장에서 낙산이 많이 생성된다.

청국장의 독특한 냄새는 여러 가지 휘발성 물질의 혼합으로 형성된다고 여겨진다. 그 중 중요한 것은 이소발레르산(isovaleric acid), NH_3, 유기산류, 지방산류, 디아세틸 등이다.

고미(苦味)물질이 느껴지는 경우도 있는데 원인 물질은 끝 부분에 이소류신(isoleucine)을 가지는 팹티드로 알려져 있다.

청국장 저장 중에 표면에서 흰 반점이 나타나는 경우가 있는데, 이것은 티로신의 결정이다.

(2) 점질물

청국장의 가장 독특한 특징은 점질물의 생성으로, 그 화학적 구성은 글루탐산이 중합된 폴리펩티드와 과당(fructose)이 중합된 프룩탄(fructan)의 혼합물로써 그 혼합비는 일정하지 않으나, 전자가 60~80%를 이루고 있다.

청국장의 점질물(진)은 전체의 약 2%(乾物比) 정도이며, pH는 7.2~7.4에서 가장 안정되고, 그 범위를 벗어나면 불안정해진다.

(3) 영양가

청국장은 각종 효소작용으로 콩 안의 모든 성분이 상당히 분해되어서 소화성이 우수하며, 비타민 B_2는 원료 비타민의 것보다 5~10배로 증가한다.

4. 담북장과 낫또(natto)

(1) 담북장

담북장은 청국장의 가공제품이라고 할 수 있다. 청국장이나 담북장은 된장과 마찬가지로 국이나 찌개의 재료로 이용된다.

담북장은 청국장에 무채, 다진 생강, 굵은 고춧가루, 소금 등을 넣고 잘 섞은 후에 상온에서 숙성시킨 것이다. 5~6일을 숙성시키면 식용이 가능하며, 숙성 촉진을 위하여 용기를 햇빛에 내놓기도 한다.

(2) 낫또(natto)

일본의 낫또 제법은 청국장과 거의 비슷하다. 증숙된 뜨거운 상태의 콩에 종균을 접종하고 일정량씩을 용기에 담아서 상품으로서의 완전한 포장을 하고 그대로 발효실에서 띄운다. 양은 최소 30g에서 최대 100g 단위이며, 용기는 얇은 스티로폼을 이용한다.

발효는 40℃에서 16~18시간을 하고 냉장실에서 1일 정도를 후숙시켜서 출고한다. 원료로는 통콩을 그대로 쓰거나 4~5로 쪼개서 쓰기도 한다. 끓여서 먹는 청국장과는 대조적으로, 낫또는 간장이나 겨자를 넣고 젓가락으로 저어서 그대로 먹는다.

5. 간장

우리나라의 간장 제조의 기원은 확실하지 않으나, 「삼국사기(三國史記, 서기 683년)」에 장(醬)의 기록이 있고, 700년대 초의 일본 문헌에서도 고려장(高麗醬)이란 기록이 있는 것으로 보아서 장류 제조의 역사는 천 년 이상의 뿌리가 있는 것으로 짐작되고 있다.

간장은 크게 일본식 간장과 조선간장 및 어간장 등으로 구별할 수 있고, 일본식 간장은 콩과 전분질을 원료로 혼합 사용하며, 발효 관여 미생물인 *Aspergillus oryzae*를 사용한다. 그 반면에 조선간장은 콩만을 원료로 사용하며 전분질을 사용하지 않고, 관여 미생물은 *Bacillus subtilis*가 주가 된다.

1. 재래식(조선, 한식) 간장

재래식 간장은 간장(干醬), 감장(甘醬), 청장(淸醬), 지렁, 장 등의 이름으로도 부르는데, 간장 제조과정은 크게 ① 메주 만들기와 ② 염수 타기로 나눌 수 있다.

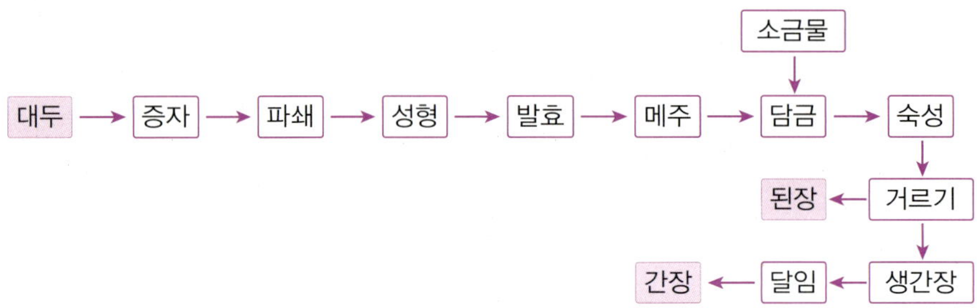

그림 3-7 재래식(조선, 한식) 간장의 제조공정

(1) 원료콩의 처리

1) 콩 삶기

간장용 원료콩은 장태(醬太)라고도 하며, 백태(白太)를 사용한다.

제조과정은 먼저 잘 씻은 원료콩을 물과 함께 잘 삶는다. 삶아진 콩은 부피가 2~2.6배로 늘어나므로 삶는 용기를 잘 선택하여야 한다. 콩을 직접 물과 함께 삶으면 콩의 성분이 다소 용출되어 손실이 있을 수 있으므로 시루를 이용하여 찌는 방법(蒸煮)이 바람직하다. 그러나 찌는 경우에는 미리 콩을 8~12시간 동안 침지하여 충분히 불려야 한다.

2) 메주 만들기

콩이 충분히 익어서 손가락으로 쉽게 뭉그러질 수 있을 정도이면 식기 전에 마쇄를 실시한다.

소량인 경우는 절구질을 하나, 대량인 경우에는 기계적인 방법, 즉 초퍼(chopper) 등을 이용하여 마쇄하게 된다. 초퍼의 망구멍은 직경을 약 8~10mm로 하면 적당하다. 마쇄된 증두(蒸豆)는 적당한 크기로 성형하게 되며, 공장에서는 틀을 이용하여 규격화하기도 한다.

가정에서의 메주 제조에서 전라도 지방의 메주는 비교적 큰 편으로 15cm×15cm×20cm 정도의 목침(木枕)형이다. 그리고 경기도 지방의 메주는 15cm×15cm×8cm 정도의 납작형으로, 지방에 따라 서로 다르게 만들기도 하였다.

3) 띄우기

성형된 메주는 따뜻한 실내에서 며칠 동안 띄운다. 이 띄우는 과정에서 *Bacillus subtilis*가 발육하면서 단백질 분해효소를 생성한다.

띄우는 과정에서 주의하여야 할 점은 메주 표면의 수분을 건조시키는 일이다. 표면 수분이 마르기 전에 곰팡이가 자라게 되면 곰팡이독(mycotoxin)을 생성하는 *Penicillium*속(屬)이나 *Aspergillus flauvus* 등이 증식할 수 있기 때문에 가급적이면 건조하여 곰팡이의 증식을 방지하는 것이 중요하다. 따라서 기업적인 공정에서는 건조와 띄우기 공정을 구분하여 시행하기도 한다. 건조는 30℃의 건조공기로 3일 정도를 행하며, 표면이 완전히 굳으면 35℃에서 7일 정도를 띄운 다음에 상온(15℃)에서 30일 정도를 숙성시켜 메주를 완성한다.

좋은 품질의 잘 마른 메주는 주로 털곰팡이(*Mucor*)와 거미줄곰팡이(*Rhizopus*)가 많이 있고, 푸른곰팡이(*Penicillium*)는 없어야 한다. 메주의 내부에서는 *Bacillus subtilis*(고초균)가 증식하면서 독특한 메주냄새를 내고, 단백분해효소를 비롯한 여러 효소를 생성한다. 메주는 고루 떠서 선부분이 없어야 하며, 너무 지나치게 떠서 속이 곯은 것은 좋지 않다.

(2) 염수 타기

염수타기는 매우 중요한 과정으로, 염수가 너무 묽으면 숙성과정이나 제품의 저장성에 문제가 발생하고, 너무 진하면 메주성분의 용출에 지장이 있고 또한 제품이 너무 짜서 맛이 없게 된다.

옛날에는 소금(천일염)과 물의 비를 용량비(用量比)로 하여 물 4말(斗)에 소금 1말(斗) 등으로 정하였는데, 이 비율은 현대의 장 담금의 염농도표준(Bé 19°, 보임메)과 거의 비슷하다. 염수는 미리 준비하였다가 침전물이 충분히 가라앉은 후에 깨끗한 윗물만을 사용한다.

(3) 담금과 숙성

조선간장을 담그는 시기는 대개 봄철로 음력 1~3월 사이이다. 담금 방법은 용기에 염수를 넣고 그 위에 메주를 넣는다. 그러나 진간장을 담글 때는 메주를 미리 용기에 차곡차곡 넣은 다음, 그 위에 염수를 붓는다.

이때 메주는 표면을 물로 씻고 2~3쪽으로 쪼개서 햇빛에 충분히 말려서 사용하게 된다. 예전에는 메주와 염수의 혼합비율이 일정하지 않았으며, 빈부격차에 따라 차이가 있었다.

담금이 끝나면 액면 위로 나온 메주덩어리에는 소금을 한 줌씩 얹어 놓는데 이는 노출된 메주에 잡균의 증식을 억제하기 위함이다. 또 숯과 통고추를 띄우는데, 숯은 이취(異臭)의 제거를 위함이며, 통고추는 잡균의 오염방지를 위해서이다.

간장 표면에 자주 발생하고 간장의 풍미를 저해하는 산막효모의 증식을 억제하기 위하여 햇빛이 있는 화창한 날에는 독이나 용기를 열어 두었고, 해가 지거나 날이 궂으면 뚜껑을 닫았다.

숙성기간은 보통 30~45일 정도이다.

(4) 가르기 및 다리기

숙성이 끝난 간장과 메주를 분리하는 것을 가르기라고 한다. 이렇게 분리된 액을 '날간장' 이라고 하는데, 이 날간장에는 각종 효소와 미생물들이 섞여 있고 또 미숙한 풍취(風臭)가 있으므로 풍미개선과 저장성을 높이기 위하여 살균과 효소의 불활성화를 위하여 다리게 된다.

다리는 온도는 끓는 상태로 10~20분 동안 지속하는데, 묽은 간장은 농축을 위하여 좀 더 오랜 시간을 다릴 수 있다.

(5) 관여 미생물

조선간장 덧의 숙성에 관여하는 미생물로는 호기성 세균인 간균(*Bacillus*)과 젖산균, 내염성 효모류 등이 알려져 있다. 이 중에서 간균은 간장숙성에 큰 영향을 끼치지 않으나, 젖산균과 내염성 효모는 많은 영향을 미쳐서 간장의 독특한 풍미형성에 기여하는 것으로 여겨진다.

조선간장 중의 미생물은 표 3-12와 같다.

표 3-12 조선간장 중의 미생물

호기성 세균	젖산균	효 모
Bacillus subtilis *B. pumilus* *Micrococcus caseolyticus*	*Pediococcus halophilus* *Lactobacillus casei* *L. plantarum* *Leuconostoc mesenteroides*	*Saccharomyces rouxii* *Sacch. acidofaciens* *Torulopsis dattila*

젖산균과 호기성 세균 및 효모는 숙성과 더불어 숫자가 증가하며, 호기성 세균은 숙성 3주째에, 젖산균은 숙성 4주째에, 그리고 효모는 숙성 7주째에, 최고에 달했다가 점차 감소하는 경향이 있다.

(6) 조선간장의 성분표

메주 중의 질소화합물은 단백질태질소, 수용성 질소, 아미노태질소 및 암모니아태질소로 구분할 수 있다. 이들 질소화합물들은 간장제조 및 숙성과정 중에 간장으로 용출되게 된다. 메주의 총 질소 중에 수용성 질소비율이 13~19%이던 것이, 간장숙성과정 중에 66~79%로 증가하였다는 보고가 있다. 이는 숙성 중에 프로테아제(protease)가 왕성하게 작용을 하였다는 증거가 될 수 있다.

조선간장 중의 비휘발성 유기산에서 가장 많은 것은 젖산(lactic acid)이며, 그 다음이 호박산(succinic acid)이다.

조선간장 중의 아미노산 함량을 일본식 간장과 비교하면, 표 3-13과 같다. 조선간장에서는 티로신과 페닐알라닌이 일본 간장에서보다 더 많고, 메테오닌과 히스티딘은 일본식 간장에서 더 많이 발견되었다.

표 3-13 조선간장과 일본식 간장 중의 유리 아미노산(mg/mL)

아미노산	조선간장	일본식 간장
methionie	0.78	1.18
penylalanine	0.66	0.50
tyrosine	1.40	1.15
arginine	–	–
triptophan	–	–
histidine	0.16	0.46
cystine	1.09	1.22

2. 개량식(일본) 간장

(1) 원료

원료로는 대두·탈지대두·소맥·식염 등이 되며, 부원료로 밀기울과 쌀 등이 사용된다. 재래식간장의 경우에 간장덧 숙성 중의 박(粕, 잔사)은 된장으로서 중요하게 이용되기 때문에 아직도 통콩을 사용하나, 일본식 혹은 개량식의 경우에는 대두에서 지방을 제거한 탈지대두를 주로 이용한다. 그 때문에 잔사는 간장박이라고 하여 식용불능의 폐기물로 취급되고 제거된다.

1) 탈지대두

탈지대두는 대두보다 저렴하고, 1.2배 정도 높은 총 질소량(total nitrogen, TN), 처리하기 편리한 원료, 높은 질소이용률, 단축시킬 수 있는 숙성기일 등 유리한 조건을 가지고 있기 때문에 이용량이 많다.

대두의 착유(窄油)는 과거에는 압착법에 의하였으나, 근래에는 유기용제에 의한 추출이 일반적으로 행해진다. 압착법에 의한 대두박의 유지함량은 5~8%이나, 추출법에 의한 대두박의 유지함량은 0.1~0.57%이다.

유기용제는 n-헥산(n-hexane), n-헵탄(n-heptane) 및 양자의 혼합물이 사용되며, 약 45℃로 가열하여 추출기에 넣어서 유지를 탈지한다.

추출 후에 대두는 가열하여 용제를 회수하게 되는데, 가열온도는 대두단백질의 성상(性狀)에 영향을 주어서 단백질의 열변성(heat denaturation)을 일으킴으로써 불용성의 단백질을 생성하게 된다. 이 열변성은 질소 이용률의 저하를 가져와서 간장의 질을 저하시킨다.

탈지대두의 일반성분은 표 3-14와 같다.

표 3-14 탈지대두의 성분(%)

수분	단백질	당질	지방	섬유	회분	mg/%			
						Ca	P	Fe	Na
8.0	49.0	33.6	0.4	3.0	6.0	220	500	8.4	3

2) 전분질 원료

전분질 원료로는 주로 밀이 이용된다. 밀은 약 80%의 전분질을 함유하며, 장유발효 중에 독특한 향기나 색택을 형성하는 데에 중요한 역할을 하게 된다.

소맥립(粒)은 배유, 배아, 밀기울로 나뉘며 중량비는 82 : 2 : 16 이다. 소맥 hL의 중량은 약 75kg이며, 소맥의 일반성분은 표 3-15와 같다.

표 3-15 소맥의 일반 성분(%)

연 경 (軟硬)	수분	단백질	당질	지방	섬유	회분	mg/%					
							Ca	P	Fe	V.B1	V.B2	Niacin
연질(軟質)	12.0	10.4	77.2	1.9	2.0	1.5	41	310	3.0	0.28	0.08	4.2
경질(硬質)	13.0	13.0	67.8	2.2	2.4	1.6	30	390	3.9	0.38	0.11	5.0

3) 식염

장유 담금에서 중요한 원료 중의 하나는 소금이며 우리나라의 소금은 거의 해수로부터 얻는 천일염이다. 소금의 품질은 바로 장유 제품의 맛과 직결된다. 즉, $MgCl_2$ 등의 쓴맛을 내는 성분이 적어야 하며, 철분 등은 제품의 색깔에 악영향을 주므로 그 함량이 적어야 한다. 식염의 물에 대한 용해도는 표 3-16과 같으며, 용해도는 온도에 그다지 영향을 받지 않는다.

표 3-16 식염의 용해도

온도 ℃	물 100g에 용해될 수 있는 NaCl의 g수	물에 대한 NaCl(%)
0	35.57	26.23
10	35.68	26.29
20	35.85	26.39
50	36.70	26.85
100	39.40	28.26

상온에서 식염의 포화용액은 26.4%의 NaCl을 함유하며, 그 비중은 1.20이 된다. 또한, Bé 도(度)는 물을 0° 로 하고 10% NaCl 용액에서의 시도(示度)를 10° 로 규정한 것이기 때문에 Bé와 NaCl %는 거의 일치한다.

4) 용수

용수는 무색, 무취, 투명하며 음료수로 적합하고 부유물이나 미생물에 오염되지 않은 청결한 물을 사용한다.

일반적으로 물에는 염류가 0.3~0.5g/L 정도 함유되어 있으나, 염류는 맛에 영향을 주는 것은 아니고 간접적인 영향, 즉 효소의 활성과 교질물들에 영향을 준다.

물 속의 염류는 언제나 해리된 상태의 이온으로 존재하며, 음이온(anion)과 양이온(cation)의 평형상태(aquivalent)를 유지한다. 그러므로 Cl^-, SO^{2--}, Na^+ 등으로 표현하는 것이 타당하다고 하겠다.

용수는 이온 중에서 특히 Ca^{++}와 Mg^{++}의 함량을 기준으로 경수(硬水 : hard water)와 연수(軟水 : soft water)로 분류된다.

간장 양조용수는 그 용도에 따라 ① 염수(鹽水)제조에 사용하는 물 ② 대두처리에 사용하는 물 ③ 잡용수(雜用水) 등으로 나눌 수 있다.

간장 양조용의 물은 연수와 경수의 엄격한 적부(適否)는 없으나, 보일러 용수는 연수가 좋다. 대두의 침지 및 증자의 경우에도 연수보다 경수의 경우에 성분의 용실량이 많으므로 연수가 유리하다.

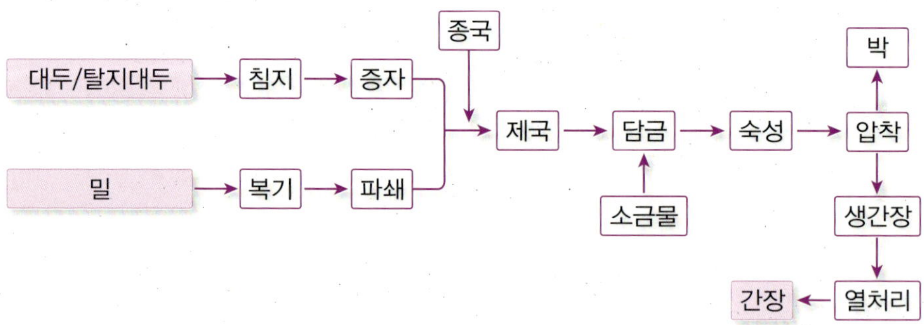

그림 3-8 개량식 양조간장 제조공정

(2) 대두의 처리

1) 대두의 침지

정선한 대두는 세척하고 침지한다. 대두의 흡수율은 시간과 수온에 따라 다르며, 또 대두가 햇콩인가 혹은 묵은 콩인가 등에 따라 다르다.

대두의 침지 정도는 함수율 150%(흡수율 115%)로 하는 것이 적당하다. 이때에 대두는 원래 대두 중량의 2.15배, 용적은 2.25배 정도가 된다.

침지시간은 여름철에는 6시간, 봄·가을에는 8~12시간, 겨울에는 18시간 정도가 필요하다. 고온(50℃ 이상)의 침지는 대두성분의 용출이 많기 때문에 피해야 하며, 또 용출량은 침지용수의 경도에 따라 달라진다. 대개 경수일 경우에 침출량이 많아진다.

2) 대두의 증자

침지 후에 물을 뺀 대두는 증자를 하게 되는데, 증자의 목적은 코지(koji)균의 프로테아제(protease)에 의한 대두 단백질의 분해를 용이하게 하는데 있다.

증자조건은 질소이용률과 밀접한 관계가 있다. 즉, 증자압력이 높아짐에 따라 이용률이 나빠지고 수용성 질소가 감소하게 되는데, 이는 단백질의 변성에 의한 것이다. 또한, 탄수화물의 양도 감소하게 되는데, 이것은 자즙액(煮汁液)으로 배출되기 때문이다.

원료대두의 증자가 부족하게 되면 제품간장에 펩티드태 질소가 많아지고 향미성분도 좋지 않게 된다.

(3) 탈지대두의 처리

1) 살수

대두와는 달리, 탈지대두는 필요한 물만을 가하여 흡수시킨 후에 증자하게 된다. 살수방법은 90~100℃의 온수를 살포하고, 잘 섞은 다음에 포(布)로 덮어서 보온하며 1시간 정도를 방치한다. 이때의 살수량은 원료중량의 120~130%로 한다.

2) 증자

탈지대두 역시 가압증자법이 사용되며, 증자조건은 10~15파운드(lb)로서 1~2시간의 범위 내에서 행하게 된다.

최근에는 연속적으로 증자되고, 적당하게 냉각되는 연속증자관(그림 3-9참조)이 개발되었다.

(4) 소맥의 처리

1) 밀 볶음

밀은 연속볶음기를 이용해서 갈색이 되도록 볶는다. 밀을 볶는 목적은 소맥 중의 수분이 고열에 의하여 급격히 팽창하여 활쇄를 용이하게 하고, 전분을 α-화해서 아밀라아제 효소작용을 용이하게 하는 데 있다. 또 수분이 많은 증자대두와 혼합할 때에 수분을 조절할 수 있으며, 유해 미생물의 사멸과 적당한 착색과 향기를 부여하는 데에 그 목적이 있다.

2) 할쇄(割碎)

볶은 밀은 수분이 4% 정도 되는데, 이것을 40℃ 이하로 냉각시켜서 롤러를 이용하여 밀알이 4~5쪽으로 될 정도까지 할쇄하게 된다. 이때 굵은 입자와 더불어 고운 가루도 생기는데, 이 가루는 증자대두 표면을 덮어서 수분조절을 돕고, 굵은 입자는 증자대두의 사이사이에서 통기를 도와서 제국을 용이하게 한다.

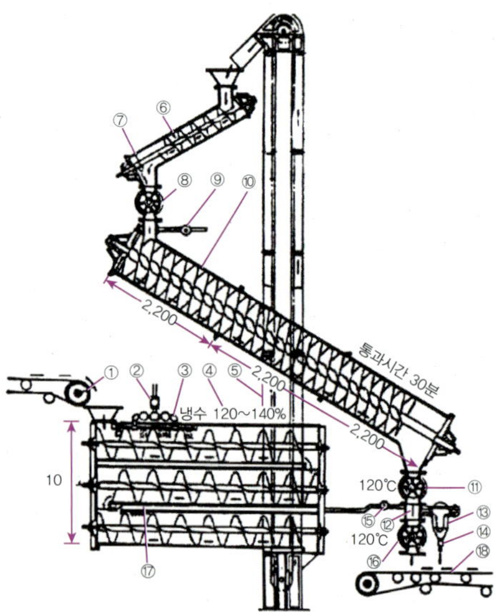

그림 3-9 연속식 증자관

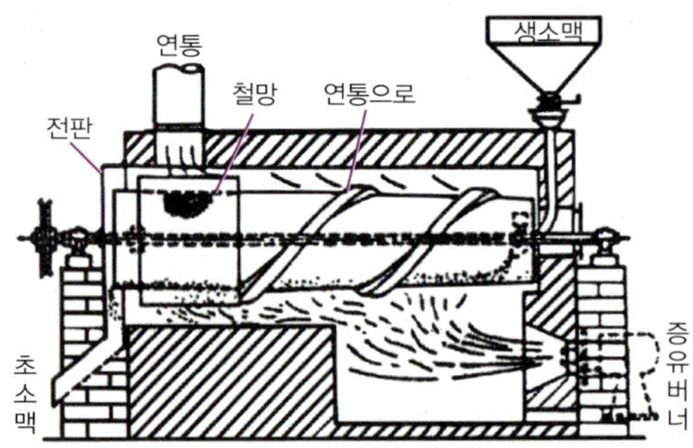

그림 3-10 연속 볶음장치

① 원료 conveye ②,③ 유량계 및 살수장치
④ 침지 screw ⑥ 도입관 ⑩ 증자관
⑪ 탈압장치 ⑯ 배출관 ⑱ 운반 belt conveye

(5) 제국

제국은 효소를 생산하는 국균의 증식을 목적으로 하며, 생산된 국(koji)은 제품의 품질을 좌우하는 중요한 요소로 원료 이용률과도 깊은 관계가 있다.

1) 국균(麴菌)

장류국에 이용되는 국균은 주로 *Aspergillus oryzae*와 *Asp. sojae*에 속하며 다수의 변종이 있다. 양자 간의 차이는 주로 형태적인 것으로 전자는 황국장모균(黃麴長毛菌)이라고 하며, 효소의 역가(力價)는 프로테아제보다는 아밀라아제 쪽이 강하다. 그리고 후자는 황국단모균이라고도 하며, 아밀라아제 쪽보다는 프로테아제 쪽의 활성이 더 강한 것으로 알려져 있다.

간장양조에서는 원료로 단백질과 탄수화물을 함께 사용하므로 당화력과 단백질 분해력이 모두 강한 균종을 선택해서 사용하는 것이 가장 좋다. 그러나 국균의 경우에 일반적으로 당화력이 큰 것은 단백질 분해력이 약하고, 단백질 분해력이 큰 것은 당화력이 약하다. 따라서 단일 균종으로 조건을 충족시키기는 매우 어렵다.

국균 선택시에 효소적 성질은 물론이거니와, 번식력이 왕성해서 잡균의 침입에 대한 저항력이 강하거나 제국조작이 용이한 것 등 여러 가지 조건이 고려되어야 한다.

① 종국

선택된 국균은 가급적 순수배양으로 다수의 건전한 포자를 형성시켜 종국으로 사용한다. 종국의 원료로는 쌀, 보리쌀, 좁쌀 등이 사용된다. 포자의 형성을 많게 하기 위해서 원료수분의 발산을 최대한으로 방지하고, 국균의 생육온도를 최적으로 하여 약 100시간 동안에 포자를 착생시킨다. 배양된 종국을 저온 건조시켜서 수분을 5~8%로 만든다. 저온에서 보존하면 15개월 정도를 저장해도 포자의 사멸은 30% 이하이다.

② 국균의 효소

국균의 효소는 증식되는 균사의 내부에서 생성되어 균체 외부로 분비되는데, 특히 포자가 착생할 무렵의 어린 균사들에게서 많이 분비된다.

국균의 효소들은 탄수화물 분해효소로서 아밀라아제·말타아제·인베르타아제·셀룰라아제 등이 있고, 단백질 분해효소로서 펩신·트립신·에렙신(erepsin)·펩티다아제 등과 산화효소인 옥시다아제·과산화수소(peroxydase)·카탈라아제·리파아제·탄닌 분해효소(tannase) 등이 있다.

2) 제국의 방법

① 일반 제국법(麴蓋法)

제국법 중 가장 고전적인 방법으로, 증숙해서 냉각된 원료를 국실 내의 거적 위에 옮기고 종국을 잘 혼합하여, 처음에는 다소 두껍게(약 10cm) 깔아 두었다가 36~37℃에 이르면 전체를 잘 손질하는 '1차 손질'을 하고 얇게(약 3~5cm) 깐다. 다시 온도가 올라가서 36~37℃가 되면 '2차 손질'을 한 후에 품온을 30℃로 계속 유지하며 제 4일에는 출국(出麴)을 한다.

② 상자국법

약·탁주제조의 입국에서와 같이, 국상자에 담고 온도 조절을 하며, 국균을 증식시키는 방법이다.

③ 기계제국

기계제국의 이점으로는 품온을 자유로이 조정할 수 있고, 국실면적을 적게 하며, 많은 인력을 필요로 하지 않고, 오염방지가 수월하다는 점 등을 들 수 있다. 기계제국에는 다음과 같이 세 가지 기본형식이 있다.

- **회전드럼식** : 회전드럼에 국재료를 넣고 통풍하며 손질 대신에 회전에 의한다 (그림 3-11 참조).
- **강제통풍식** : 국재료는 고정된 상자에 넣고 손질은 손이나 기계적으로 한다 (그림 3-12 참조).
- **표면통풍식** : 국재료는 비교적 얇게 쌓고 표면이나 이면으로 통풍을 하며 손질이 필요하지 않다(그림 3-13 참조).

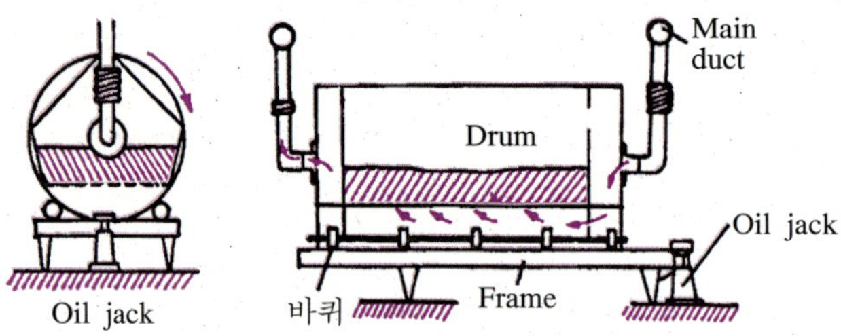

그림 3-11 회전드럼식

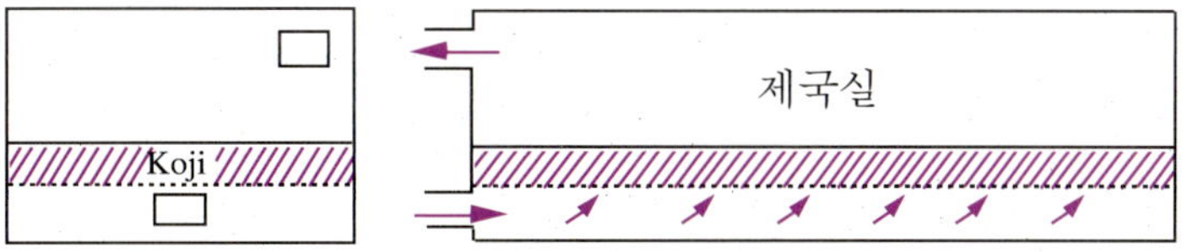

그림 3-12 정치 강제통풍식

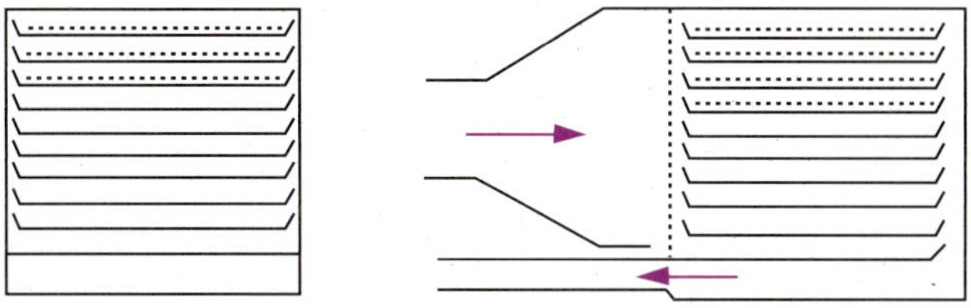

그림 3-13 표면통풍식

3) 국실의 살균

국실의 일반적인 살균법은 공간살균법으로 유황이나 포르말린에 의한 훈증(薰蒸)으로 행해지고 있다.

① **유황훈증법** : 유황을 용기에 넣고 가열하여 녹으면 점화시켜 태운다. 아황산가스는 습기가 있을 때에 살균효과가 크나 철제(Fe)를 부식시키는 단점이 있다. 밀폐한 상태로 하룻밤 동안에 살균을 마친 다음, 아황산 냄새가 사라질 때까지 문을 열었다가 사용한다. 유황의 사용량은 110~150g/3.3m^{3}이 적당하다.

② **포르말린 살균법** : 포르말린 가스를 가열 충만시키거나, 포르말린을 1:15의 비율로 물로 희석하여 분무한 다음, 하루 동안 밀폐한 후에 사용한다. 포르말린 사용량은 국실 360ml/33m^{3}이다. $KMnO_4$ 1g에 포르말린 1mL를 혼합하면, 포르말린 가스가 생성되어 살균을 할 수 있다. 이때 순간적으로 발생하는 가스로부터 눈을 보호하여야 한다.

(6) 담금

간장 국(麴, koji)에 염수를 가해서 잘 혼합하고 교반하여 간장덧을 만드는 것을 담금이라고 한다. 담금 탱크는 생산 규모에 따라 목통, 철근 콘크리트, 수지를 바른 철탱크, 스테인레스 탱크 등이 이용된다. 담금한 것은 서서히 팽연(膨軟)하게 되어 부피가 증가하게 된다. 그렇기 때문에 담금용기는 원료용량의 2배가 되어야 한다.

담금하는 염수의 농도는 간장의 숙성이나 품질에 영향을 크게 미치게 된다. 대두 단백질은 국균의 프로테아제(protease)에 의하여 약 90%까지 수용성으로 되고, 그 중 60%까지는 아미노산으로 분해되는데, 식염농도가 낮으면 전질소(TN : total nitrogen) 및 아미노 질소의 용출이 좋고, 발효가 양호하여 잔당이 적어지고 산미를 띠게 되며, 간장의 색은 짙어진다. 그 반대로 식염농도가 높을 때는 색이 엷어지게 된다.

유해 미생물의 생육저지 식염농도는 약 15%이나, 여름철에는 17~18%가 안전하다. 따라서 담금 후에 덧의 식염농도는 대략 17~18%로 되는 것이 좋다. 담금할 때는 필요한 양의 염수를 탱크에 넣고 간장 국(麴)을 며칠에 걸쳐서 투입하는데, 이 기간이 3~4일 이상 되면 좋지 못하다.

담금의 비는 원료 1L에 대하여 1.1~1.3L이고, 무게로 표시하면 대두 1L는 0.72kg, 소맥은 0.75kg, 탈지대두는 0.60kg이 된다.

(7) 숙성

담금 후에 원료국의 성분에 작용하는 국(麴)의 각종 효소와 간장덧 중에 혼입된 효모 및 세균 등이 분비하는 각종 효소는 함께 작용하여 분해, 발효, 기타 복잡한 변화를 거쳐서 숙성된다.

1) 간장덧 중의 미생물

간장 양조에 필요한 미생물은 국균·효모·젖산균의 세 가지 균류이다. 이들 중 효모나 젖산균은 배양하여 이용하지 않고, 야생균의 자연번식에 의존한다.

국균은 제국(製麴) 중에 생성된 효소로 대두나 소맥 중의 단백질과 전분질을 분해하여 가용성이 되게 해주나, 그 외에는 간장덧에 포자의 상태로 일정기간 남아 있다.

효모는 주로 내염성의 효모로, *Zygosaccharomyces rouxii*(*Saccharomyces rouxii*를 1984년에 개명)가 주동적으로 간장 덧에서 생육하며, 당류를 발효하여 알코올과 기타 향기성분을 생성시킨다. 그 밖에 *Candida, Debaryomyces, Nadsonia, Torulopsis*속 등이 발견되나, 이들의 분포와 수는 원료 또는 발효장소 등에 따라 다르다.

이들 효모는 간장덧의 숙성이나 향기생성에 중요한 역할을 하지만 표면에 산막을 형성하여 향미에 지장을 주는 것들도 있다. 그 중 *Hansenula*와 *Pichia*가 대표적인 유해효모들이다.

젖산균 역시 내염성 균으로 *Pediococcus sojae*가 주동적인 것으로 알려져 있고,

이들은 생육하며 온화한 산미의 젖산을 생성하여 간장의 pH를 적당하게 유지시키고, 일반적인 유해 미생물의 증식을 억제하는 역할을 한다.

그 밖의 젖산균으로서는 *Streptococcus faecalis* 등이 있고, 비내염성 젖산균도 담금 1개월까지 다수 존재하나, 그 후는 급격히 사멸하여 감소한다.

발효를 통하여 생성된 산과 알코올은 에스테르를 형성하여, 간장의 독특한 향기성분을 만들어 준다.

(8) 제성

제성은 덧이 숙성되면 압착하여 여과한 후에 조합하여 다림하는 과정을 뜻한다.

1) 간장덧의 압착

간장덧에는 점조성(粘稠性)의 콜로이드 물질이 다량 존재하기 때문에 보통의 여과법으로는 액과 박을 분리하기가 쉽지 않다. 따라서 덧을 압착포대에 넣은 후에 하루 동안은 그대로 두어서 자연여과를 시키고, 점차 압력을 가하여 약 5일 동안 압착하여 여과한다.

여기에서 나온 액즙(간장)을 생간장이라고 하는데, 생간장은 맛이 거칠고 향기가 조화되지 못하였을 뿐만 아니라, 각종 미생물이 존재하여 저장성이 없으므로 품질을 일정하게 하기 위하여 저장 탱크에 옮겨서 일정 기간을 저장하여 침전물이 침전되도록 한다.

2) 조합과 달임

생간장은 달이기 전에 성분을 조정하고 필요에 따라 부원료인 설탕이나 캐러멜 등을 넣거나, 또는 다른 제품과 혼합하는 등의 조작을 하는데, 이런 작업을 조합(blending)이라고 한다.

생간장 중의 잔류효소를 불활성화하고 미생물을 살균하는 동시에 향기와 풍미를 조화시키고 청징하여 품질의 안정성을 얻기 위하여 달이기를 한다.

달일 때, 미생물이나 효소의 파괴는 60~70℃에서 10분 정도 보존하면 될 수 있으나, 보존료를 용해하는 데는 80℃의 품온이 필요하다. 달이는 중에 미생물이 살균되고 열응고성 물질이 응고·침전되며 맛과 향기가 개선된다.

예전에는 60℃에서 간장을 달였으나 보존성에 문제가 있어서 근래에는 80℃ 정도로 온도를 올려서 처리하고 있다.

달이는 방법은 공장의 규모에 따라 개방식과 밀폐식이 있고, 밀폐식에는 사관식과 플레이트 히터(plate heater)식이 있으며, 연속으로 달이기를 할 수 있다는 장점이 있다(그림 3-14 참조).

밀폐연속식의 장점을 구체적으로 나열하면 다음과 같다.

① 대량의 간장을 단시간에 처리할 수 있다.
② 열을 효율적으로 이용할 수 있다.
③ 위생적이다.
④ 휘발성의 향기를 보존할 수 있다.

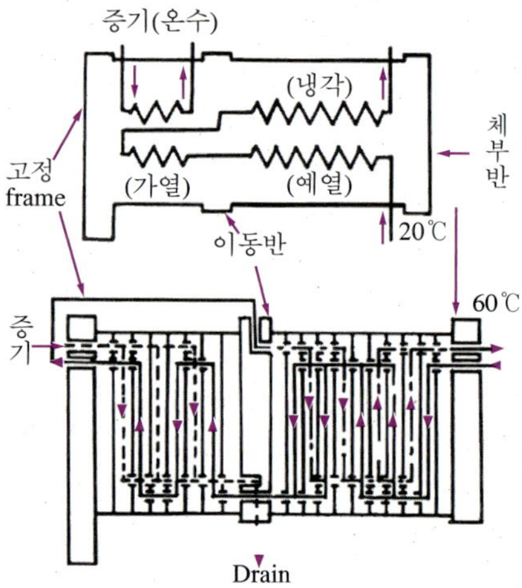

그림 3-14 플레이트식 열교환장치

그림 3-15 최신 플레이트 열교환기의 사진

3) 보존료

간장을 공기 중에 방치하면 표면에 백색의 산막효모가 발생하는 것을 볼 수 있다. 주로 *Zygosaccharomyces japonicus, Zygosacch. salus*와 *Pichia, Hansenula*속 등이다.

이들의 발생을 막기 위하여 보존료로 POBA(p-hydroxybenzoic acid)의 에스테르, 안식향산의 Na염 등이 사용된다.

POBA 에스테르의 사용량은 0.25g/L 이하를 사용할 수 있으며, 효모류 및 사상균류에 항균력이 있고, 세균에도 약간의 항균성이 있다. 또 안식향산과 안식향산 Na염은 0.6g/kg 간장 이하를 사용할 수 있으며, 효과는 POBA의 약 1/25 정도이나

NaCl의 존재가 효과를 상승시킨다. 또 pH에 의해서도 그 효과는 달라진다(pH가 높을수록 필요량은 많아짐).

(9) 간장의 성분 및 규격

간장 중의 질소성분은 원료대두나 밀에서 기인하며, 50~70%는 유리 아미노산, 15~35%는 펩티드, 11~15%는 암모니아태질소로 존재한다. 그 밖에도 미량의 핵산관련 질소, 갈변물질, 아민의 형태로 존재한다.

간장의 감칠맛을 내는 것은 아미노산이며, 아미노산 중에서도 가장 직접적인 감칠맛을 주는 것은 글루탐산(glutamic acid)으로, 가장 높은 함량을 가지고 있다.

우리나라 시판 간장의 규격은 표 3-17과 같다.

표 3-17 우리나라 시판 간장의 규격

구분 / 등급	순 ex(%)	염분(%)	총 질소(%)	완충능	비중(Bé)
1 급	12 이상	16 이상	1.0 이상	1.6 이하	22.0
2 급	10 〃	16 〃	0.8 〃	2.0 〃	20.0
3 급	8 〃	16 〃	0.6 〃	2.5 〃	18.0

간장의 완충능은 1963년에 일본에서 처음으로 간장의 품질규격으로 표시한 것으로, 간장을 물로 약 70배까지 희석하여도 pH변동은 0.1 이내로 완충작용함을 의미한다. 간장의 완충작용이 강할수록 품질이 우수한 간장이다.

간장의 완충작용에는 유기산이나 인산이 관여하지만 완충능을 좌우하는 주된 성분은 아미노산과 질소화합물이다. 아미노산 중에서도 산성 아미노산과 인산이 간장의 완충작용을 지배한다.

[핵심문제 정리]

1. 장류의 종류와 성분을 정리하라.

2. 단백질은 어떻게 분해되는가?

3. 식품의 가장 중요한 성분과 그 맛들을 정리하라.

4. 된장의 종류 및 특성과 제조과정을 말하라.

5. 고추장의 제조과정을 정리하라.

6. 청국장의 제조과정을 정리하라.

7. 조선간장과 일본식 간장의 특성과 제조과정을 정리하라.

Chapter 4. 침채류

1. 김치류
2. 단무지

Chapter 4
침채류

학습 목표

- 김치의 종류, 성분 및 발효미생물을 활용하여 김치를 담글 수 있다.
- 단무지의 성분, 종류 및 발효미생물을 이해하고, 단무지를 제조할 수 있다.

1. 김치류

김치류는 한국인의 기호성을 대표하는 중요한 식품으로 오랜 역사와 전통을 지니고 있다. 김치는 배추나 무 및 기타 채소를 주재료로 하여 소금·고춧가루·젓갈·마늘·생강 등의 부재료를 첨가해서 발효시킨 것으로, 발효과정 중에 생성된 각종 유기산과 부원료로부터의 향신미나 감칠맛 등이 조화되어 독특한 향미가 있다. 또한, 야채가 생산되지 않는 동절기에 영양손실이 없이 저장하여 식용할 수 있는 저장식품으로도 그 가치가 크다.

김치는 젖산균이 젖산발효를 한 발효식품으로 살아 있는 젖산균은 정장(整腸)작용이 있는 것으로 알려져 있고, 식이섬유(dietary fiber)의 급원이자 다양한 비타민의 급원이 되고 있다.

우리나라 식품위생법에서는 김치를 절임류에 포함시키고 '통상적으로 식용하는 야채·과실·버섯·어패류·해조 등의 원료를 그대로, 또는 전처리한 후에 소금·간장·된장·고추장·식초·겨자나 기타 재료에 절임(무침, 조림, 발효한 것도 포함)한 식품' 이라고 규정하고 있다.

김치류는 상고시대부터 존재하였을 것으로 추정되나, 문헌에 등장한 것은 약 3천여 년 전의 중국「시경(詩經)」에 '저(菹:채소절임 저)' 가 나오는데, '저' 란 오이로 담근 침채류로 정확한 내용은 없다.

우리나라에서는「삼국사기(三國史記)」중에 신라 신문왕 때의 폐백(幣帛)품목에 김치를 뜻하는 '혜(醯:초혜)' 가 표기되고, 고려 중엽 이규보의「동국이상국집(東國李相國集)」의 "무청을 장 속에 박아 여름철에 먹고 소금에 절여 겨울에 대비한다."라는 구절로 보아서 오늘날의 장아찌나 김치를 뜻함을 짐작할 수 있다.

정확한 김치에 대한 상세한 기록으로는 1827년에 쓰여진 「임원십육지(林園十六誌)」의 저채류(菹菜類)편에 92종의 제조법이 있는데, 이 서적은 이전에 한글로 적힌 요리책인 「규합총서(閨閤叢書)」·「음식지미방(閨壺是議方, 1679년경)」·「산림경제(山林經濟, 1715년경)」·「증보산림경제(1766년경)」 등을 종합 정리하여 편찬된 것으로, 담그는 시기나 재료와 담그는 방법 등이 자세히 기술되어 있다.

김치란 말은 담근다는 '저(菹),' '지(漬)' 로 불리다가 1600년대에 '침채(沈菜)' 로 불리우면서 침채→팀채→딤채→김채→김치로 변형된 것으로 추측되며, 지금도 일부 지방에서 김치를 '짠지' 라고 하는 것은 '짜게 담근 것' 이라는 뜻에서 유래된 것이다.

1. 김치의 종류

김치류는 사용되는 재료와 담그는 방법에 따라 그 종류가 매우 다양하다. 김치 및 절임류의 표준화에 대한 한 연구에서 김치류를 크게 김치류·깍두기류·동치미류·절임류·짠지류·식해류 등으로 구분하고 다시 이들을 세분하여 179종으로 나누었는데, 이 중 100여 종이 김치류로서 이들을 배추김치류·무김치류·석박지·파김치·육류어패류김치·해조류 김치·물김치 등으로 분류하였다.

이러한 김치류의 분류는 주로 주원료에 따라 분류되며, 다시 부원료에 의해 종류별로 구분된 것으로, 주원료는 채소류로서 약 30여 종의 원료가 사용되고 부원료로는 과실류·곡류·육류·어류 등이 사용되며 향미증진을 위한 고추·마늘·생강 등 향신료가 첨가된다. 또한, 각 지방에 따라 독특한 부원료를 사용하여 특색 있게 담그는 향토적인 김치도 있다(표 4-1 참조).

표 4-1 우리나라 지방별 향토김치

지역	종류	지역	종류
서울	• 장김치, 순깍두기	경상	• 전복김치, 속세김치, 코잎김치, 골골짠지, 우어김치, 부추김치, 고구마김치
경기	• 용인오이지, 순무김치, 고구마줄기김치, 꿩김치, 숙김치, 보쌈, 무비늘김치, 백김치	제주	• 전복김치, 동지김치, 해물김치, 나박김치
강원	• 채김치, 동치미	황해	• 호박김치, 갓김치, 고수김치, 동치미
충청	• 열무무김치, 가지김치, 박김치, 시금치김치, 호박김치, 가지김치	평안	• 가지김치, 영변김장김치, 동치미
전라	• 어리김치, 고들빼기김치, 갓김치, 배추포기김치, 검들김치	함경	• 콩나물김치, 쑻갓김치, 함경도대구깍두기, 채칼김치

2. 김치의 재료

주원료로서는 배추와 무가 주를 이루고 있지만 열무·가지·오이·고추 등 30여 종에 이르는 식물성 야채와 북어·가자미·굴·명태 등의 동물성 재료도 사용된다. 부원료로 사용되는 재료도 채소류, 과일류, 곡류, 육류, 어류 등 40여 종 이상이 사용된다. 또한, 향신료 및 조미료도 다양하여 마늘, 고춧가루, 생강 등을 비롯하여 일반 조미료나 젓갈류 등 40여 종이 사용된다. 김치류의 제조원료는, 표 4-2와 같다.

표 4-2 김치류의 제조원료

구 분		재 료
주재료	김 치	배추, 무, 열무, 갓, 양배추, 가지, 고들빼기, 돈나물, 파, 오이, 상추, 미나리, 동과, 고추, 마늘, 부추, 생강
	장아찌	무, 파, 마늘, 생강
	오이지	오이, 소금
	깍두기	무, 마늘, 파, 생강
	동치미	무, 배추, 파, 고추, 생강
	식 혜	무, 가자미, 마늘
부재료	식물성	미나리, 당근, 갓, 쑥갓, 시금치, 무청, 콩잎, 깻잎, 파, 마늘, 오이, 고춧가루, 실고추, 석이, 표고, 대나무잎, 대추, 호박, 은행, 잣, 토마토, 곶감, 사과, 배, 밤, 밀가루, 찹쌀, 보리쌀, 엿기름, 좁쌀, 누룩
	동물성	굴, 조기, 새우, 오징어, 문어, 낙지, 동태, 대구, 연어, 쇠고기, 돼지고기, 계란
조미 향신료		소금, 간장, 식초, 참기름, 엿, 깨, 조미료, 감미료, 파, 마늘, 생강, 부추, 겨자, 후추, 양파, 계피, 달래
젓 갈 류		새우젓, 멸치젓, 갈치젓, 조개젓, 황새기젓, 조기젓, 꼴뚜기젓, 곤쟁이젓

(1) 주원료

오늘날 각 가정에서 가장 많이 담그는 김치류는 배추나 무를 주재료로 한 배추김치나 깍두기가 주종을 이루고, 공업적으로 생산되는 품목도 역시 이 두 가지가 주종을 이루고 있다.

주재료별로 김치류를 분류해 보면, 무를 재료로 이용한 김치류는 62종으로, 배추를 주재료로 이용한 25종보다 배 이상이나 많다.

배추 품종으로는 크게 결구(結球)배추와 비결구(非結球)배추로 나뉘는데, 일반적으로는 결구배추가 가장 많이 이용된다.

좋은 상품으로서의 배추는 다음과 같은 품질이어야 한다.

① 녹색잎수가 많으며 껍질이 얇고 결구가 좋고 단단할 것
② 깨끗하고 신선할 것
③ 햇배추는 클수록 좋고, 가을배추는 보통 크기의 것으로 결구가 좋고 무거울 것
④ 저장배추는 녹엽이 붙어 있고 신선해 보일 것

무의 품종은 재래종과 일본계 종으로 크게 나눌 수 있는데, 재래종은 몸집이 짧고 육질이 단단하며 일본계 종은 몸집이 길고 매끈하며 육질이 무르다. 무는 김장무, 짠지무, 알타리무(총각김치무), 부식용 무 등으로 용도에 따라 품종이나 상품성을 달리한다. 그러나 일반적으로 크고, 모양이 바르고 흠이 없으며, 깨끗하고 윤택한 모양을 하고, 매운맛이 적고 감미가 있으며, 육질은 단단하고 치밀한 것이 좋은 무이다.

(2) 부재료

김치에 쓰이는 채소, 과일, 향신료 등은 약 65종이다. 젓갈류 10종을 비롯해서 총 111종의 주·부재료가 김치를 만드는 데에 이용되고 있다.

양적으로 가장 많이 담그는 배추김치의 경우, 부재료는 약 30여 종이다. 보쌈김치의 경우는 35종이나 된다. 그러나 공업적으로 생산되는 김치에는 이와 같이 다양한 종류의 부재료가 쓰이지 않으며, 배추김치에 쓰이는 부재료는 약 5~9종에 불과한 듯하다.

3. 김치의 담금법

김치는 일반적으로 봄·여름·가을의 제철에 담그는 일반 김치류와 채소가 자연적으로 생산되지 않는 겨울철에 식용하기 위해 담그는 김장김치로 나눌 수 있다.

김치의 맛은 원료와 부원료에 따라 차이가 있지만, 담그는 방법에 따라서도 크게 달라진다. 즉, 주원료의 자르기, 절임, 버무림, 헹굼, 발효, 저장, 심지어는 저장용기에

따라서도 그 맛이 달라진다. 또한, 지방별로 독특한 제조방법이 있는데, 경기·충청 지방은 새우젓을 사용하는 반면, 경상·전라 지역은 멸치젓을 주로 사용한다. 그리고 북쪽지방은 싱겁고 고춧가루를 덜 사용하지만, 경상지방은 짜고, 전라지방은 비교적 매운 것이 특징이다.

김장 김치류의 제조과정은 다음과 같다.

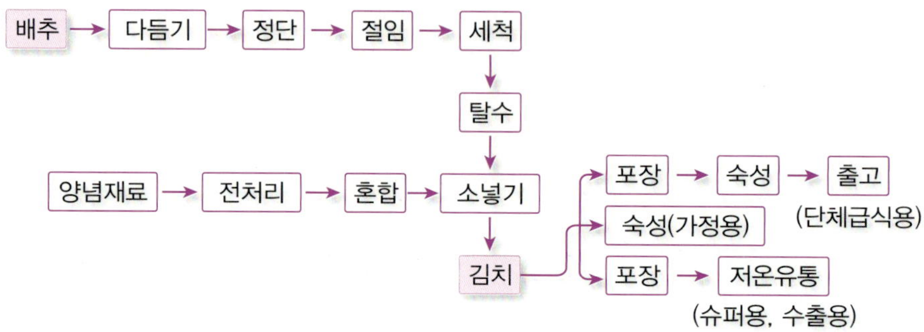

그림 4-1 배추김치의 제조공정

* 원료배추의 가식부 선별→절단→소금 절임→헹굼→부재료 첨가(소넣기)→저장숙성 →김치

김치를 제조할 때에 중요한 과정 중의 하나는 **절임과정**으로 김치류의 종류에 따라 다양하다.

과거의 절임방법에는 ① 소금에 절이는 방법 ② 소금에 술지게미를 섞는 방법 ③ 소금에 쌀죽이나 식초를 넣어 함께 절이는 방법 ④ 장류에 절이는 방법 등이 있었다. 소금에 절이는 방법은 지금의 일반김치·오이지·장아찌 등의 절임방법이고, 소금에 쌀죽을 섞어 절이는 이유는 쌀죽에 의한 발효촉진과 다양한 유기산의 생성 및 감미 효과를 기대한 것이다. 술이나 술지게미를 사용하는 절임방법은 미생물에 의한 발효를 효과적으로 하기 위함이다. 장류에 절이는 경우는 염도 외에도 감칠맛을 얻기 위함이다.

절임방법은 김치류의 종류에 따라 다양하게 개량되었다. 일반적으로 김치의 절임에는 식염을 사용하는데, 식염의 농도·온도·절임시간에 따라 그 맛과 품질이 달라진다. 식염농도는 최종 배추의 염농도가 3%인 경우가 가장 적당하며, 그 이하인 경우는 쉽게 연부(軟腐)현상이 일어나고, 그 이상일 경우는 김치의 색깔과 향미가 불량해진다. 절임시간은 식염농도가 높을수록 단축된다.

절임 현상은 소금의 삼투압작용으로 채소에 염분이 침투함으로써 이루어진다. 보통의 채소 세포의 세포질 삼투압은 5~10기압 정도인데 염수의 삼투압이 이보다 낮으면 절임현상이 일어나지 못한다. 그러나 2% 식염수는 15기압 정도의 삼투압이 있고, 10% 식염수는 70기압 정도의 삼투압이 있으므로 채소를 염지하면 탈수·원형질분리·세포의 기능정지가 순차적으로 일어나기 때문에 절임 현상이 나타나게 된다.

절이는 방법은 마른 소금법과 염수법이 있다. 마른 소금법은 배추의 폭 사이사이에 마른 소금을 뿌려서 차곡차곡 쌓아 놓는 방법이며, 소금의 사용량은 재료의 약 10~15%로 한다. 염수법은 15% 내외의 식염수에 약 6시간 동안 담그어 놓는 방법이다.

절임의 표준은 배추 중의 염농도 3%를 기준으로 하며, 기호에 따라 또는 저장기일에 따라 조정할 수도 있다. 상온에서 배추 중에 3%의 염농도를 갖게 하려면, 20% 식염수에서는 3시간, 15% 식염수에서는 6시간, 3% 식염수에서는 24시간이 소요된다.

숙성기간은 일반가정에서는 5~10℃에서 장기간 숙성시키나, 공업적 생산인 경우는 20~30℃에서 2일 정도를 숙성시킨다.

숙성온도 및 식염농도별 배추김치의 숙성기간은 표 4-3과 같다.

표 4-3 숙성온도·식염농도별 배추김치의 숙성기간(일)

숙성 온도(℃)	염 농 도			
	2.3%	3.5%	5.0%	7.0%
30	1~2	1~2	2	2
20	2~3	2~3	3~5	10~16
14	5~10	5~12	10~18	31~22
5	35~180	55~180	90~180	–

소넣기는 각종 부재료를 미리 혼합해서 소를 준비한 다음, 절인 배추포기를 한 가닥씩 젖히면서 조금씩 소를 넣는 것을 말한다. 절인 배추는 소를 넣기 전에 맹물로 한 번 헹구어서 광주리 등에 올려놓고 충분히 물빼기를 한 후에 사용한다.

소를 채운 절임배추는 용기에 차곡차곡 다져 넣음으로써 혐기적 상태를 유지시키며 발효와 숙성을 하게 한다.

4. 김치류의 발효미생물

김치류에 있어서 발효·숙성에 관여하는 미생물들은 식염농도·온도·pH의 변화·산소의 존재 여부에 따라 그 생육조건에 맞는 일부 미생물만이 생육되며, 김치의 숙성정도에 따라 관여하는 미생물도 달라진다. 발효가 진행됨에 따라 pH는 낮아지며, 당의 함량은 감소되고 산의 양은 증가된다. 따라서 발효 초기에는 내염성(耐鹽性) 세균들이 주로 생육하고, pH가 낮아지면 내산성(耐酸性) 세균들이 생육하게 된다. 또한, 호기성균은 초기에는 증가하다가 점차 감소하며, 숙성이 이루어지면 다시 증가한다. 혐기성균은 초기부터 계속 증가하다가 호기성균들이 증가하게 되면 점차 감소된다.

김치의 발효과정 중 분리 동정된 세균으로, 호기성 세균은 *Pseudomonas mira, Ps. nigrifaciens, Bacillus macerans* 등이 있고, 혐기성 세균으로는 *Leuconostoc mesenteroides, Lactobacillus plantarum, L. brevis, Streptococcus faecalis, Pediococcus pentosaceus* 등이 있으며, 그 밖에도 200여 균주의 미생물들이 분리된다.

김치숙성 중의 각 세균의 증감에 대한 연구를 보면, 이상젖산발효균인 *Leuconostoc mesenteroides*는 처음부터 그 수가 많은 것이 특이하며, 정상젖산발효균인 *L. plantarum*은 전자보다는 늦게 출현하였다가 끝까지 그 수가 감소되지 않는 것으로 보아서 대단히 강한 내산성균임을 알 수 있다. 따라서 이 균이 김치의 주요 숙성균이라고 믿어 왔던 과거의 인식보다는 김치의 산패에 더 관계가 있다고 보는 것이 타당하며, 김치의 주요 숙성균은 *Leuconostoc mesenteroides*라고 보는 것이 타당하다는 견해가 많다.

효모로는 *Saccharomyces cerevisiae, Sacch. pretoriensis, Sacch. salmathicense, Sacch. bayanus, Candida cacaoi, Rhodotorula glutinus* 등 13종이 분리 동정되었으며, 이들은 김치 향미성분의 생성에 관여하는 것으로 알려졌다.

5. 발효과정 중의 성분변화

(1) 유기산

김치의 발효는 혐기적 상태에서 일어나며 각종 유기산과 탄산가스가 생성되고, 김치는 계속적으로 형태변화나 성분변화가 일어난다.

김치의 숙성발효 중 가장 큰 변화는 미생물에 의한 유기산의 생성으로, 당류로부터 젖산(lactic acid)·구연산(citric acid)·초산(acetic acid)·석신산(succinic acid)·말산(malic acid) 등이 생성된다. 따라서 상대적으로 당함량은 감소되고 pH도 낮아진다.

각 유기산별 생성에서 초산·구연산·말산·옥신산 등은 발효초기에는 생성이 증가되다가 숙성후기에는 감소하는 경향이 있고, 젖산과 피로글루탐산(pyroglutamic acid)은 숙성이 진행됨에 따라 계속 증가한다.

(2) 비타민

배추나 무는 비타민 C와 카로틴(carotene)이 다량 함유되어 있으며, 부원료로 사용되는 재료에도 비타민군이 비교적 많이 들어 있다.

일반적으로 숙성기간 중 비타민 함량은 숙성과 더불어 증가되다가 숙성 적기에 최대를 나타내고 그 후에 감소된다. 비타민 C는 숙성 초기에는 감소되다가 점차 증가되고 후기에 다소 감소되는데, 이는 부재료인 당근에 의해 파괴되기 때문이라고 알려져 있다. 당근이 비교적 많은 나박김치나 배추김치는 다른 김치류에 비해 비타민 C의 파괴가 현저함에서 알 수 있다. 카로틴은 김치가 숙성됨에 따라 그 함량이 감소하는 경향이 있다. 비타민 B_1과 B_2의 함량도 초기에는 약간 감소하다가 점차 증가하는데, 숙성 기간에 증가되는 현상은 미생물에 의하여 합성되거나 조직 중의 비타민이 효소작용에 의해 유리되어 나오는 것으로 추측된다.

(3) 향기성분

김치의 향기성분은 아황화메틸(dimethyl disulfide), 다이메틸 트리설파이드(dimethyl trisulfide), 디프로필 디설파이드(dipropyl disulfide), 1-이소시오시아네이트(1-isothiocyanate), 디알릴 디설파이드(diallyl disulfide) 등이 주종을 이룬다. 그 밖에 알코올류 또는 알데히드류가 있는데, 이들은 주로 파·마늘·생강 등의 향신료에 의해 생성된 물질이다.

풋내 성분인 cis-3-hexen-1-al의 함량은 숙성기간 중 현저하게 감소되어 최적 숙성된 때에는 거의 소멸된다.

(4) 아미노산

유기산과 더불어 김치의 향미에 크게 영향을 끼치는 아미노산의 함량은 숙성기간 중 증가를 나타내며, 약 17종의 아미노산이 검출되었다. 김치에 젓갈을 첨가한 경우에 이들의 함량은 증가하였는데, 이는 젓갈 중의 단백질 성분들이 미생물 효소에 의해 분해되어 일어나는 것으로 추측된다.

(5) 펙틴(pectin)

김치 품질저하의 가장 큰 원인은 성분 중의 펙틴질의 분해에 의해 일어나는 연부현상이다. 펙틴질을 분해하는 효소는 폴리갈락투로나아제(polygalacturonase)로 알려져 있으며, 이들 연부효소를 분비하는 미생물은 *B.subtilis, Sacch.fragilis, Candida pseudotropicalis, Oospora lactis,* 기타 *Aspergillus*속, *Penicillium*속 등이 있다.

(6) 연부방지법

연부작용의 방지책은 살균과 냉장, 그리고 포장재의 이용 등이 연구되고 있다.

0~5℃에서 저온저장을 했을 때에는 3개월 이상 품질이 유지되고, 60~65℃에서 10~20분 동안 가열 살균처리하면 4개월 이상 품질이 보존되며, 플라스틱 필름을 사용할 때에도 많은 효과를 볼 수 있으나, 가열살균이나 포장재 사용은 영양가 손실이나 식품위생상의 문제점이 제기된다.

산패나 연부방지의 목적으로 사용되는 첨가제는 벤조산나트륨(sodium bezoate, 0.04% 사용), 소르브산(sorbic acid, 0.1% 사용), ρ-oxybuthylbenzoate (0.01% 사용), 소듐데하이드로아세테이트(sodium dehydroacetate, 0.01% 사용) 등이 있다.

그 밖에도 항산화제의 사용도 검토된 바 있으나, 김치 성분과의 상호작용을 고려하여야 하며, 방사선 조사에 의한 연부방지법도 많은 연구가 진행되고 있다.

2. 단무지

단무지(다쿠앙)는 일본식 절임류(쓰케모노) 중의 하나로, 원래 절임류의 기원은 채소를 바닷물로 절이기 시작한 데서 비롯되었다고 한다. 문헌상으로 가지나 생강의 쌀겨절임, 주박(酒粕, 술지게미)절임, 간장덧절임 등이 나타난다. 더욱 진보된 방식의 절임은 청주 양조기술의 발달에 따라 그 주박을 이용한 박절임이 발달하였으며, 단무지 등이 에도시대부터 본격적으로 발달하게 되었다.

1. 단무지의 정의

(1) 일본 절임류

절임류의 분류방법은 원료나 절임방법, 미생물의 작용방법 등에 따라 여러 가지가 있다. 하지만 일본 전국의 쓰케모노협회에서 채용하고 있는 분류는 표 4-4와 같다.

표 4-4 일본 쓰케모노의 분류

분 류	명 칭	재 료
쌀겨절임	다쿠앙(단무지)절임 무절임	무
간장절임	후쿠신스케 와리보시쓰케 채소간장절임	채소
주박절임	채소나라쓰케 가스쓰케	고초냉이, 무, 산채(山菜)
초절임		염교, 하리하리쓰케, 센마이쓰케
소금절임	소금절임 염교 소금절임 채염지(菜鹽漬) 나노하나쓰케 자소씨절임 우매보시(梅干) 우매쓰케(매실절임)	생강, 벚꽃 고채(高菜), 배추
된장절임	채소된장절임 산채된장절임	산우엉, 고비
고추냉이절임		고추냉이
고지절임	뱃다라쓰케 아사쓰케	
덧 절 임	간장덧절임 된장덧절임	

이 중에서 간장절임과 초절임은 거의 미생물의 작용을 받지 않는 절임이다. 박절임·된장절임·고추냉이(겨자)절임·간장덧절임 등은 미생물의 작용에 의존하는 절임방법이고, 쌀겨절임은 미생물의 발효작용을 가장 많이 받는 절임류라고 할 수 있다.

(2) 단무지절임

단무지절임(澤庵漬, Takuantsuke)이란 생무 또는 말린 무를 염지(鹽漬)한 후에 이를 조미료, 향신료, 색소 등을 가한 쌀겨나 밀기울에 절인 것을 말한다.

단무지는 절임류 중 대표적인 것이며, 우리나라에서도 많이 생산·소비되고 있다.

일본 단무지는 혼스케(本漬) 다쿠앙, 하야쓰케(早漬) 다쿠앙 및 잇죠쓰케(丁漬) 다쿠앙의 세 가지로 구분된다.

다쿠앙 제조의 원류(源流)는 혼쓰케 다쿠앙 제품이다.

2. 단무지의 종류

(1) 혼스케 다쿠앙

1) 무의 건조

무는 감미가 많고 육질이 치밀한 것을 택한다. 무를 건조할 때는 식용시기에 따라서 건조 정도를 달리한다. 식용시기가 빠르고 염분을 적게 할 경우에는 건조 정도를 낮게 하고, 그 반대의 경우에는 더욱 많이 건조시킨다.

식용시기에 맞는 무의 건조 정도는 표 4-5와 같으며 건조 방법과 정도는 그림 4-2와 같다.

표 4-5 단무지용 무의 건조 정도

구 별	식용시기	건조일수	건조 정도
소염(小鹽)	2~3월 하순	4~6일 내외	옆으로 들었을 때, 약간 구부러질 정도 (그림 4-2의 위 그림)
중염(中鹽)	4~6월 상순	7~9일 내외	원둘레의 1/3 정도로 구부러질 정도 (그림 4-2의 중앙)
다염(多鹽)	6월 이후	10~15일 내외	흔들면 쉽게 흔들거릴 정도 (그림 4-2의 아래 그림)

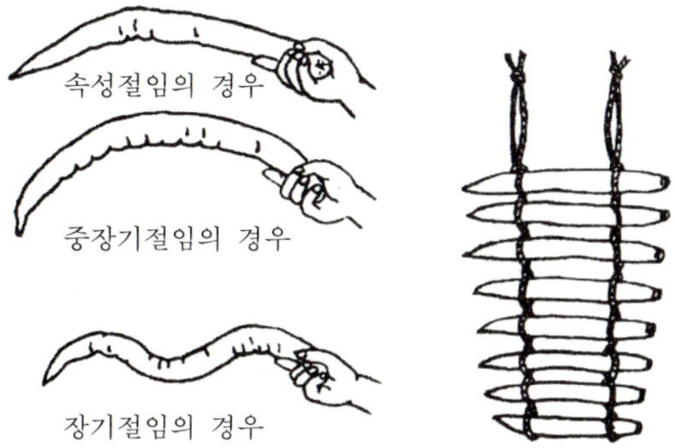

그림 4-2 무의 건조방법과 건조정도

2) 부재료

부재료로 쓰이는 것은 소금, 쌀겨, 감미료, 색소, 고춧가루 등이다. 그 사용량은 표 4-6에서와 같이 사용시기에 따라서 조금씩 달라진다.

표 4-6 혼스케 다쿠앙의 부재료와 그 사용량

사용시기	밑절인 무(kg)	소금(kg)	쌀겨(kg)	설탕(kg)	고춧가루(g)	타트라진 색소(g)
1~2월	60	2.4~3.0	3.0	1.2~1.8	30~40	15~20
3월	60	3.6~4.2	3.0	1.2~1.8	30~40	15~20
4월	60	4.2~4.8	3.0	1.2~1.8	30~40	15~20
5월	60	4.8~6.0	2.4	1.5~2.1	40~60	15~20
6월	60	6.0~6.6	2.4	1.5~2.1	40~60	15~20
7월 이후	60	7.2~7.8	2.4	1.5~2.1	40~60	15~20

3) 담금방법

크기가 다른 무를 고른 후에 잘 혼합된 부재료를 담금용기 밑에 소량 뿌리고 무를 틈새가 없도록 가급적 밀접하게 한 층을 놓은 다음, 그 위에 부재료 혼합물을 뿌린다. 이와 같은 방법으로 한 켜씩 순차적으로 쌓은 후에 맨 위 표면에는 부재료 혼합물을 더 많이 뿌린다. 뚜껑을 덮은 후에 무거운 돌로 누르고, 즙액(汁液)이 올라오면 돌의 무게를 1/3 정도로 줄인다.

4) 관련 미생물

쓰케모노 숙성 중의 관여 미생물은 일반적으로 절임기간 중에 거의 혐기적 상태와 높은 염도를 지니게 되기 때문에 주로 내염성 및 혐기성 균이 관여하게 된다. 호기성의 곰팡이나 염분에 약한 병원성 균은 존재하기가 어렵다.

① 세균류

절임 중의 가장 중요한 미생물은 세균류이며 세균 중에서도 가장 중요한 균은 젖산균이다. 젖산균 중에서도 젖산 외에 알코올이나 초산 등을 생성하는 이상젖산발효균은 향미의 생성에 더욱 도움을 주는 것으로 알려져 있다.

염농도가 비교적 낮은 절임에서는 *Leuconostoc. mesenteroides, L. plantarum, L. brevis* 등이 자주 분리되고, 염농도가 높을 경우는 *Pediococcus*가 많이 분리된다. *L. plantarum*은 비교적 장기간의 절임 후에 많이 볼 수 있는데, 이것은 이 균의 내염성과 내산성에 기인하는 것으로 여겨진다.

단무지를 숙성시킬 때의 주요 젖산균은 *Pediococcus*이다.

절임의 변패균으로는 주로 *Clostridium*속이 관여하는데, 이 균은 혐기성이며 내염성도 있으므로 절임에 잘 나타나고 악취를 내며, 필름 소포장 제품에서 가스 발생으로 팽창을 일으킬 수도 있다. 또한, 황색 타르색소를 변색시켜 적색(赤色)으로 하는 세균들로는 *Pseudomonas mildenbergii*, *Ps.aeroginosa*, *Ps.geniculata*, *Mic. varians*, *Alcaligenes viscolactis*, *Microb. lacticum*, *Bacillus circulans* 등이 있고, 효모류로는 *Torulopsis*, *Candida* 등이 있다.

② 효모류

쓰케모노에 존재하는 효모는 알코올이나 에스테르 및 알데히드 등을 생성하여 제품에 방향을 줄 수도 있지만, 어떤 경우에는 가스가 발생하거나 절임물이나 절임액의 표면에 백색 피막을 만들어서 외관상 좋지 않고, 또 향미를 손상시키는 원인이 되기도 한다.

단무지절임에서는 내염성은 강하지만 알코올 발효성은 약한 유포자인 *Debaryomyces*속이 많으며, 특히 *Debaryomyces nicotinae*와 *D. kloeckeri*가 많이 발견된다. 이들은 *Sacch. rouxii*보다 더 내염성이 크며, 또 산막성이다. 이 효모는 또 쌀겨냄새를 제거해 주는 작용이 있다고 알려지고 있다.

이상의 효모들은 산막성이 있고 가스 팽창이나 조미액의 혼탁 원인이 될 수도 있다. 이들은 일반적으로 내산성이 강하여 pH 2.5 정도에서도 생육하고, 20% 이상의 식염농도에서도 생육하는 내염성균들이다.

③ 곰팡이류

곰팡이는 절임의 숙성에서는 별로 발견되지 않으나 유해균으로 작용하는 경우가 가끔 있다. *Penicillium, Cladosporium, Alternaria, Fusarium*속 등이 발생하여 절임류의 연화(軟化)를 일으키기도 한다. 연화는 이들 균의 효소 폴리갈락투로나아제(polygalacturonase), 폴리메틸갈락투로나아제(polymethylgalacturonase), 펙틴 에스테라아제(pectin esterase) 등에 의한 것으로 보고되고 있다.

5) 절임류의 보존성

절임류의 자연 보존성은 주로 염분에 의존하여 왔으나 고농도의 염분으로 말미암은 보건상의 문제점이 지적됨에 따라 모든 가공식품은 점차 저염화(低鹽化)되는 추세이다. 따라서 절임류도 저염화되면서 염분은 평균 8%에서 4%로 반감되었다. 이러한 경향은 보존료의 첨가와 열처리에 의한 살균의 수단을 더욱 요구하게 되었다.

보존료로는 소르브산(sorbic acid)이나 그 염류(칼륨염 혹은 나트륨염)가 허용되고 있으며 사용기준은 소르브산으로서 1/1kg 이하로 되어 있다. 소르브산은 용해도가 낮아서 녹기 쉬운 칼륨염이나 나트륨염이 흔히 사용되고 있다.

열처리 살균은 일반적으로 보존료를 첨가한 경우에 약 60~80℃ 내외로 처리하는데, 단무지의 경우에 가열살균은 염농도 7~13, pH 4.5~5.2, 소르브산 0.05~0.1%의 조건으로 80℃에서 5분 동안 살균한다.

(2) 하야쓰케 다쿠앙

일종의 속성제법에 의한 다쿠앙으로 밑절임을 할 때는 무에 대비하여 5~6%의 소금을 사용하고, 여름에는 24시간, 겨울에는 4~5일, 봄·가을에는 2~3일 동안을 절인다. 그 후에 준비된 부재료를 혼합해서 본절임을 하고, 7~14일 만에 출하한다.

신선한 향미가 있는 것이 특징이다.

(3) 잇죠쓰케 다쿠앙

햇빛에 건조하여 수분함량이 50% 정도인 무를 사용한다. 소금은 원료 무의 15~20%를 사용하여 다소 짠맛이 있으나 색택이나 조직은 좋다.

[핵심문제 정리]

1. 김치 종류에 따른 주재료 및 특성과 담그는 과정을 정리하라.

2. 김치류 발효과정에 미생물과 그 역할을 말하라.

3. 김치 발효·숙성 중의 생성되는 성분들을 열거하라.

4. 단무지의 종류 및 특성과 제조과정을 정리하라.

Chapter 5. 염장식품

1. 젓갈류
2. 식해

Chapter 5

염장식품

학습 목표

- 젓갈의 정의, 종류 및 발효미생물을 이해하고, 원료에 따라 젓갈을 담글 수 있다.
- 젓갈과 식해의 차이를 이해하고, 식해를 제조할 수 있다.

1. 젓갈류

젓갈류는 젓갈과 해류(醢類)로 구분된다. 젓갈은 한 가지 어패류에 부패를 방지하기 위하여 소금을 첨가하고 저장하는 동안에 원료 자체의 효소에 의하여 자기소화(autolysis)되어 독특한 풍미를 가진 식품으로 전환된 것을 말하며 해류(食醢)는 원료에 곡류나 누룩류를 첨가하여 적극적인 발효를 일으켜서 얻는 식품이다.

젓갈류는 오래 전부터 식용되어 온 것으로 추정되나 기록상으로는 통일신라 초기부터 나타나기 시작하는데, 「삼국사기(三國史記)」 8권에 폐백으로 해류를 보냈다는 기록이 있다.

젓갈류의 이름이 많이 나오는 문헌은 유희춘(柳希春, 1513~1577)의 「미암일기(眉巖日記)」인데 젓갈과 식해명 24종을 기록하고 있다. 오희문(吳希文, 1539~1613)의 「쇄미록(鎖尾錄)」에서도 해류에 관한 명칭이 33종이나 나오고 있다.

이조 중엽의 여인인 안동장씨(安東張氏, 1598~1680)의 한글 저서인 「음식지미방(飮食知味方)」에 각종 젓갈의 제법이 기록되어 있으며, 유중림(柳重臨)의 「증보산림경제(增補山林經濟 : 1760)」에서도 젓갈 담그는 방법을 설명하고 있다.

1. 젓갈의 분류

「미암일기」에 나타난 젓갈류(醢類식품)를 품목으로 분류면, 표 5-1과 같다.

어·육장해는 고려시대 이래 조선 중기까지 식용되었을 것으로 짐작되며, 식염과 누룩 및 술을 원료로 한 제품들로서 당시 중국의 영향을 받아서 발전되었을 것으로 여겨지지만, 그 후에 점차 쇠퇴하여 지금은 그 형태를 찾아보기 어렵다.

지염해(漬鹽醢)는 단순히 소금으로 절이는 오늘날의 가장 흔한 젓갈을 뜻한다. 원료가 자기소화를 중심으로 한 발효식품인 반면, 식해류는 날것의 어류나 패류에 익힌 곡류·맥아·소금·누룩 등을 혼합하여 자가소화를 비롯한 전분의 당화나 젖산 발효 등을 통하여 독특한 향미를 얻는 발효식품이다.

표 5-1　「미암일기」에 나타난 젓갈과 그 분류

해류식품	젓갈류(醢類)	어·육장(魚·肉醬)	수류해(獸類醢)	사슴젓(鹿醢)
			조류해(鳥類醢)	생치젓(雉醢 : 꿩젓)
		지염해(漬鹽醢)	어류해(魚類醢)	뱅어젓, 밴댕이젓, 전어젓, 청어젓
			패류해(貝類醢)	홍합젓, 굴젓, 조개젓, 가리마젓
			갑각류해(甲殼類醢)	하해류 … 백하젓, 곤쟁이젓, 봄젓, 육젓,
				해해류 … 게젓
			어란해(魚卵醢)	조기알젓
			복장해(腹臟醢)	고등어 복장젓
			혼장해(混臟醢)	어복해(생선, 전복젓)
	식해류(食醢類)	어류식해(魚類食醢)		숭어식해(秀魚食醢)
		패류식해(貝類食醢)		전복식해(生鰒食醢)

식해는 1945년 이전까지 함경도 지방에서 많이 식용되었으나, 휴전 이후에는 그 추이를 알 수 없다. 오늘날 남쪽에서는 별로 많이 식용되고 있지 않은 것 같으며, 주로 동해안 지방과 경주 및 밀양 등지에서 비슷한 형태가 존재한다고 보고되고 있다.

2. 우리나라 젓갈의 종류

우리나라 젓갈의 종류는, 표 5-2와 같다.

표 5-2 젓갈의 종류

구분	원 료	종 류
젓갈	어 류	가자미젓, 강달이젓, 고노리젓, 고등어젓, 갈치젓, 까나리젓, 꽁치젓, 능성어젓, 눈치젓, 대구젓, 도루묵젓, 도미젓, 돌치젓, 동태젓, 등피리젓, 디포리젓, 대가리젓, 멸치젓, 모챙이젓, 민어젓, 반지젓, 뱅어젓, 밴댕이젓, 송애젓, 뱀장어젓, 병어젓, 볼낙젓, 조기젓, 수느래젓, 신대젓, 실치젓, 아그대젓, 멸치젓, 웅어젓, 자리젓, 전어젓, 정어리젓, 준치젓, 황숭어젓 등
	갑각류	갈게젓, 갯가재젓, 게장, 게젓, 고개미젓, 곤쟁이젓, 꽃게젓, 농발게젓, 능갱이젓, 대하젓, 돌게젓, 바다게젓, 박하지젓, 방게젓, 백하젓, 벌떡게젓, 부새우젓, 새우젓, 새우맛젓, 새우액젓, 새하젓, 썰게젓, 토하젓, 피앵이젓, 화란게젓, 황발이젓 등
	연체류	꼴뚜기젓, 굴젓, 낙지젓, 대합젓, 동죽젓, 맛젓, 모시조개젓, 바지락젓, 백합젓, 소라젓, 떡조개젓, 오징어젓, 어리굴젓, 조개젓, 한치젓 등
	어패류의 내장 · 아가미	갈치속젓, 게웃젓, 고등어내장젓, 대구아가미젓, 민어아가미젓, 명태아가미젓, 뱀장어 창젓, 전어밤젓, 조기속젓, 조기아가미젓, 창란젓, 해삼창자젓 등
	어패류의 생식소	게알젓, 고등어알젓, 대구알젓, 대구이리젓, 명란젓, 복어알젓, 새우알젓, 성게알젓, 숭어알젓, 연어알젓, 장대알젓, 조기알젓, 화란젓 등

3. 젓갈류의 제법

젓갈은 멸치·새우·작은 생선·큰 생선의 알이나 내장, 조개류의 살이나 내장 등을 주원료로 한다. 여기에 소금을 고루 넣어 20% 정도의 염농도가 되게 한 다음, 상온(常溫)에서 방치하면 일정기간 후에는 독특한 향미를 지닌 젓갈이 된다.

식해의 경우는 주원료 외에 곡류가 필요하며 그 배합비율이나 숙성조건에 따라 제품 특성이 좌우된다.

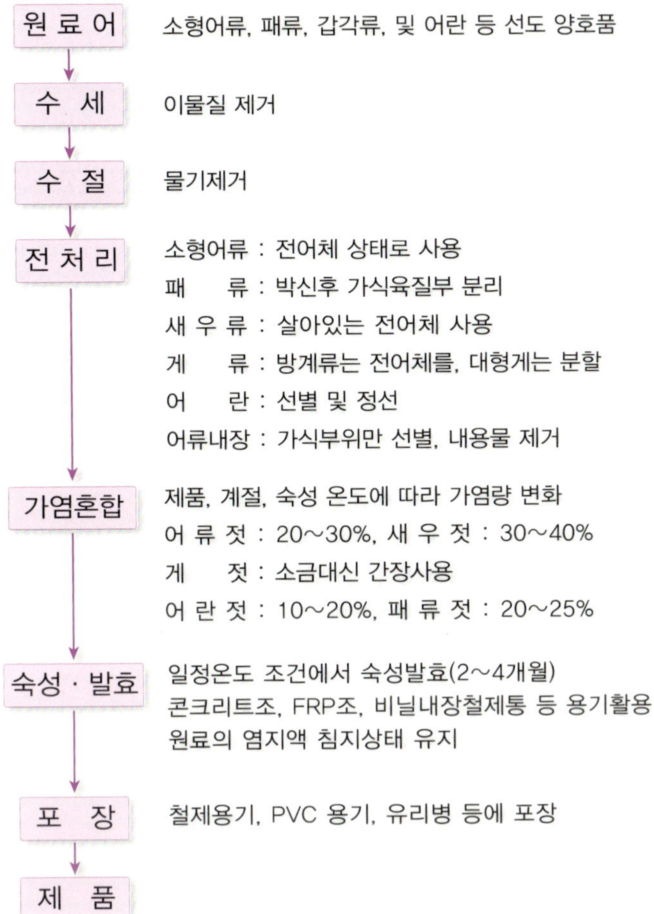

그림 5-1 일반 젓갈의 제조공정

(1) 젓갈의 제법

젓갈은 지역이나 원료에 따라 제법에 약간의 차이가 있다.

1) 소금만으로 담근 젓갈

어패류나 그 내장·난소·알 또는 새우 등을 소금에 그대로 절이는 가장 보편적인 방법으로 종류도 가장 다양하다.

2) 소금과 고춧가루로 담근 젓갈

소금 외에 고춧가루나 마늘 또는 파 등의 향신료를 첨가하는데 주로 담백한 맛의 원료를 사용할 때 담그는 방법이다. 대구젓, 명태젓, 방어젓, 도루묵젓, 오징어젓, 볼락젓, 갈치젓, 농발게젓, 방게젓 등이 있다.

3) 간장에 담근 젓갈

게젓을 담그는 방법으로 간장을 끓여서 식힌 다음 게젓을 담근다. 그러나 중부 이북에서는 소금물에 그대로 게젓을 담그기도 한다.

4) 기타

① **토하젓**(민물새우젓) : 소금과 익힌 곡류 및 기타의 향신료를 넣는 방법(전남 지역)

② **조기젓, 등피리젓** : 소금과 메줏가루를 부원료로 담그는 방법(전북 부안 일대)

③ **명태젓, 벌떡게젓** : 다른 젓갈의 젓국을 이용해서 담그는 방법

4. 젓갈류의 미생물

젓갈류는 원료자체의 자기소화효소의 분해작용에 의해 숙성되지만 오염미생물의 영향도 매우 큰 것으로 여겨진다. 젓갈류의 미생물은 주로 내염성인 세균이 주종을 이루며, 내염성 효모도 향미생성에 도움을 주는 것으로 보인다. 그러나 곰팡이는 크게 영향을 주지 않는 것으로 여겨진다.

그러나 식해류의 경우에 미생물이 하는 역할은 지대하다.

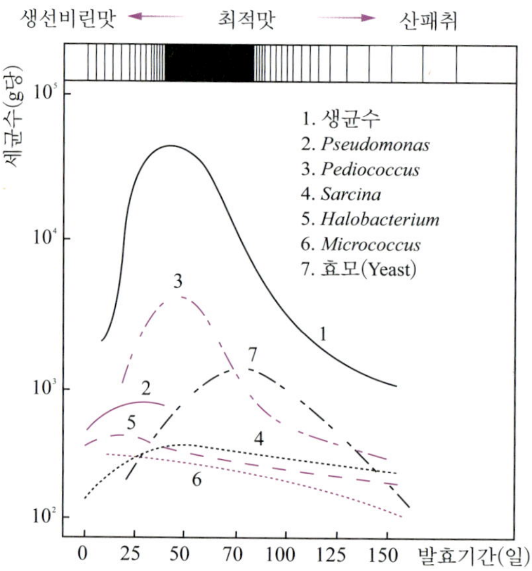

그림 5-2 멸치젓의 숙성과 각종 미생물의 소장

멸치젓의 숙성과정에서 미생물의 소장(消長)은 그림 5-1과 같으며, 숙성초기에는 *Pseudomonas, Achromobacter, Flavobacterium, Brevibacterium, Pediococcus, Sarcina, Micrococcus*가 우세하고, 숙성중기에는 효모류가 우세하였다.

멸치젓 맛이 가장 좋을 때는 발효 50~75일째의 시기인데, 이때가 *Pediococcus*와 효모의 생균수(Viable cell)가 최대로 되는 시기로, 젓갈의 맛 생성에 깊은 관계가 있는 것으로 짐작된다.

5. 젓갈 숙성 중의 성분변화

젓갈 원료의 주요 성분인 단백질은 숙성과정에서 효소의 작용을 받음으로써 여러 가지 질소화합물로 분해된다. 그 중 아미노산은 향미성에 직접 관련된 물질이다. 유리 아미노산의 함량에 대한 연구보고는, 표 5-3과 같다.

표 5-3 젓갈의 유리 아미노산 함량(mg/mL)

아미노산	굴 젓	오징어젓	조개젓	조기젓
alanine	142.44	39.12	34.33	–
arginine	–	–	0.17	4.62
aspartic acid	1.79	1.46	14.16	0.36
Cystine	1.20	21.45	0.16	0.15
Glutamic acid	3.77	28.07	31.76	4.67
Glycine	25.62	7.43	10.72	1.74
Histidine	–	–	–	0.71
Isoleucine	27.75	13.47	7.82	4.98
Leucine	31.12	18.21	7.62	7.29
Lysine	35.22	30.75	9.66	0.92
Methionine	1.33	7.93	0.41	0.47
Phenylalanine	1.23	5.73	0.19	0.08
Proline	3.80	0.59	5.31	–
Serine	1.54	0.96	6.10	0.02
Threonine	17.63	0.58	7.10	0.17
Tyrosine	1.41	6.53	0.36	0.10
Valine	0.30	12.25	8.31	5.78
숙성기간(월)	10	10	15	16

젓갈류는 약 20%의 높은 소금 농도 상태에서 숙성시키게 되므로 내염성균 외에는 그 생육이 저해되고, 자기소화의 진행도 대부분 6~12개월이 소요된다. 숙성에는 온도조건이 절대적이므로, 고온에서 숙성기일이 단축될 수 있으나, 여러 미생물의 오염이 야기될 수 있어서 고온 유지는 피하는 것이 좋다. 대량으로 생산되는 멸치젓이나 새우젓 등은 연중 온도변화가 적은 동굴 등에서 13~15℃의 온도로 숙성시키며, 소량의 경우에는 일반적으로 상온에서 숙성시킨다.

단백질 분해생성물 중 TMAO(trimethylamine oxide), TMA(Trimethylamine), 휘발성 염기질소(VBN, volatile basic nitrogen), 베타인(betaine) 등은 이취(異臭)나 부패에 관련된 성분이다.

젓갈 중의 비타민 B_1, B_2, 및 니아신 함량은 표 5-4와 같다. 특히 명란젓에서 비타민 B_1, B_2의 함량이 많음을 볼 수 있다.

표 5-4 젓갈류의 B_1, B_2 및 니아신 함량

젓 갈 류	수분(%)	비타민 B_1 (㎍/100g)	비타민 B_2 (㎍/100g)	니아신 (㎍/100g)
곤쟁이젓	61.7	–	57	97
꼴뚜기젓	62.2	107	55	123
굴 젓	57.3	54	150	155
멸 치 젓	62.3	114	87	124
명 란 젓	59.4	1,210	259	75
밴댕이젓	59.1	–	27	73
새 우 젓	67.8	89	23	86
소 라 젓	61.6	–	248	92
어리굴젓	80.7	–	87	152
오징어젓	82.0	54	96	106
조 개 젓	73.1	137	155	159
창 란 젓	58.1	101	78	66
황새기젓	60.2	–	133	45

6. 대량생산되는 젓갈의 담금법

(1) 멸치젓

1) 멸치

멸치젓은 전체 생산되는 젓갈류의 30%에 상당하는, 가장 많이 생산되는 젓갈이다.

멸치는 우리나라 연안에서 연간 15~30만 톤이 어획되고, 90%는 삶아서 말린 멸치(蒸乾品)로, 10%는 젓갈의 재료로 쓰인다. 멸치는 길이가 13~14cm 정도의 비교적 작은 물고기로, 등은 암청색이고 복부는 은백색이며, 옆구리에는 은백색의 세로줄이 있고, 비늘은 떼어지기 쉽다. 멸치는 남해안 일대에서 3~7월에 산란을 한다.

2월 경에 수온을 따라 제주도 남쪽 해역에서 북상하기 시작하여 7~11월에는 동해의 강원도 북부 연안과 서해의 황해도 연안을 회유하다가 11~12월 경에 다시 제주도 남쪽으로 돌아가는 회유경로를 가지고 있다. 따라서 멸치에 대한 체성분(體成分) 조성도 시기에 따라 차이가 있다.

각 지방별 멸치젓 담그는 시기와 횟수는 조금씩 다른데, 남해안 지방에서는 음력 3~5월에 연 1회 담그고, 동해안 지방에서는 음력 4월과 7~8월의 연 2회 담금을 하고 있다.

봄에 담그는 젓갈을 춘젓이라고 하는데, 일반적으로 맛이 가장 좋은 것으로 알려져 있다. 그러나 초물멸치는 아직 살이 오르지 않는 결점이 있고, 반대로 파물멸치(끝무렵에 잡힌 것)는 기름기가 너무 많아서 끈적거리기 때문에 중물멸치가 젓담그기에는 가장 적당하다.

2) 담금법

멸치젓을 담그는 법은 그 용도에 따라 두 가지가 있다. ① 젓국 형태의 젓갈제품과 ② 멸치의 형태가 존속되도록 하여 직접 식용으로 하거나 김치 속에 넣는 용도의 제품이 있다.

① 마른간법

멸치에 마른소금을 직접 혼합하여 숙성시키는 방법으로 멸치젓의 대부분은 이 방법에 의해 생산된다. 사용되는 소금의 양은 원료 중량의 약 25~30%로 한다.

담그는 방법은 멸치 한 겹을 놓고 소금을 뿌리고 다시 한 겹의 멸치를 놓고 소금을 뿌리는 방식으로 쌓고 맨 위에 판대기를 놓고 묵직한 돌(重石)로 눌러 놓는다.

담근 후 1~2일이 지나면 멸치의 체액이 침출되어 액이 생기고, 그 후에 중석의 무게로 전체가 액 속에 잠기게 된다. 이때에 하부의 염도는 높아지고 상부는 낮아지는 경향이 있어, 숙성의 지연과 변패의 우려가 있으므로 고루 저어 줄 필요가 있다.

② 물간법(鹽漬法)

숙성 후의 어체 형태 유지를 위한 방법으로 주로 소규모 생산이나 가정에서 이용하는 방법이다.

제조방법은 먼저 가염지라고 하여 마른간법과 마찬가지로 담근 다음, 2~3일 후에 침출액으로부터 어체(魚體)를 건져내서 다른 용기에 가지런히 차곡차곡 담는다. 침출액은 체로 거른 후에 100℃로 10분 동안 끓인다. 끓이는 목적은 효소들을 불활성화하고 오염미생물들을 살균하기 위함이다. 용기에 담아 놓은 어체에 끓인 침출액을 부어서 PE필름으로 덮고 묵직한 돌로 눌러 놓는다.

3) 숙성

숙성 정도의 판정기준으로 가장 중요한 것은 비린내이다. 비린내의 소멸시점은 20% 정도의 염도로 15~20℃에서는 2~3개월이 소요되고, 20% 이상의 염도에서는 3개월 이상이 소요된다.

액젓은 6개월 이상 숙성시켜서 육질이 완전 분해될 때까지 기다려야 한다.

(2) 새우젓

새우젓은 젓새우(*Acetes japonicus*)와 중국젓새우(*Acetes chinensis*) 및 돗대기새우(*Leptochela gracilis*) 등의 작은 새우류를 원료로 한 젓갈류이다.

새우젓은 새우의 종류나 어획시기에 따라 동백하(冬白蝦)젓, 봄(春)젓, 오(五)젓, 육(六)젓, 자(細蝦)젓, 추(秋)젓 및 잡(雜)젓 등으로 구별된다.

1) 새우

새우는 어획시기에 따라 성장도가 다르고 내장에는 강력한 소화효소가 있어서 죽으면 쉽게 부패된다. 따라서 선도는 제품의 품질과 밀접한 관계가 있기 때문에 어획된 새우는 24시간 이내에 염지(鹽漬)를 해야 한다.

선도가 좋은 새우는 상쾌한 감미를 느낄 수 있고 비린내가 나지 않으나, 선도가 저하되면 암모니아 등의 냄새가 발생한다. 특히 미성숙 새우는 2~3시간만 방치해도 불쾌한 냄새를 발생시키는 수가 있다.

2) 담금과 숙성

새우젓 담금은 멸치젓 담금에 비하여 다소 많은 소금을 쓰는데, 새우와 소금을 균일하게 혼합하여 용기에 다져 넣은 다음, 위에는 1~2cm 두께의 소금을 깐다. 소금의 사용량은 젓의 종류 또는 계절 등에 따라 조금씩 다르다. 용기는 보통 드럼통으로, 그 안에 PE필름 자루를 넣은 다음, 그 속에 염지새우를 넣고 밀봉하여 산소와의 접촉을 막는다. 때로는 포화식염수를 주입하여 원료를 액침시켜 공기와의 접촉을 차단하기도 한다.

일반적인 숙성기간은 13~20℃의 온도에서 4~5개월이다.

(3) 게장

1) 원료

게장은 민물게(*Crab, Chinaetes*)나 바닷게(*Blue crab, Portunus tritubercultatus*)를 간장에 절여서 양념을 곁들인 일종의 젓갈이다.

민물게는 특별한 주산지는 없으나, 논이나 도랑에서 살고, 10cm 정도까지 클 수 있으며 짙은 갈색을 띤다. 최근에는 농약 등으로 인해 점차 소멸되어 가는 경향이 있다. 꽃게는 우리나라 남해안과 서해안에 널리 분포하며 큰 것은 22~26cm까지 자란다.

2) 담금

원료인 게를 깨끗이 씻고 물빼기를 한 다음, 큰 게는 2~3등분한 후, 원료의 10% 정도의 소금으로 5~6시간 동안 절여 둔다. 다른 한편에서는 간장에 다진 고기·다진 생강·실고추·깨소금·다진 마늘·썬 파 등을 적절히 넣고 끓인 후, 70~80℃ 정도의 온도로 식혀서 게가 잠길 수 있을 정도로 용기에 붓는다. 2~4시간 후에 간장을 쏟아내어 끓여서 식힌 다음에 다시 붓는다. 이런 조작을 3~4회 실시하고, 식으면 식용할 수 있다.

저장 가능기간은 15℃ 이하에서 저장했을 경우, 바다게장은 6개월, 민물게장은 1개월 정도이다.

게장에 함유된 성분으로는 지미성 아미노산류의 함량이 높고, 그 밖에도 핵산물질인 5'-IMP, 이노신(inosine) 등과 포도당, 젖산, 호박산 등이 함유되어 있어서 역시 향미에 도움을 준다.

2. 식해(食醢)

1. 식해의 제법

식해의 제법 역시 원료에 따라 다르고, 그 차이는 주로 부원료의 종류나 배합비율에 따라 달라지며, 지역에 따라 많은 차이가 있다. 우리나라 주요 식해의 종류는 표 5-5와 같다.

표 5-5 우리나라 주요 식해류의 종류

재 료	종 류
어 류	가자미식해, 갈치식해, 광어식해, 노가리식해, 대구식해, 도다리식해, 도루묵식해, 멸치식해, 명태식해, 뱅어식해, 우럭식해, 전어식해, 전갱이식해, 조기식해, 쥐치식해, 홀때기식해, 횟대식해 등
연 체 류	고동식해, 낙지식해, 대합식해, 마른오징어식해, 문어식해, 오징어식해, 한치식해 등
어란 및 아가미	명태아가미식해, 명태창자식해, 명란식해 등

가자미식해 숙성 중의 미생물의 소장을 보면 발효초기에 많았던 지방분해 세균은 숙성 10일 내에 거의 발견되지 않는다. 그러나 산생성균·효모·단백분해 세균이 증가하기 시작하다가 단백분해균들과 효모는 숙성 14~15여 일이 지난 후부터 감소하기 시작하고, 산생성 균들은 숙성 21일 후부터 감소하기 시작한다.

여러 연구를 토대로 살펴보면 효모와 산생성균의 수가 최대일 때에 가장 좋은 맛을 나타내는 것으로 알려져 있다.

식해의 숙성온도가 높아지면 산생성균의 증식이 빨라지고, 이에 따라 pH 역시 빠르게 낮아진다. 그러나 단백분해성 간균, 구균, 효모, 그람음성 간균은 온도변화에 민감하지 않다.

주로 부패에 관여하는 그람음성 간균들은 식해 숙성과정에서 거의 증식을 하지 않는데, 젖산균의 증식과 pH의 저하 등이 원인이라고 할 수 있다.

주요 식해의 주원료와 부재료는 표 5-6과 같다.

표 5-6 식해의 주원료와 부재료

주 원 료	부 재 료	주 산 지
우럭, 도다리, 가자미, 마른오징어	쌀밥+소금+엿기름	충무, 포항
쥐치, 돌가자미, 우럭	쌀밥+소금+엿기름+밀가루	영일권
조기, 전어, 가자미	쌀밥+소금+엿기름+고춧가루	진주, 함안, 청도, 영덕
명태, 가자미, 우럭, 갈치, 한치	쌀밥+소금+엿기름+고춧가루+무채	삼척, 동해, 강릉, 포항, 속초, 경주
갈치, 오징어, 마른오징어	찰밥+소금+고춧가루	청도, 밀양
갈치,명태, 마른명태, 마른오징어	찰밥+소금+엿기름+고춧가루+무채	월성군
가자미, 명란, 창란, 오징어	밀가루죽+소금+엿기름+고춧가루+무채	월성군
명태, 가자미, 오징어	조밥+소금+엿기름+고춧가루+무채	강릉, 고성, 속초

(1) 가자미식해의 제법

1) 원료

가자미류의 종류에는 여러 가지가 있으나, 그 중 참가자미는 맛이 담백하고 신선도 유지도 잘 되는 고급 어종이다. 우리나라의 모든 해역에서 어획되는 가자미는 비교적 지방함량이 적고 단백질 함량이 많은 어종으로, 큰 것은 40cm에 이른다.

2) 제법

가자미식해는 지방이나 담그는 사람에 따라 그 방법이 조금씩 다를 수 있으나, 대체로 가자미의 수세→절단→염지→부재료 혼합→밀봉→발효숙성→제품 등의 순서로 만들어진다.

먼저 선도가 좋은 참가자미의 비늘, 두부(頭部), 지느러미, 내장 등을 제거하고 깨끗하게 수세한다. 물기를 뺀 가자미를 두께가 1cm 정도의 판(板)을 뜨고, 이것을 다시 3cm×2cm 정도로 절단한다. 여기에 원료량의 약 5~10%의 소금을 혼합하여 하룻밤 재우면 침출액이 나오는데, 이 침출액은 광주리 등을 이용하여 완전히 제거한다.

이때에 미리 준비한 쌀밥이나 조밥 등과 고춧가루, 다진 마늘, 엿기름, 설탕, 무채 등을 절인 가자미와 혼합해서 단지 등의 용기에 차곡차곡 다져넣고 밀봉한 후에 실온에서 15~30일 동안 숙성시켜 완성한다.

원료 가자미에 대한 부재료의 혼합비율은 일정하지 않으나, 한 가지 예를 보면 표 5-7과 같다.

표 5-7 가자미식해의 부재료 종류와 혼합비율(%)

부 재 료	가자미육(肉)에 대한 비율	부 재 료	가자미육(肉)에 대한 비율
조밥(쌀밥)	20~50	엿기름	1~3
고춧가루	5~10	설 탕	적당량
다진마늘	2~3	무 채	적당량

[핵심문제 정리]

1. 젓갈류의 종류와 제조방법을 정리하라.

2. 젓갈류 숙성중의 성분변화를 설명하라.

3. 식해의 종류와 가자미식해 제조방법을 설명하라.

Chapter 6. 발효유 제품

1. 치즈
2. 발효유
3. 알코올 발효유
4. 버터

Chapter

6.

발효유 제품

학습 목표

- 레닛(Rennet)과 스타터(Starter) 및 원유를 활용하여 치즈를 제조할 수 있다.
- 젖산발효 및 발효미생물을 활용하여 다양한 발효유제품을 제조할 수 있다.

오래 전부터 중근동(中近東)에서 포유류의 젖을 이용하여 발효유 및 치즈 등을 제조하여 식용하였고, 치즈 만드는 기술은 지중해 북부와 북유럽으로 흘러갔으며, 로마인들이 영국에 가르쳤다고 한다.

발효유는 오랜 기간에 걸쳐 또 지역에 따라 특징적으로 발전하였다. 대체적으로 젖산을 위주로 한 젖산 발효유와 알코올을 위주로 한 알코올 발효유로 발전하였다.

그림 6-1 치즈 공장의 내부

1. 치즈

치즈 제조 기술은 오랫 동안에 걸쳐 개발·발전되어 왔으며, 오늘날에는 그 종류가 400~800여 종에 이른다. 치즈의 종류는 원료·제조법·숙성법 등에 따라 분류할 수 있지만, 일반적으로 치즈의 경도(硬度)와 숙성방법에 따라 나눈다.

천연 치즈(natural cheese)는 ⓐ 연질(soft) 치즈, ⓑ 반경질(semi-soft) 치즈, ⓒ 경질(hard) 치즈, ⓓ 특수경질(very hard) 치즈로 구분된다. 그리고 가공 치즈(process cheese)는 2종 이상의 천연 치즈를 혼합 및 가열 살균한 후에 제품화한 것을 말한다.

치즈의 주성분은 단백질과 지방이며, 그 밖에 소량의 무기질과 비타민이 함유되어 있다.

(1) 천연 치즈(天然, natural cheese)

표 6-1 치즈의 종류와 특성

구분	수분 함량	치즈 종류
연질 치즈 soft cheese	55 ~ 80%	• 비숙성 : cottage, mozzarella, york, cream, cambridge • 젖산균에 의한 숙성 : belpases, colwich, lactic, quarg • 흰곰팡이에 의한 숙성 : camembertg, brie, neufchatel • 유청치즈(whey cheese) : ricotta, mysost, primost
반경질 치즈 semi-hard cheese	45 ~ 55%	• 젖산균에 의한 숙성 : brick, munster, limberger, port du salut • 푸른곰팡이에 의한 숙성 : roquefort, gorgonzola, blue, stilton
경질 치즈 hard cheese	34 ~ 45%	• 젖산균에 의한 숙성 : cheddar, gouda, edam • 프로피온산균에 의한 숙성(가스 구멍 있음) : emmental, gruyere, asiago
초경질 치즈 very hard cheese	13 ~ 34%	세균에 의한 숙성 : parmesan, romano, sapsago
가공 치즈 processed cheese		processed cheese food, processed cheese spread

1. 치즈의 일반 제조법

치즈의 제조법은 그 종류에 따라 다양하다. 천연 치즈 제조법은 ① 원료유의 처리 ② 우유의 응고(curd 생성) ③ 유청과 커드(curd)의 분리 ④ 커드의 물리적 처리 ⑤ 치즈의 숙성 등의 순서로 진행된다.

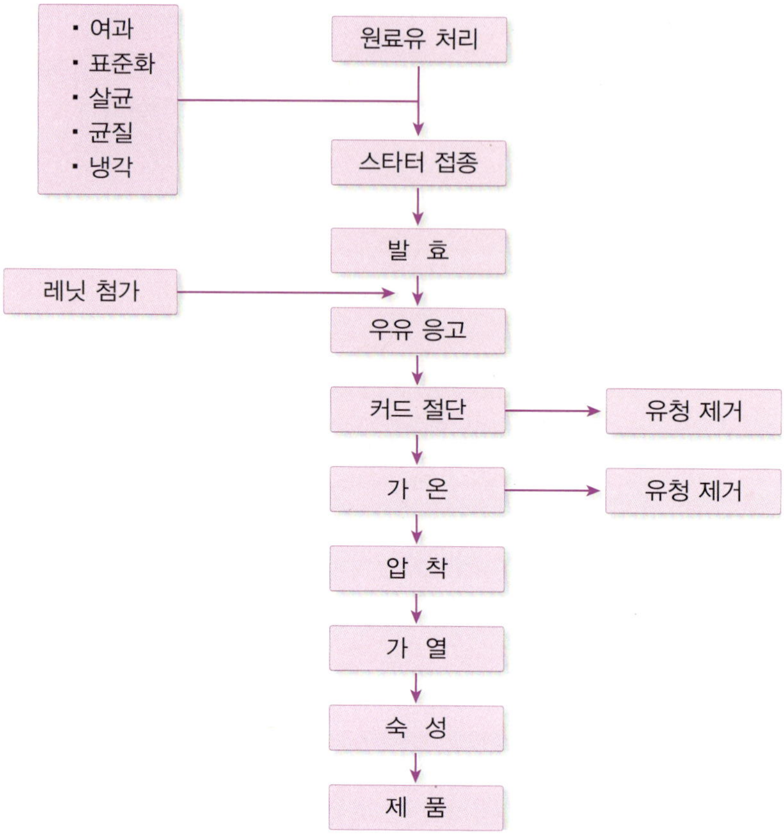

그림 6-2 자연치즈의 일반 제조공정

(1) 원료유의 처리

원료유는 신선하여야 하며 이물(異物)질이나 항생물질 등이 함유되어서는 안 되며 미생물의 오염도가 높아서도 안 된다. 따라서 원료유의 살균은 시유처리에서와 같은 63℃에서 30분 동안 가열 하거나 또는 75℃에서 15초 동안 가열하여 살균한다.

과도한 살균은 우유 단백질을 열변성시켜서 응유효소에 의한 응고작용을 불충분하게 만들므로 양질의 치즈 제조가 어렵게 된다.

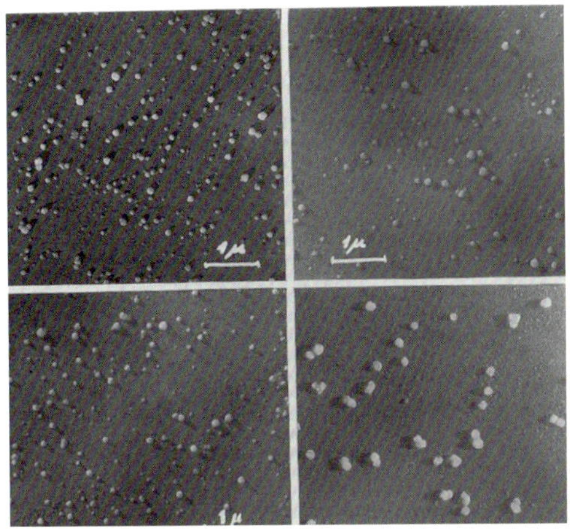

a : 85℃의 가열판 통과 저온살균법(pasteurisation)
b : 150℃에서 2,4초 동안의 고온순간살균
c : 135℃ 가열관 통과 후 통조림과 동시에 117℃에서 15분 동안의 멸균

그림 6-3 원료우유 카세인(Casein) 입자의 전자현미경 사진

(2) 스타터(starter)의 첨가

치즈의 발효와 숙성에 이용되는 미생물의 배양물을 치즈 스타터(cheese starter) 또는 치즈 컬처(cheese culture)라고 하며, 종류에는 세균 스타터와 곰팡이 스타터가 있다.

원료유의 산성화에 의하여 카세인 등을 손쉽게 응고시키기 위해서는 흔히 젖산균에 의한 발효법을 사용한다. 여기에 이용되는 스타터(젖산균)로는 *Streptococcus cremoris, Str. lactis, Str. thermophilus, Str. diacetilactis, Leu. citrovorum* 등의 구균과 *Lactobacillus bulgaricus, L. casei, L. lactis, L. acidophilu*s 등의 간균을 사용하며, 치즈의 종류에 따라 단독 혹은 2~3종을 혼합하여 사용한다.

곰팡이 스타터로는 *Penicillium camemberti, P. caseicolum, P. roqueforti* 등이 이용되며, 특히 지방의 분해작용이 강하다.

세균 스타터의 첨가량은 1~2% 정도이지만 제품에 따라 1/2% 혹은 2.5% 등을 사용한다. 곰팡이 스타터의 첨가는 대부분 우유의 응고 전에 첨가하고, *roqueforti*의 경우는 커드에 배양액을 뿌려 주기도 한다.

(3) 응유효소

우유를 응고하게 만드는 효소는 산성 프로테아제로, 단백분해력보다는 단백응고성이 높은 것을 선택하여 사용한다.

많은 종류의 효소가 커드 생성에 이용되고 있는데, 그 몇 가지는 레닛(Rennet), 돼지 펩신(pepsin), 곰팡이 *Mucor miehe*i, *Mucor pusilus* 및 *Endothia parasitica* 등에서 얻게되는 효소들이다.

레닛은 어린 소의 제4위에서 추출되어 부분 정제된 것인데, 주성분은 키모신(chymosin=rennin)이다.

커드의 형성을 촉진하기 위하여 $CaCl_2$용액(40%)을 첨가하기도 한다. 첨가량은 우유 100L에 염화칼슘 10~20g 정도이다.

레닛의 종류와 그 특성은 표 6-2와 같다.

표 6-2 레닛의 종류 및 그 특성

종 별	효소명	소 재	특 성
동물성 레닛	Rennin	어린 송아지 제4위	분자량 30,000~40,000, 등전점 pH 4.5, 응유적온 40~41℃, 최적 pH 3.5
	Pepsin	돼지 · 소의 위	분자량 34,000, 등전점 pH 1.08, 최적 응유 pH 2.0, pH 6.5 이상에서 응유활성 소실
식물성 레닛	Ficin Papain	무화과 수액, 과즙 파파야 과실	단백분해 때 치즈에 고미(苦味)생성, 최적온도 60℃, 최적 pH 5.2
미생물성 레닛		*Mucor pusillus*	분자량 29,000~30,000, 등전점 pH 3.5~3.8, 응유적온 56℃, 최적 pH 5.5
		M. miehei	분자량 38,000, 등전점 pH 4.2, 응유적온 65℃
		Escherichia parasitica	분자량 34,000~39,000, 등전점 pH 4.6
		Irpex lacteus	단백분해 적온 55~60℃, 최적 pH 2.5
		Bacillus sp	치즈에 고미생성

(4) 우유의 응고

치즈 제조를 위해서는 먼저 우유단백질을 응고시켜서 커드(curd)를 만드는 일부터 시작한다. 커드 속에는 지방이나 수분 및 수용성 물질들이 카세인(casein)과 공존하고 있다.

카세인을 응고시킬 수 있는 조건은 ① 응유효소의 작용 ② 열의 이용 ③ 소금의 첨가 ④ 카세인의 등전점으로 pH 조정 등이 있다.

응고를 위한 온도는 대부분 30℃ 정도이며, 치즈의 종류에 따라 40℃에서 응고하는 경우도 있다.

레닛을 소량의 증류수나 2%의 식염수에 녹인 다음, 원료유에 대비하여 0.002~0.004%의 상당량을 교반하면서 균일하게 첨가·혼합한다. 교반 몇 분 후에 정치하면 20~30분 내에 응고한다.

레닛 응고 최적온도는 40~41℃이고, 최적 pH는 4.8 부근이며, Ca^{++}을 필요로 하는 등의 효소적 특성이 있다. 우유의 처리에서 과도한 가열을 한 살균유는 0.02%의 $CaCl_2$ 수용액을 첨가할 필요가 있다. 응고가 된 후에도 몇 시간 동안 방치하여 안정화한다.

(5) 커드와 유청의 분리 및 절단

응고한 커드가 적당한 굳기(firmness)가 되었을 때, 절단기(curd knife)로 커드를 절단한다.

예를 들어, 파르메산이나 에멘탈러 등의 치즈의 커드는 작고 단단해서 삼 씨앗 정도의 크기로 만들고, 브리(Brie)나 프로블로네(Provolone) 등의 커드는 1~3cm 정도의 큰 커드로 만든다.

일반적으로 단단한 치즈일수록 커드의 크기는 작고, 다른 치즈 종류보다 일찍 썬다.

커드의 입자 크기는 그림 6-3과 같다.

(a) 카망베르 커드 (Camembert curd)　(b) 틸지터 커드 (Tilsiter curd)　(c) 에멘탈러 커드 (Emmentaler curd)

그림 6-4 커드의 크기

절단된 커드가 가라앉지 않도록 하기 위하여 서서히 교반하면서 가열한다. 경질 치즈의 경우에 2~5분에 1℃ 상승하게 하여 38℃까지 가열한다.

(6) 커드의 압착 및 가염

치즈 종류에 따라 커드를 일정한 틀에 채워 넣고 압착하여 일정한 크기와 모양을 갖도록 한다(그림 6-5). 연질 치즈는 별로 압착을 하지 않으나, 경질 치즈의 경우에는 보통 예비 압착 후에 4~5kg/cm²로 1~2일 동안 압착한다.

가염(salting)은 치즈의 풍미증진과 잡균오염 방지, 그리고 잔유 유청을 쉽게 분리하여 굳은 조직을 만들기 위하여 행한다.

이와 같은 제조공정에서 만들어진 치즈를 생치즈(green cheese)라고 한다.

그림 6-5 형틀에 담는 카망베르 치즈

(7) 치즈의 숙성

생치즈는 일정한 온도와 습도가 유지된 숙성실(ripening room)에서 몇 주~몇 개월 동안 저장하며 숙성시킨다. 각종 치즈별 숙성조건은 표 6-3과 같다.

표 6-3 각종 치즈의 숙성조건

치즈 종류	온 도(℃)	상대습도(%)	저장 · 숙성기간
Parmesan	12~15	80~85	14개월 이상
Emmentaler	21~23	80~85	8~9개월
Cheddar	13~15	85~90	6개월
Edam	13~15	85~90	6개월

(계속)

치즈 종류	온 도(℃)	상대습도(%)	저장 · 숙성기간
Gouda	13~15	85~90	4~5개월
Brick	16	90~95	2개월
Limburg	15~20	90~95	2개월
Blue	10	90~95	2개월
Camember	12~13	85~90	3~4주

2. 각종 치즈의 특징

(1) 산(酸)응고 치즈

1) 코티지(Cottage) 치즈

연질 치즈로 원료는 탈지유를 사용하고 스타터로는 *Streptococcus cremoris, Str. lactis, Leuconostoc cremoris*를 이용하며, 이들 젖산균이 생산한 산으로 단백응고가 된다. 이 젖산발효는 비교적 낮은 온도인 22℃로 16시간 동안 시키며, pH가 4.6 정도가 되면 응고한다.

숙성기간은 따로 없이 상품화하며, 그 밖에도 크림 치즈(cream cheese), 뇌샤텔(Neuf-chatel) 치즈 등이 같은 형의 치즈이다.

(2) 단백분해효소(protease)로 응고시킨 치즈

1) 체다(Cheddar) 치즈

영국의 마을 이름인 '체다'에서 유래된 치즈로, 체다 제조는 생우유나 저온살균유 등을 원료로 한다. 젖산균으로는 *Str. lactis, Str. cremoris* 등을 사용하여 산성화하고, 우유에 적당한 단백질분해효소를 첨가하여 응고시킨 후에 커드를 0.6cm 크기 정도로 자른다. 유청이 제거된 커드를 체다링장치를 통하여 적절한 산도와 경도가 되도록 한 후에 다시 커드 분쇄기로 잘게 썬 다음, 소금을 첨가하고 압축기로 압축한다.

숙성실에서 산소와 습기를 차단하기 위하여 PE-필름으로 포장하여 숙성실 온도를 2~7℃가 되게 유지하며, 1~2개월 동안 저장·숙성한다. 체다링으로 고무처럼 탄성이 있던 치즈는 저장하는 동안 각종 효소들에 의해 부드러운 조직으로 전환되며 독특한 향미가 생성된다.

(3) 표면숙성 치즈

치즈 표면에 미생물이 생육하면서 숙성시킨 치즈를 표면숙성 치즈라고 한다. 종류에는 연질, 반연질, 기타 여러 변형 치즈가 있다. 제품에는 브릭 치즈(미국), 림버거(벨지움), 포르 뒤 살뤼(Port du Salut, 프랑스), 벨 파에제(Bel Paese, 이탈리아) 등이 있다. 이들의 제법상 공통점은 우유의 응고에 효소를 이용하며, 구멍난 틀로 유청을 제거하고, 염을 첨가하여 높은 습도 환경에서 12~18℃로 숙성시킨다는 점 등이다.

숙성균은 순수 배양균들을 접종한 것이 아니라, 숙성과정이나 조작과정에서 자연 발생한 야생균들이다. 균종은 효모, 세균인 *Micrococcus, Brevibacterium*속, 고온 세균인 *Str. thermophilus, Lactodbacillus*속 등이 치즈에 독특한 향미를 생성한다.

(4) 곰팡이로 숙성한 치즈

1) 블루치즈(Blue-Veined, 靑脈 cheese)

순수배양한 *Penicillium roqueforti*를 접종하여 만든 것이 특징이며, 치즈에 곰팡이의 자란상태가 푸른 힘줄 모양을 보이는 특징이 있기 때문에 블루-베인드 치즈(Blue-Veined cheese)라는 이름이 붙었다. '블루-베인드' 는 '푸른 줄이 있는' , 즉 '청맥(靑脈)' 을 나타낸다.

원료인 탈지유에 지방분이 12%인 크림을 혼합하여 *Str. cremoris*와 *Str. lactis*를 넣고 30℃ 정도에서 1시간 동안 산발효시킨 후에 곰팡이 분말을 커드에 골고루 섞는다. 응유효소를 첨가한 다음 응고된 커드는 체다 치즈의 경우와 같이 경질로 한다.

가염된 커드는 여러 바늘이 달린 장치로 구멍을 뚫는다. 이 구멍은 내부에 생성된 CO_2의 방출과 호기성 곰팡이에게 산소를 공급하는 효과가 있다.

곰팡이의 수용성 리파아제는 우유 지방에서 카프릭(capric), 카프릴릭(caprylic), 카프르산(capric acid) 등을 생성하며 이들은 치즈에 독특한 쏘는 맛(sharp)과 매운맛(peppery)을 주게 된다.

2) 카망베르 치즈(Camembert cheese)

살균된 전지유에 *Str. cremoris*와 곰팡이 *Pen. camemberti*나 *Pen. caseicolum*을 접종한다.

커드가 완전히 굳어졌을 때 굵게 절단하고 원형틀에 넣은 다음, 유청을 제거하고 원형 커드를 만든다. 여기에 소금을 살포하거나 염수에 담가서 간을 하고 곰팡이 포자를 분무한다. 곰팡이 접종은 1회 혹은 2회를 할 수도 있다.

곰팡이 증식이 잘 되도록 망상구조의 선반에 치즈를 놓고, 처음 1~2일 동안은 14℃, 습도 75% 정도로 하여 표면이 건조되도록 하고, 다음에는 습도 95%로 12일 동안 둔다. 솜털과 같이 백색의 곰팡이가 치즈에 자라면 치즈를 뒤집어서 곰팡이가 고루 자라도록 해 준다.

곰팡이가 쌓인 원형 치즈는 금박지로 싸서 5℃로 숙성한다.

숙성이 진행되는 동안에 치즈는 부드럽고 견실한 반투명 상태가 되며, 이런 변화는 표면에서 내부로 진행된다. 이는 곰팡이의 단백질분화효소의 작용에 기인한다.

표 6-4 세계 각국의 발효유와 스타터 미생물

제품명	원산지	주원료	주요균종
젖산발효유			
Yoghurt	불가리아	우유, 탈지유, 설탕	*L. bulgaricus, Str. thermophilus, Str. lactis, Str. cremoris*
Cultured butter milk	미국	버터밀크, 탈지유	*Str. lactis, Str. diacetilactis, Str. cremoris, Leuc. citrovorum*
Acidophilus milk	독일	우유	*L. acidophilus*
Bifidus milk	독일	우유	*Bif. bifidus, L. acidophilus, Str. thermophilus*
Biogurt	독일	우유, 탈지유	*Str. lactis, L. acidophilus*
Bulgarian milk	불가리아	전유, 탈지유	*L. bulgaricus*
Gioddu	알지리아	우유, 마유, 산양유	*Sacch. sardous, Bacillus sardous*
Taette	스칸디나비아	우유, 탈지유	*Str. lactis*
Skyr	아이슬랜드	탈지유	*Str. thermophilus, L. bulgaricus*
Dahi	인도	우유	*Streptococcus, Lactobacillus*, 효모
Zabady	이집트	물소젖, 우유	*Can. pseudotopicalis, Str. thermophilus, L. bulgaricus*

2. 발효유(Fermented milk)

발효유는 일반적으로 포유류의 젖을 젖산균이나 효모 등의 미생물에 의해 발효시켜 특수한 풍미를 갖게 한 유제품을 말한다.

식품의약품안전처의 '식품의 기준 및 규격'에 의하면 "발효유라고 함은 원유 또는 유가공품을 유산균, 효모로 발효시킨 것을 말한다."라고 정의된다. 그리고 유형은 발효유, 농후발효유, 크림발효유, 농후크림발효유, 발효버터류의 다섯 가지로 구분하여 그 각각에 대하여 표 6-5와 같이 그 규격을 정하였다.

표 6-5 발효유의 유형과 규격

항 목 / 유 형	유지방분	무지유고형분	유산균수 또는 효모수	대장균	성 상
발효유	3.0% 이상	–	10^7/mL 이상	음성이어야 한다.	고유의 색택과 향미를 가지고 이미·이취가 없어야 한다.
농후발효유	8.0% 이상	–	10^8/mL 이상	〃	〃
크림발효유	3.0% 이상	8.0% 이상	10^7/mL 이상	〃	〃
농후크림발효유	8.0% 이상	8.0% 이상	10^8/mL 이상	〃	〃
발효버터유	8.0% 이상	1.5% 이하	10^7/mL 이상	〃	〃

1. 발효유의 종류

일반적으로 발효유라고 하면 유음료 또는 이와 유사한 식품을 지칭하며, 유산균음료 혹은 유산음료라는 표현을 쓴다.

발효유는 오랜 기간에 걸쳐 지역별 환경에 따라 여러 특징적인 제품으로 발전하여 왔는데, 젖산을 위주로 한 젖산 발효유와 알코올을 위주로 한 알코올 발효유의 두 방향으로 발전하였다.

(1) 발효유 제조 미생물

옛날에는 야생균에 의한 자연발효에 의존하여 발효유를 제조하였으나, 현재는 순수배양한 우수한 젖산균을 스타터(starter)로 이용하고 있다.

스타터는 일반적으로 균주를 우유에 배양한 것을 말하며, 균을 보존하기 위한 머더 스타터(mother starter)와 제품제조에 쓰이는 벌크 스타터(bulk starter)로 구별된다.

발효유 종류에 따라 쓰이는 스타터의 균종도 서로 다르다. 그 중요 젖산균종과 특성은 표 6-6과 같다.

표 6-6 주요 스타터의 특성

균 종	형 태	배양 최적 온도(%)	우유의 산도(%)	우유 중의 최종 pH	가스 생성	용 도
Str. cremoris	구균	20~25	0.7~0.9	4.1~4.3	−	치즈, 버터
Str. lactis	구균	30	0.7~0.9	4.1~4.3	−	치즈, 버터, 발효유
Str. diacetilactis	구균	30	0.7~0.9	4.1~4.3	±	버터, 마가린
Str. thermophilus	구균	37~45	0.7~0.9	4.1~4.3	−	치즈, 발효유
Leuconostoc cremoris	구균	20~25	−	−	+	버터, 마가린, 발효유
L. bulgaricus	간균	37~45	1.5~1.7	3.4~3.6	−	발효유, 유산균 음료
L. helveticus	간균	37~45	2.5~2.7	3.2~3.4	−	치즈, 발효유, 유산균음료
L. acidophilus	간균	37~40	0.8~1.0	3.8~4.0	−	유산균음료

2. 요구르트의 제조

요구르트는 그 성상에 따라, 죽 모양의 이상(泥狀) 혹은 호상(糊狀) 요구르트와 액상(液狀) 요구르트로 구별한다. 그 밖에도 동결 요구르트, 건조 요구르트, 살균 요구르트 등의 종류가 있다.

보통의 우유는 요구르트 원료로 쓰기에는 성분이 부족하므로 일반적으로 탈지분유 등을 첨가하게 되는데, 이것을 요구르트 믹스(yoghurt mix)라고 한다. 요구르트의 경화를 위하여 한천(agar), 젤라틴(gelatin), 펙틴(pectin), 카라기난(carrageenan) 등의 경화제(硬化劑)를 사용하기도 한다.

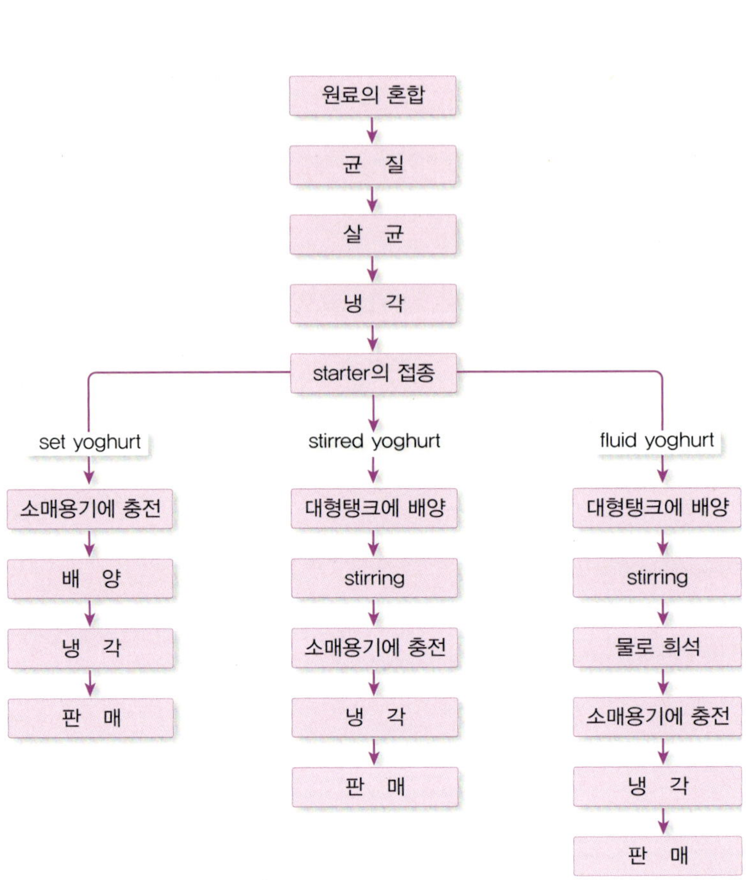

그림 6-6 요구르트의 제조공정

(1) 호상(糊狀)요구르트

1) 스타터

스타터(starter)의 균종에 따라 제품의 풍미가 달라지므로 균종의 선택은 매우 중요하다. 일반적으로 스타터는 고온균(高溫菌)인 *L. bulgaricus*와 *Str. lactis*의 혼합배양이 쓰인다.

*L. bulgaricus*는 최적 배양온도가 높고 풍미도 좋으며 응유가 부드러우면서도 안정적인 이점이 있으나, 산의 생성이 빨라 제어가 어렵다는 단점이 있다. *Str. lactis*는 풍미는 다소 단조로우나 산의 생성이 완만하여 품질을 유지하기 쉽다.

스타터의 첨가량은 1~2% 정도이다.

2) 배양조건

*L. bulgaricus*를 단독으로 사용하는 경우에는 발효온도를 37℃로 하여 6~7시간 발효를 진행한 후에 산도가 0.7~0.8%가 되면 0~5℃에서 저장한다. *L. bulgaricus*의 발효를 정지할 수 있는 온도는 20℃ 이하이며, *Str. lactis*의 경우는 10℃ 이하이다.

이 두 균을 혼합 사용할 경우에는 *Str. lactis* : *L. bulgaricus*=1 : 1~4의 비율로 혼합하고, 33℃로 10시간 동안 발효시키는 것을 기준으로 한다.

*Str. thermophilus*의 경우는 45℃로 3~4시간 안에 발효가 완료된다.

(2) 액상 요구르트

액상 요구르트는 보통 요구르트의 커드를 분쇄하여 반 유동체로 한 것으로, 대형 탱크에서 교반하고 커드를 분쇄·발효시켜서 제품화한다.

1) 아시도필러스 밀크(acidophilus milk)

*L. acidophilus*를 이용하여 제조되는 일종의 발효유이며, 이 균은 담즙산이나 기타 산에 대한 저항성이 크고, 1.5~2.0%의 젖산을 생성하며 38℃에서 가장 잘 생육한다. 장내에서 잘 생육하므로 정장작용을 한다고 추측되는 균이다.

120℃에서 20분 동안 살균한 탈지유를 38℃로 냉각하고, *L. acidophilus*의 벌크 배양을 5% 정도 접종하여 38℃로 18~24시간 배양한다. 이때에 커드가 생성되고 산도는 1% 정도가 된다.

배양된 액은 10℃로 냉각하며 교반기로 커드를 분쇄하고 제품화한다. 우리나라에서 '야쿠르트' 라는 상품명으로 시판되고 있다.

3. 젖산균 음료

발효유에 여러 향미료 등을 혼합하여 만든 음료를 젖산균 음료(lactic acid bacteria beverage)라고 하는데, ① 요구르트형 젖산균 음료 ② 과즙형 젖산균 음료 ③ 살균젖산균 음료 등이 있다.

(1) 요구르트형 젖산균 음료

탈지유에 *L. bulgaricus* 등의 스타터를 가해서 발효하고 커드를 분쇄하여 액상 발효유를 얻은 다음, 여기에 시럽·안정제·색소·과즙 등을 혼합하여 80~90℃로 30분 동안 살균하고 냉각한 후, 향료를 혼합하고 제품화한다.

안정제는 산에 의한 단백질의 침전을 방지하기 위한 것으로, PGA(propylene glycol alginate)나 내산성 CMC(caboxymethyl cellulose)를 이용한다.

(2) 과즙형 젖산균 음료

과즙이나 설탕 등을 우유에 혼합하여 살균하고 스타터를 가해서 발효시킨다. 스타터로는 *L. acidophilus*를 사용한다.

(3) 살균젖산균 음료

산도가 2.0~2.5%가 되도록 36~48시간 발효한 후, 생성된 커드는 균질화(均質化)하여 설탕이나 향료 등을 첨가하고 75~80℃로 살균저장한다. 물로 5~6배로 희석하여 제품화한다.

젖산균 음료를 배합한 예는, 표 6-7과 같다.

표 6-7 젖산균 음료의 배합 예(단위 %)

원료 / 종류	물	발효 탈지유	설탕	과즙	안정제	구연산	Vit. C	향료	색소
액상 요구르트형	45.6	40.0	14.0	–	0.35	–	–	0.05	약간
과즙형	70.5	5.0	14.0	10.0	0.20	0.15	0.05	0.10	약간

3. 알코올 발효유(Alcohol fermented milk)

제품명	원산지	주원료	주요균종
알콜발효유			
Kefir	코카사스	우유, 산양유, 면양유	*Sacch. kefir, Str. lactis, Str. cremoris*
Kumiss	중앙아시아	마유, 낙타유, 당나귀유	*L. bulgaricus, L. cancasium*
Leben	아라비아	수우유, 우유, 산양유	*Sacch. torula, L. bulgaricus*
Mazun	아르메니아	수우유, 우유, 면양유	효모, *Bac. lebens*
Chal	중앙아시아	낙타유	*Str. lactis, Lactobacillus,* 효모
Urda	카프파치아	양유, 유청	효모, *L. casei, Str. thermophilus*
Scuta	칠레	유청	효모
몽고유주	몽고	우유	효모
유즙화주	극지	마유, 면양유	효모

(1) 케퍼(Kefir)

케퍼는 코카서스 지방에서 우유, 산양유, 양유 등을 원료로 사용하여 케퍼립(粒)이라는 젖산균과 효모가 공존하는 덩어리(호두알 크기부터 밀알 크기 정도)를 스타터를 사용하여 발효시켜서 만든 약한 산성의 알코올 함량이 2.5 %(vol)인 알코올 음료이다. 밀봉된 용기에서 발효시키므로 탄산가스를 0.25% 함유한 음료가 만들어져서 청량감을 준다.

케퍼립은 단단하게 응고된 단백질 덩어리와 여러 종류의 젖산 생성 세균류들, 즉 *L. caucasicus, L. casei, Str. lactis, Str. bulgaricus* 등과 젖당발효성 효모 *Torulopsis*와 *Saccharomyces fragilis* 등이 들어 있다.

우유에는 4~5%의 젖당이 함유되어 있기 때문에 이론상으로 2.5%의 알코올을 생성할 수 있으나, 실제는 이보다 함량이 적다.

제조방법은 생유를 80℃로 30분 동안 살균하고, 22℃로 냉각한 전지유에 케퍼립을 넣고 하룻밤을 재운다. 다음날 아침에 부드러운 커드가 생기면 케퍼립은 건져내어 다음 제조를 위하여 건조 보관하고, 액은 2~3일 동안 더 발효시켜 상품화하거나 음용한다.

(2) 쿠미스(Koumiss)

중앙아시아의 러시아 원주민인 쿠마란(kumaran)인들이 우유나 노새젖을 이용하여 가죽 부대나 옹기에서 케퍼와 유사하게 발효시켜 만든 알코올과 탄산가스를 함유한 청량음료이다. 쿠미스에 관여하는 미생물로는 *Streptococcus, Lactobacillus casei* 및 젖당을 발효시키는 *Torula* 효모 등이 있다.

젖당의 알코올 발효는 많은 CO_2와 거품을 생성하므로, 밀폐형 발효용기는 적합하지 않다.

4. 버터(butter)

버터(butter)는 우유에서 분리한 크림을 교동(攪動)하고 연압(練壓)하여 얻게 된 유지방 식품으로, 인류가 만들어 먹은 역사는 약 4,000년쯤 된다. 18세기까지 버터는 식료용보다는 의약용이나 화장용으로 더 많이 이용되었으나, 19세기 초부터는 식료품으로서 더 많은 의미를 지니면서 다량으로 소비되기 시작하였다.

우유의 색은 우유 중에 분산되어 있는 카세인 입자와 지방구(脂肪球)의 크기에 따라서 유백색의 색깔이 조금씩 다르다. 지방구의 입자가 클수록 황색을 띠고 작을수록 백색으로 불투명하게 된다. 따라서 버터의 색도 우유의 종류에 따라 색상이 조금씩 다를 수 있다.

버터는 일반적으로 2종류로 구분하는데, ① 젖산균에 의한 발효로 산성화한 발효버터(sour cream butter)와 ② 산성화하지 않은 감성(甘性)버터(sweet cream butter)가 있다. 또는 소금을 첨가한 가염 버터(salted butter)와 무염 버터(nonsalted butter) 등으로 나누기도 한다.

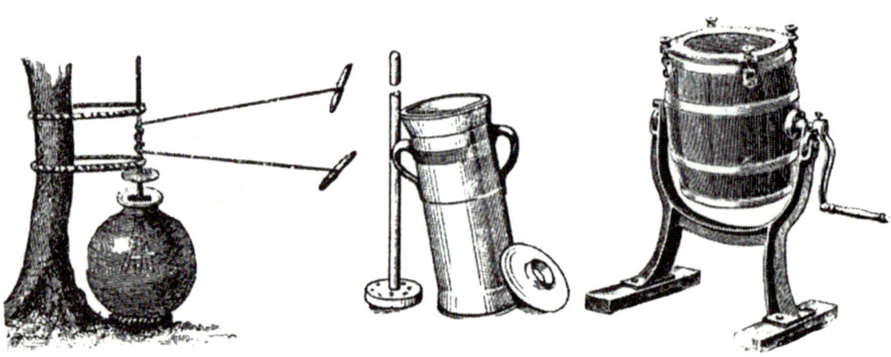

그림 6-7 구식 cream 교동기의 종류

우유의 저온살균(pasteurisation)이 보편화되기 이전(1890년)에는, 우유에 존재하던 젖산균에 의한 자연젖산발효로 우유는 산성화되어 자연적으로 샤워크림(sour cream)을 얻게 되고 발효 버터가 제조되었다. 그러나 저온살균이 보편화된 이후에는 배양 젖산균(starter)에 의한 산성화로 버터가 제조된다.

발효 버터는 젖산균으로 발효시킨 크림으로 제조한 것이므로 상쾌하고 방향이 있으며, 산도가 0.2% 이상인 버터이다. 그러나 감성 버터는 방향이 적고 향미도 부족하다.

우리나라와 일본, 호주, 미국 등지에서는 감성 버터가 주로 식용된다. 그러나 유럽 쪽에서는 주로 발효 버터를 많이 이용하고 있다.

1. 버터의 제조

버터의 제조법에는 회분식(回分式, batch system)과 연속식(連續式, continuous system)이 있다. 연속식은 대량생산을 하는 공업적 규모의 공정이며, 회분식은 가정에서의 자급자족식 제조나 가내공업식 생산에서 이루어지고 있다.

(1) 회분식 제조공정

제조공정은 그림 6-8과 같이 먼저 원료유에 의해 크림을 분리하는 공정과 살균공정이 이루어지는 것으로부터 시작된다.

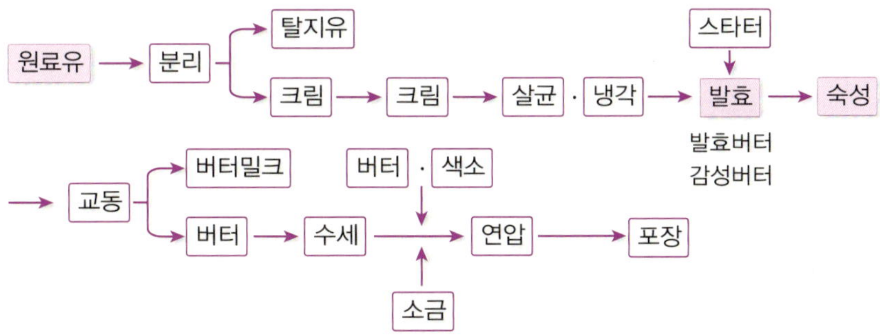

그림 6-8 회분식 버터 제조공정

1) 스타터 준비

살균하지 않은 우유를 자연발효시켜서 산성화되었을 때, 살균된 우유에 첨가하여 21℃에서 약 18시간 동안 스타터(*Streptococcus lactis, Str. diacetilactis, Leuconostoc cremoris*)를 증식시킨다. 산도는 시료 우유와 같은 양의 N/10 NaOH용액에 의해서 중화되는 정도(산도 0.3% 정도)로 한다.

스타터 첨가량은 크림 양의 3~4%로 하며 16~30시간을 발효시킨다. 크림을 발효시키면 점도가 낮아지며, 지방의 분리가 쉽고 따라서 교동작업이 용이하며, 아세토인(acetoin)이나 디아세틸(diacetyl) 등의 버터 특유의 방향물질이 생성된다.

2) 숙성

발효 후에도 2~4℃로 16시간 정도를 방치하며, 숙성시킨 후에 교동작업을 하게 된다. 숙성의 목적은 크림 중의 지방구를 완전히 고화(固化)시켜서 지방의 손실을 적게 하는 데 있다.

3) 교동

숙성된 크림을 교동기(攪動機, churning machine)에 1/3 정도를 넣어서 심하게 진탕시키면 크림의 지방구가 밀알처럼 형성되고 밀크가 분리된다. 교동이 완료되면 버터밀크를 제거하고 여기에 버터밀크와 같은 양의 물을 넣고 교동기를 회전시켜 수세(水洗)하는데, 이와 같은 방법을 3~4회 반복한다.

4) 가염 및 연압

2% 정도의 소금을 넣고 혼합한 후에 연압기를 이용하여 밀알 상태의 지방덩어리를 짓이겨서 한 덩어리로 만든다. 이때 버터는 기름 중에 물방울이 존재하는 에멀션(emulsion, 乳濟)의 형태가 된다.

(2) 연속식 제조공정

연속식 제조공정 라인의 구조는 그림 6-9와 같다.

A. 원료 크림 탱크
B. 펌프
C. 고지방 크림분리기
D. 균질기
E. 지방구 분리기
F. 지방 함유 유청 되돌림관
G. 첨가물 탱크
H. 크림지방률 조정기
J. 버터 냉각기
K. 전상기(轉相機, texturator)
L. 성형기
M. 제품포장기

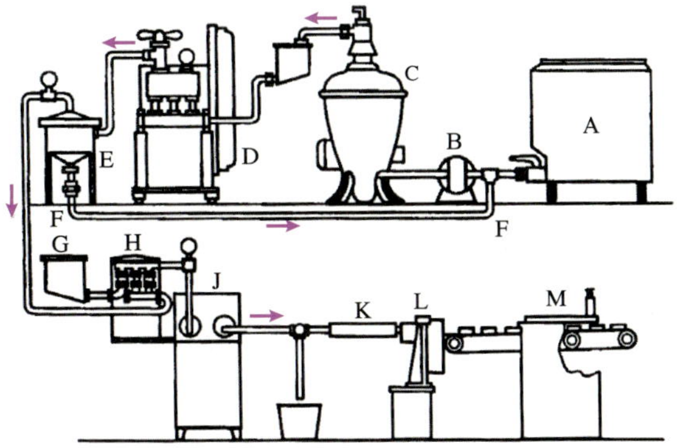

그림 6-9 연속식 버터 제조장치

2. 버터의 성분

가염하지 않은 버터의 지방함량은 평균 82~84%이며, 16~18%의 버터밀크를 함유하고 있다. 버터밀크의 성분은 수분 14.7%와 지방질을 함유하지 않는 건물(乾物) 1.3%로 구성되어 있다. 건물 1.3%에는 0.5~0.8%의 젖당과 젖산, 0.6~0.7%의 단백질, 0.11%의 미네랄 성분을 함유하고 있다.

일부 선진국에서는 수분함량이 16%(w)를 넘어서는 안 되며 지방함량은 최소 82%(w) 이상이어야 한다고 버터 품질을 규정하고 있다.

(1) 지방 함량

버터의 주성분인 지방의 지방산 종류와 그 함량은 표 6-8과 같다.

표 6-8 버터 지방 중의 지방산

포화지방산	mol. %	불포화지방산	mol. %
butyric acid C_4	10.2	⊿9 decenic acid C_{10}	0.2
caproic acid C_6	2.5	⊿9 dodecenic acid C_{12}	0.2
caprylic acid C_8	1.3	⊿9 tetradecenic acid C_{14}	0.9
capric acid C_{10}	1.5	⊿9 hexadededenic acid C_{16}	2.8
lauric acid C_{12}	3.5	⊿9,12`octadecadienic acid C_{18}	31.4
myristic acid C_{14}	8.6	탄소수 20~22의 불포화 지방산	4.9
palmitic acid C_{16}	22.1		0.5
stearic acid C_{18}	9.9		
arachidic acid C_{20}	0.7		
계	60.3	계	40.9

(2) 단백질 함량

버터 단백질의 구성 아미노산의 종류와 그 함량은 표 6-9와 같다.

표 6-9 버터 단백질의 아미노산 구성

아미노산	g/kg 버터	아미노산	g/kg 버터
isoleucine	0.45	tyrosine	0.36
leucine	0.69	tryptophan	0.09
valine	0.48	lysine	0.45
methionine	0.17	histidine	0.18
cystine	0.06	arginine	0.26
phenylalanine	0.34		

(3) 비타민 함량

표 6-10 버터의 비타민 함량

비 타 민	mg/kg 버터	
	함량 범위	평균함량
Vit. A	3.0~15.0	6.7
carotene	3.5~8.5	5.4
Vit. D	2.0~40	–
Vit. E	20~34	26
Vit. K	–	0.6
Vit. B1	0.06~0.08	0.07
Vit. B2	0.10~0.41	–
Nicotinamide	0.1~1.0	(0.04)
Vit. B6	–	
Vit. C	0~10	–

(4) 무기물 함량

표 6-11 버터의 무기물 함량

무 기 물	함량 범위	평균함량(mg)
Na	40~80	60
K	130~270	200
Mg	40~72	41
Ca	120~210	160
Mn	–	0.4
Fe	0.35~5	1.5
Cu	0.06~0.95	0.28
P	160~220	190
F	–	1.5
I	–	0.005

[핵심문제 정리]

1. 치즈의 종류 및 특징과 제조방법을 설명하라.

2. 발효유의 종류와 제조과정을 설명하라.

3. 젖산균 음료의 종류와 각각의 주요 배합물을 열거하라.

4. 알코올 발효유의 원산지와 주원료, 그리고 발효균을 정리하라.

5. 버터의 제조과정과 성분을 설명하라.

Chapter 7. 유기산 발효

1. 초산
2. 젖산발효
3. 구연산

Chapter 7
유기산 발효

학습 목표

- 초산발효와 발효미생물을 활용하여 다양한 식초를 제조할 수 있다.
- 젖산발효를 이해하고, 발효종균을 배양하여 젖산을 생산할 수 있다.
- 구연산 생산 균주 및 발효를 활용하여 구연산을 생산할 수 있다

1. 초산 발효

동양에서 기록상으로 초(醋)라는 글자는 한(漢)나라 이후의 문헌에서 찾아볼 수 있다. 그러나 술의 유래가 4~5천 년 또는 그 이전으로 생각되고, 또 술의 산화로 얻게 되는 것이 초산(acetic acid)이므로, 초는 거의 같은 시대부터 사용되었을 것으로 보인다.

서양에서도 옛날 바빌로니아, 아시리아, 이집트의 사람들이 식초를 만들어 먹었다는 것은 잘 알려진 사실이다. 또 그리스인이나 로마인이 포도주초를 물에 타서 청량음료로 이용하였다는 기록도 있다.

식초는 조미식품 중의 하나로 현재 식품위생법의 식품공전에서 식초의 정의는 "식초라 함은 곡류, 과실류, 주류 등을 주원료로 하여 발효시켜 제조하거나 이에 곡물 당화액, 과실 착즙액 등을 혼합·숙성하여 만든 발효식초와 빙초산 또는 초산을 먹는 물로 희석하여 만든 희석초산을 말한다"로 되어 있으며 발효식초 중 감을 초산발효한 액을 감식초라 한다. 또한 식초의 규격을 보면 총 산은 초산으로서 4.0~20.0%(w/v)이지만 감식초는 2.6% 이상이 되어야 한다. 한편 타르색소는 검출되어서는 아니 되고, 보존료는 파라옥시안식향산메틸과 파라옥시안식향산에틸 이외의 것이 검출되어서는 안되며 식초제품 1L에 대하여 파라옥시향산으로서 0.1g 이하를 사용해야 한다.

오래 전부터 식초는 가정에서 제조하여 식용하였으나, 14세기 말 경에 프랑스 오를레앙 지방에서 최초로 공업적으로 생산하였다. 이로 인하여 오를레앙법이 탄생하였으며, 식초의 대량생산은 오를레앙법에 따라 맥주나 포도주로부터 표면발효(산화)에 의하여 서서히 발효시켜 생산하였다.

그 후 부르하베(Boerhave)법(17~18세기 초), 슈첸바흐(Schützenbach)법(1815년), 프링스 제너레이터(Frings Generator)법(1932년) 등의 방법으로 표면발효법은 점차 발전해 왔다. 그러나 1952에 Hromatka가 처음으로 심부발효(액침발효, submerged fermentation)에 대한 보고를 하였고, 그 후 점차 심부발효가 발전을 하게 되었다.

1793년에 라부아지에(Lavoisier)는 초산생성이 산화작용에 의한 것이라고 하였고, Kützing은 발효액 표면의 피막에 어떤 생물체가 존재할 것이라고 추측하였다. 이 견해는 1864년에 파스퇴르(Pasteur)에 의해 증명되었으며, 1879년에 한센(Hansen)이 초산균을 순수분리하고, 1900년에 네덜란드의 베이저링크(M.W. Beijerink)는 초산균속의 학명을 *Acetobacter*라고 명명하였다. 20세기에 들어와서 프라퇴르(Frateur)와 레인보(Rainbow)는 초산균의 발효기작에 대하여 보고하였다.

오늘날에 식초(食醋)는 초산균을 이용하여 에틸알코올로부터, 또는 에틸알코올을 함유한 포도주, 사과주, 맥아즙, 발효된 우유 등으로부터 얻는다.

(1) 초산발효 미생물

*Acetobacter*는 Pseudomonadaceae과에 속하는 절대호기성의 그람 음성 및 무포자의 단간균 또는 타원형의 세균으로, 주모(周毛)나 극모성(極毛性)의 편모를 가지는 것과 갖지 않는 것이 있으며, 때로는 긴 연쇄를 가진 것도 있다. 생육 적온은 약 30℃이며, 최적 pH는 3.5~6.5이다.

에탄올로부터 초산을 생성하는 초산균류는 베르제(Bergey)편람(1975)에 따르면 *Acetobacter*류들 중 pH 4.5에서 에탄올을 서서히 초산으로 산화하고 초산염(acetate)과 젖산염(lactate)을 CO_2로 산화하지 못하는 종을 *Gluconobacter*로 분류하였고, 초산염을 계속하여 CO_2와 H_2O로 산화시키는 초산균류를 *Acetobacter*로 분류하였다.

표 7-1 *Gluconobacter*속과 *Acetobacter*속의 특징적 차이

특 징	*Gluconobacter*	*Acetobacter*
편모	극모 또는 없음(無)	주모 또는 없음(無)
ethanol→acetic acid(pH 4.5)	서서히	빠르게
acetate→CO_2	−	+
lactate→CO_2	−	+
glucose→gluconic acid	+	일정치 않음
TCA-회로	−	+
5-ketogluconic acid 생성	+	일정치 않음

*Acetobacter*류들 중에서 실제로 이용되는 속은 *Acetobacter*속이며, 이 중에서 가장 많이 이용되는 종은 *Acetobacter aceti*이다. 매우 빠르고 강하게 알코올을 초산으로 산화시키는 이들을 조정함으로써 초산발효에 대한 과산화현상(acetic acid→CO_2)을 제어한다.

*Acetobacter*류들은 종류가 많으며 그 중 *Acetobacter orleanense*, *Ac. vini-acetati, Ac. rancens* 등은 포도주초 양조에 잘 이용되고, *Ac. aceti*는 주정양조에 많이 이용된다. 그러나 식초발효액에 혼탁을 일으키고 불쾌한 에스테르를 생성하고 과산화하는 유해한 *Ac. ascendans, Ac. xylinum* 등도 있다.

(2) 초산발효의 생화학적 기작

초산발효는 초산균의 작용으로 에탄올이 산화하여 초산으로 되는 호기적 발효이며, 그 종합화학식은 다음과 같다.

$$CH_3CH_2OH + O_2 \longrightarrow CH_3COOH + H_2O + 493.83KJ$$

이때 생성된 에너지의 일부는 열로 전환되므로 발효할 경우에는 적절한 장치로 냉각하여야 한다. 발효 중 생성된 초산과 발효열에 의한 온도 상승은 초산균의 형태변형을 가져오고, 사멸까지도 초래한다.

초산발효 과정은 다음과 같다. 에탄올이 알코올탈수소효소(alcoholdehydrogenase)의 작용에 의하여 아세트알데히드(acetaldehyde)로 탈수소된다. 탈수소된 수소들은 보효소 $NAD_{(P)}^+$에 의해 $NAD_{(P)}H^+H^+$로 되어 TCA-회로를 거쳐 6ATP와 2mole의 H_2O를 생성한다. 이때에 생성된 ATP들은 비교적 빠르게 분해·소모되며, 이 중에서 약 1/10 정도만이 세포 내의 합성에 이용된다.

이들 중 3ATP는 그림 7-1에서와 같이 아세트알데히드에서 초산을 생성하는데 사용된다.

초산균들은 산소의 농도가 적으면 다음과 같은 이상발효를 한다.

$$CH_3CH(OH)_2 + CH_3CHO \longrightarrow CH_3COOH + CH_3CH_2OH$$

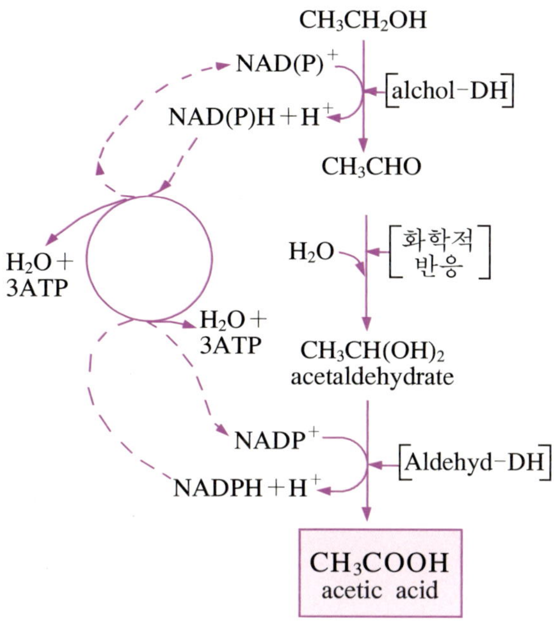

그림 7-1 초산 생성의 생화학적 과정

몇 종의 *Acetobacter*들은 H_2O_2를 생성하기도 하나 카탈라아제에 의하여 즉시 H_2O와 1/2 O_2로 분해된다.

(3) 초산 제조방법

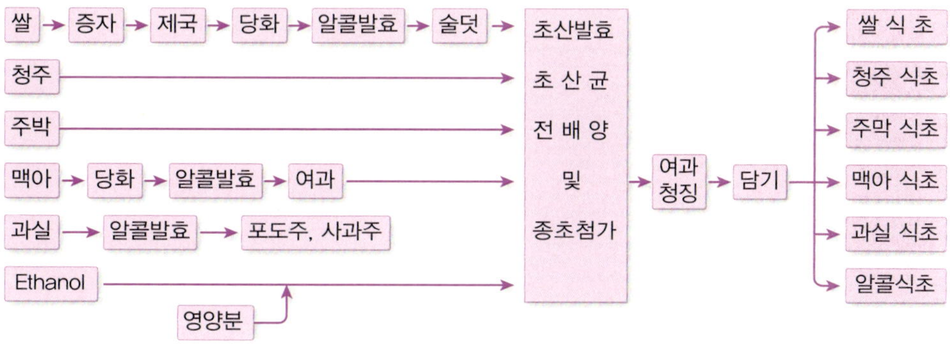

그림 7-2 식초의 제조공정

1) 표면발효법(surface fermentation)

표면발효법은 옛부터 이용되어 온 전통적인 방법으로 정치법이라고도 하는데, 조작이 단순하며 발효기간이 길고 소량생산에 적합하다. 술을 담금하여 알코올 발효시킨 후, 담금액 표면에 자연적으로 초산균에 의한 균막이 형성되어 자연발효로 식초를 얻는다. 이 방법은 특별한 식초를 생산하는데 아직도 사용되고 있다.

최초의 산업적인 공정은 14세기 말 프랑스 오를레앙(Orleans)지방에서 생산한 포도주 식초로 오를레앙 공정(Orleans process)으로 알려져 있다. 이 방법의 초산 수율은 75~85%이다.

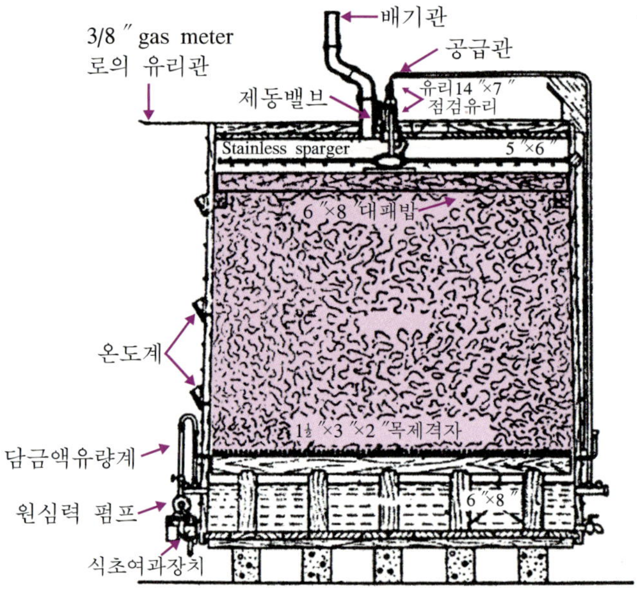

그림 7-3 오를레앙 공정의 제너레이터 단면도

2) 통기발효법

통기발효법은 식초생산기(vinegar generator)를 이용한 속초법(quick or trickling process)이다. 식초의 상업적 생산을 위해 독일의 슈첸바흐(Schutzenbach)가 1823년에 식초생산기를 처음 개발했다. 발효조인 나무통 윗부분에서 알코올 용액이 뿌려지고 이는 너도밤나무 대패밥 사이로 흐르며(trickles down), 아래로부터는 공기를 송입하여 산화하게 한다. 너도밤나무 등의 대패밥은 초산균이 안착할 수 있는 매우 큰 표면적을 제공하고 이들 표면에 공기를 아래에서 위로 통과시킨다.

아래 부분은 식초를 모으는 수집실(collection chamber)이 있으며 재순환을 위해 같은 생산기의 꼭대기나 연속된 2차 생산기에 되돌려진다. 슈첸바흐법으로 생산된 초산의 농도는 10~12%(v/v) 로, 하루에 10~15kg/m³의 초산을 생산하며 첨가된 에탄올을 기준으로 초산의 수율은 85%이다.

또 1932년경 독일의 프링스(Frings)에 의해 개발된 프링스 제너레이터법(Frings generator)(그림 7-3)이 있으며 원리는 슈첸바흐법과 유사하다. 이 장치에 의한 초산발효는 10~12% 정도의 알코올을 함유한 초산발효용 담금액이 탱크상부에 있는 스테인레스 회전살포판(sprayer)을 통하여 너도밤나무 등의 대패밥인 충전물에 살포되고 초산균에 의해 초산으로 산화되어 아래 부분의 수집실에 모이게 된다. 수집액은 펌프로 탱크상부에 보내져 알코올 농도가 0.3~0.5% 정도일 때까지 순환을 반복한 후 발효탱크에서 식초를 뽑아낸다. 공업적 생산에서 초산의 수율은 88~90% 정도이다.

3) 심부발효법(submerged fermentation)

원료 담금액에 순수배양한 초산균이나 종초(種醋)를 첨가하고 공기를 송입하며, 강하게 교반하여 액내 전체에서 고루 산화시키는 방법으로 액침발효법이라고도 한다. 프링스가 고안한 아세테이터(acetator)와 마이어(mayer)가 고안한 연속발효장치인 캐비테이터(cavitator)가 있다.(그림 7-4)

프링스 아세테이터법(Frings acetator)이 12% 초산을 생성하는 한 주기는 35시간으로 이는 제너레이터법(generator)보다 약 10배나 빠르고, 최종 초산 농도를 14%(v/v)까지 올릴 수 있다. 이 방법의 생산성은 에탄올 대비 90% 이상의 수율로 하루에 50~60kg/m³의 초산을 생산한다.

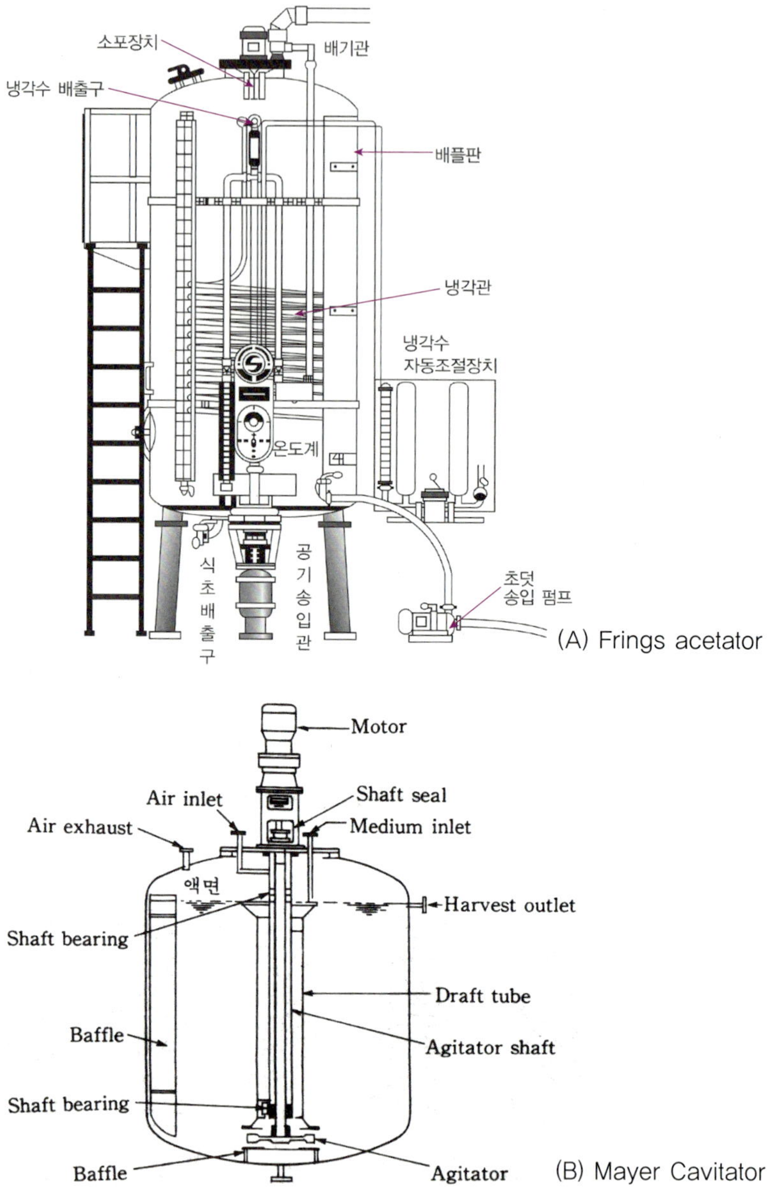

그림 7-4 Acetator와 Cavitator

그 후에 여러 방식이 개발되었으며 세계 각 나라마다 방식은 다르다. 오늘날에는 균주를 접종한 알코올 용액에 강하고 효과적인 산소의 공급 방법에 대한 특허를 가진 여러 탱크발효 방식들이 개발되어 공업화를 이루고 있다.

(4) 식초의 종류

1) 양조식초(주정초, spirit vinegar)

초산발효에 필요한 영양소에 양조용 알코올을 넣어 알코올 농도를 약 10%로 가하여 원료용액으로 사용한다. 발효장치에 종초와 원료용액을 가하여 담금액을 만들고 발효시키면 초산 10% 이상의 양조식초가 얻어진다.

보리, 밀, 옥수수 등의 전분을 당화하여 효모로 주정발효를 시킨다. 그리고 발효액을 여과하여 살균한 다음에 그 액을 다시 일반적인 방법으로 초산발효시켜 초산을 얻는다.

그 밖에 엿기름으로 만드는 맥아초(malt vinegar)와 쌀로 만드는 쌀초 등이 있다. 일본에서는 청주박(淸酒粕)을 물로 추출한 다음, 여기에 알코올을 보충하여 식초를 제조하기도 한다.

2) 포도식초(wine vinegar)

원료포도주의 색에 따라 백초(白醋, white wine vinegar)와 적초(赤醋)로 나누는데, 발효원료로는 포도과즙(most), 산패 포도주, 일반 포도주 등이 쓰인다.

이들 원료는 먼저 60~70℃로 가열 살균하며, 단백질이나 콜로이드 물질은 응고·침전시켜 제거한다.

포도초는 옛부터 프랑스에서 많이 생산하였다. 특히 오를레앙(Orlèans) 지방에서 약 200L들이 떡갈나무 통을 옆으로 놓아(橫置) 발효시키는 일종의 정치법이다. 이 통에 약 1/3 용량의 맑은 종초를 넣고 여기에 가온·살균한 포도주 10~15L를 가하여 25~30℃로 유지하면서 1주일 후에 다시 같은 양의 포도주를 추가한다. 이와 같이 4회를 하면 액면에 초산균의 균막이 형성되어 발효가 진행되며, 약 5주 후에는 발효된 초가 반 통 가량이 채워진다. 이때에 10~15L의 초를 취하고 같은 양의 포도주를 다시 공급한다. 제품은 5~7%의 산을 함유하고, 포도주와 같은 향기를 가진 고급 식초가 된다. 그러나 발효기간이 길어서 대량으로 생산하기에는 부적합하다.

3) 사과식초(沙果醋, apple cider vinegar)

사과를 원료로 사과즙을 취하고 알코올 발효를 시킨 다음, 정치법 및 속초법 혹은 아세테이터를 이용하는 방법 등으로 사과식초를 양조한다. 사과식초는 과즙 중의 펙틴에 의한 혼탁이 잘 발생하므로 알코올 발효 전에 펙틴가수분해효소 처리를 하는 것이 좋다. 사과식초는 방향이 좋고 함유된 사과산에 의하여 온화한 산미가 있기 때문에 품질이 우수하다.

미숙과는 펙틴 함량이 높으며, 부패나 외상이 있는 사과에는 길이 0.5~2mm 정도, 생육적온이 27~29℃인 선충류 초지렁이(*Anguillula aceti*, 그림 7-5 참조)가 종종 기생하기 때문에 주의가 필요하다. *Anguillula aceti*는 특히 포도식초(오를란느 식초)의 제조에서 많이 발견되는데, 44℃에서 1분 동안이면 사멸된다. 건조상태에서는 경직된 상태로 몇 년 간을 견디다가 습한 환경이 되면 즉시 활동성으로 변한다.

4) 합성식초

초산이나 빙초산을 산도 약 4~5%로 조정한 후에 감미료, MSG 혹은 기타 아미노산과 기타 유기산 등의 향미료를 가하여 제조한다.

5) 가공식초

주정식초나 과실식초 또는 맥아초 등에 마늘, 양파, 고추, 사철쑥(tarragon) 등의 향신료를 넣어서 만든다.

(5) 초산의 성분

양조식초의 산도는 대부분 4% 이상이고 양조식초에는 글루코산·젖산·옥살산·석신산, 구연산 등의 유기산과 포도당, 자당, 맥아당 등의 당류, 글리세롤이나 소르비톨 등의 당알코올, 글루탐산·아스파르트산·프롤린·리신·히스티딘 등의 아미노산과 카다베린(cadaverine), 그리고 에탄올·이소부탄올·아세트알데히드·아세트산에틸·초산이소아밀(isoamylacetate)·에틸이소프로필 에테르(ethylisopropyl ether) 등의 향미성분, 인과 첨가된 NaCl 등의 무기성분 등이 함유되어 있다. 그 밖에 불쾌취의 원인물질인 아세토인(acetoin)이나 다이아세틸(diacethyl) 등과 식초의 보존 중에 빛의 영향을 받아서 품질 저하를 일으키는 메티오날(methional) 등도 발견된다.

(6) 식초의 혼탁

식초의 혼탁은 다음과 같은 원인으로 일어날 수 있다.

① **단백질에 의한 혼탁**: 발효 후에 후숙의 기간이 충분하지 않으면 발생할 수 있다.

② **미생물에 의한 혼탁**: *Ac. xylinum* 등이 번식하면 혼탁이 올 수 있다.

③ **금속이온 등에 의한 혼탁**: 철(Fe) 등에 의한 혼탁으로, 사용하는 기구나 용수(用水)

에 의한 혼탁이다.

④ **그 밖의 원인**: 탄닌 혹은 산화효소(oxidase) 등에 의한 혼탁이다.

(7) 초산 발효액의 처리

발효액 중의 혼탁물질, 색소, 초산균 등은 여과지로 여과한다. 필요하면 여과보조제인 벤토나이트(betonite), $K_2[Fe(CN)_6]$ 등을 이용하여 청징(清澄)한다. 여과 후에는 대부분 저온살균(pasteurisation)하여 저장성을 부여한다.

(8) 오염균

① *Anguillula aceti*: 0.04~2mm의 적충류(滴蟲類)로 파리에 의해 오염되며, 형상은 그림 7-5와 같다. 열에는 약하여 54℃에서 쉽게 사멸된다.

② **초산 진드기, 초산 파리**: 살충제로 손쉽게 살충되나, 재증식한다.

③ *Mycoderma vini*: 산소와 접하는 모든 곳에서 빠르게 증식하는 유해 곰팡이로, 증식방지는 매우 어렵다. 그러나 최근에는 곰팡이 증식억제 페인트가 개발되어 사용되고 있다.

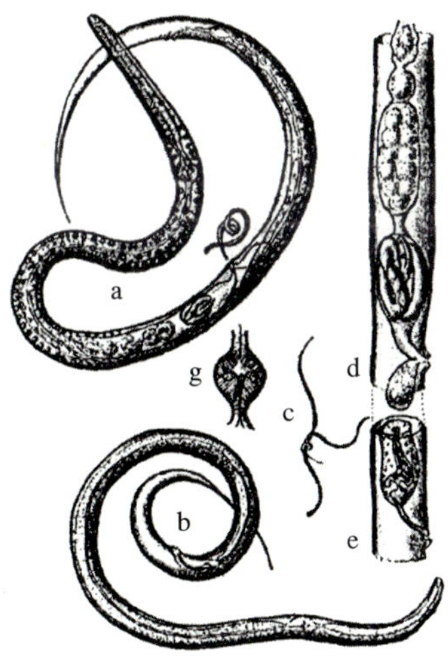

a. 암컷과 갓 출산된 새끼
b. 수컷
c. 교미 중의 암수컷
d. 암컷의 배란기와 성체가 된 새끼
e. 소화관 끝부분과 배설구
g. 위장

그림 7-5 *Anguillula aceti*

(9) 식초의 용도

주로 요리용의 조미료로 이용되며, 오이피클(pickle) 제조나 채소 및 물고기 등의 보존 향신료 등으로 이용되고, 화학공업 및 제약업계에서도 이용된다.

2. 젖산 발효

젖산은 1780년에 셸(Scheel)이 산성화된 우유에서 처음으로 분리하였다. 그 후에 많은 연구자들이 젖산발효균 및 젖산균에 의한 젖산발효의 형식, 젖산의 이성체 등에 대하여 연구·발표하였다. 젖산의 공업적 생산은 독일 베링거(Boehringer, 1895)에서 성공하였다.

젖산은 식품이나 음료공업의 산미료 및 보존제로써 이용될 뿐만 아니라, 우수한 수용성으로 직물 및 세탁업, 피혁의 탈회(deliming) 등에도 이용되는 등 수요가 많다.

젖산에는 D형, L형, 라세믹(Racemic)형의 3종이 있으며, 동물의 근육에서 생기는 것은 모두 우선성 L(+)형이다.

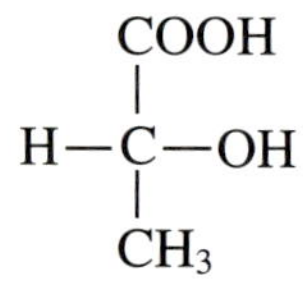

D(−) 젖산

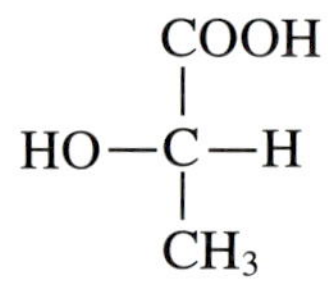

L(+) 젖산

(1) 생산균주

Lactobacillaceae과의 몇몇 속(屬) 세균과 곰팡이 *Rhizopus*속 등이 생육하며 젖산을 생산한다.

*Rhizopus*속에 의한 발효의 특징은 L-젖산만을 생성한다는 것이며, 대표적 생산균주는 *Rhizopus oryzae*이다.

젖산발효 세균에는 homo형 젖산발효와 hetero형 젖산발효를 하는 세균이 있는데, 발효형식은 다음과 같다.

① 정상 젖산발효(Homo lactic acid fermentation)

$$C_6H_{12}O_6 \longrightarrow 2CH_3CHOHCOOH$$

② 이상 젖산발효(Hetero lactic acid fermentation)

$$C_6H_{12}O_6 \longrightarrow 2CH_3CHOHCOOH + CH_3CH_2OH + CO_2$$

이상 젖산 발효에서는 *L. fermentum, L. brevis, Leuconostoc mesenteroides, Leuc. dextranicum*과 같이 젖산, 에탄올, CO_2 등을 생산한다. 젖산의 이론 수율은 대당(對糖) 50%가 된다.

젖산공업에 가장 많이 이용되는 정상 젖산발효균은 *Lactobacillus delbrueckii*이며, 젖당(lactose)의 젖산발효에 이용되는 균은 *L. bulgaricusr*, 그 외 *L. leichmannii* 등이 있다. 이들 젖산 간균은 그람 양성균이며, 내생포자를 형성하지 않고 D(−)젖산만을 생성하며, 주발효과정에서 원료당에 대하여 85% 이상의 수득을 올릴 수 있다.

발효균주는 빠르고 강력하게 발효를 하는 균이어야 하며, 가능한 한 발효부산물을 생성하지 않고 균주 생육에 많은 영양물질을 요구하지 않으며, 또 높은 온도에 내성이 있어야 한다. 특히 발효 중에 낙산발효균(*Clostridium*속)의 오염이 우려되기 때문에 이들의 증식을 억제하기 위해서는 높은 온도의 발효진행이 필요하다.

*L. leichmannii*는 *L. leichmannii*와 함께 50~52℃의 비교적 높은 발효온도에서 잘 견디며, 포도당(glucose)과 맥아당(maltose) 및 자당(sucrose) 등의 당을 잘 발효시킨다.

*L. bulgaricus*는 40~45℃ 정도의 발효온도에서, *L. casei, Streptococcus lactis* 등은 30~35℃에서 종종 우유를 원료로 한 젖산발효에 이용된다.

젖산발효균(*Lactobacillus* 속)의 필수 영양물질은 수용성 단백질 및 인산과 암모늄염이다. 특히 생육에 높은 비타민 요구성이 필요하므로 증식에 효모추출물, 토마토즙, 우유 또는 혈액 등을 첨가하여 주어야 한다. 요구하는 비타민은 락토플라빈(lactoflavin), 티아민, 판토텐산(pantothenic acid), 니코틴산 등이다. 또한, 옥수수 추출물과 일정량의 사탕무 폐당밀을 첨가하면 발효시간이 단축되는 효과가 있다.

(2) 발효기작

젖산은 α-hydroxypropionic acid라고도 한다. 공업적인 생산의 일부는 화학적 합성방법, 또 일부는 미생물을 이용한 발효법으로 생산한다.

정상 젖산발효의 종합발효식은 다음과 같다.

$$C_6H_{12}O_6 + 2ADP + Pi \longrightarrow 2CH_3CHOHCOOH + 2ATP$$

위의 식에서와 같이 젖산발효는 혐기적 발효이며, *Lactobacillus delbrueckii*의 경우에는 이론상의 수득에 있어서 95%까지 생산이 가능하다.

혐기적 젖산발효에 있어서 당으로부터 피루브산염(pyruvate)까지의 분해는 알코올발효와 마찬가지로 진행되며(EMP-경로), 이들은 젖산발효에서 전자수용체가 되어 젖산탈수소효소에 의하여 젖산으로 환원된다.

(3) 발효원료

젖산은 포도당, 맥아당, 설탕, 젖당 등에서 얻게 된다. 그리고 옥수수나 감자전분 등은 효소나 산으로 분해한 다음에 원료로 이용된다. 당밀과 유청도 원료로 사용될 수 있으나, 폐당밀은 정제가 까다로운 단점이 있다.

(4) 종균

발효 종균은 순수배양한 균을 대량 증식시켜 사용하여야만 발효진행이 빠르고 안전하다. 종균은 다음과 같이 준비한다.

① 순수배양균주를 시험관 내에서 멸균된 10mL의 malt broth에 접종하고 45℃에서 25시간 동안 배양한다.

② 삼각 플라스크의 100mL 배양액에 ①을 넣고 49~50℃로 2일 동안 발효시킨다. 이때 배양액에는 약간의 탄산석회를 첨가한다(발효 중 생성되는 젖산 1~2%는 젖산균의 사멸을 일으킬 수 있다).

③ 발효된 ②를 1~2L의 배양액으로 이식하여 증식시킨다.

④ 다음 단계의 200L 순수 전(前)발효 탱크에 ③을 이식하고, 49~50℃로 2일 동안 증식시킨다.

⑤ ④를 500~1,000L탱크에 이식하고, 다시 49~50℃로 2일 동안 증식시킨다.

⑥ ⑤를 본발효 탱크에 발효균으로서 접종하거나, 이것을 직접 발효시킨다.

(5) 당 원료 발효공정

당농도는 처음에 5~18%로 맞추나, 일반적으로 12%를 넘기지 않는다. 당농도가 너무 높으면 생성된 높은 농도의 젖산을 탄산석회($CaCO_3$)로 중화하여야 하며, 이 젖산염은 쉽게 젖산으로 분리되어 발효균주의 생육을 저해 혹은 살균하기 때문이다. 탄산석회 대신에 탄산마그네슘($MgCO_3$)도 사용이 가능하다.

본발효 탱크는 20,000~110,000L 정도가 되며, 발효초기에는 가열하여 온도를 조정하고, 발효 중기부터는 생성되는 발효열을 냉각하여야 한다.

발효 중에 발효액은 잘 교반하여야 한다.

pH는 언제나 5.5~6.0으로 유지시킨다. 균접종 후에 6시간이 경과하면 CO_2와 발효열이 생성되고, 원료의 농도에 따라 2~8일 후에는 발효가 완료된다.

발효가 끝나면 발효액은 83℃로 가열하여 살균한다.

(6) 회수

젖산발효에서의 회수공정은 젖산의 정제와 부유물과 미생물의 제거공정으로 매우 까다롭다. 공업용 제품에 칼슘이 섞여 있으면 황산을 첨가하여 황산칼슘으로 침전시켜 제거하고, 감압농축하여 35~40%의 젖산으로 농축한다.

식품용 젖산은 50~65%의 수용액으로 회수한다. 칼슘은 황산칼슘으로 침전시켜 제거하고, 수용액을 활성탄으로 처리한 다음에, 50~65%로 감압(減壓)농축한다. 최종 생산물의 색이 나쁘면 황혈염 처리로 철과 구리를 침전시키고 여과하여 제거한다.

플라스틱용 젖산은 농축 후에 메탄올로 에스테르화하여 얻는다.

(7) 용도

공업 분야에서의 용도는 제혁업에서 가죽의 탈회나 팽창제, 방직공업에서의 염색 보조제, 플라스틱 제조공업의 보조원료, 제약업의 각종 의약품 등에 사용된다.

식품제조 분야에서의 젖산은 무색·무취하며 인체에 위해를 주지 않아야 한다. 젖산은 호감을 주는 산성의 미각과 각종 미생물에 대한 방부제의 역할을 하는 특성이 있어서 많은 식품에 첨가된다. 음료인 레모네이드, 에센스, 각종 추출물, 과일 주스, 시럽, 과일 증류주의 산미 부여 및 각종 생선통조림 등의 첨가제로 이용된다.

3. 구연산 발효

구연산(citric acid)은 1784년에 셸레(Scheele)가 최초로 발견하였다. 동물과 인체의 조직, 각종 식물의 조직, 특히 감귤류, 파인애플 등의 과일류에서 많이 발견된다.

레몬주스에는 약 7~9%의 구연산이 함유되어 있으며, 구연산은 1923년까지 대부분 미숙 레몬주스로부터 추출·생산하였다.

일찍부터 *Citromyces pfefferianus, Penicillium luteum* 및 *Mucor piriformis* 등이 구연산을 생성한다는 것을 알았고, 1917년에 큐리(Currie)는 *Aspergillus niger*가 구연산을 상당량 생산한다고 보고하였다.

그 후에 1923년 Pfizer사에서 *Asp. niger*를 이용하여 15%의 당을 함유한 무기영양 결핍(無機營養缺乏)과 산도가 낮은 배지에서 구연산을 생산하여 공업적 생산의 길을 터놓게 되었다. 처음에는 이들 곰팡이에 의한 구연산 발효는 표면발효법으로 많은 양을 생산하였으나 최근에는 대부분 액침배양(submerged fermentation)으로 생산하고 있다.

(1) 생산균주

당으로부터 구연산의 생산에 대한 연구는 많은 수의 미생물을 이용하여 진행되었다. 예를 들면, *Mucor piriformis, Pen.luteum, Pen. citrinum, Asp. niger, Asp. clavatus, Asp. wentii, Asp. awamori, Trichoderma viride* 등을 이용한 구연산 발효가 연구되었으나, 이들 중 가장 많은 수득으로 구연산을 생산하는 균주는 *Asp. niger*였다.

탄화수소를 이용하여 구연산을 생산하는 균은 효모인 *Candida lipolytica, Candida tropicalis, C.guilliermondii* 등과 세균인 *Arthrobacter paraffineus*가 있다.

(2) 생합성 경로

EMP 경로(Embden-Meyerhof-Parnas)에 따라 포도당이 분해되어 pyruvate(C_3)가 되고, 또 탈탄산 되어 acetyl(C_2)이 되어 조효소 CoA와 결합하여 TCA 회로의 Oxaloacetate(C_4)와 oxalcetate condensing 효소에 의해 구연산염으로 축합된다는 것이 관찰되었다.

(3) 원료

여러 가지 탄수화물이 원료로 쓰이나 대체적으로 사탕수수와 사탕무의 폐당밀 및 정제된 전분분해물 등이 쓰인다. 대사중간 생성물인 구연산의 대량 축적을 위해서는 발효균주의 지나친 증식을 억제하여야 한다. 따라서, 영양원이 되는 N-원과 필수 무기물(KH_2PO_4, $MgSO_4$) 등의 양은 조절해서 공급되어야 한다.

1) 당함유 원료

대부분의 경우에 당밀(molasse)을 사용하며, 곰팡이의 증식을 위해서는 무기염을 첨가하여야 한다. 곰팡이 균사의 증식이 시작된 직후에 NH_3, $(NH_4)OH$ 또는 $(NH_4)2CO_3$ 등의 N-원을 첨가하면 구연산의 수득이 강하게 증가한다는 사실이 알려졌다 (1962년 GB-특허).

많은 금속이온, 특히 몰리부덴·구리·아연 및 칼슘이온 등이 *Asp. niger*의 구연산 합성을 저해한다는 것이 밝혀졌는데 이들은 폐당밀에 특히 많이 함유되어 있다. 구연산 축적을 저해하는 망간과 철의 염들은 $K_4[Fe(CN)_6]$로 처리(80~100℃에서 15분 동안 처리)하고, 침전시켜서 제거하여야 한다.

구연산 발효는 2단계의 공정으로 이루어진다. 1단계에서 곰팡이는 당을 소모하며 필요량만큼 증식을 한다. 2단계에서는 최대의 구연산 수득을 위한 공정으로 조정을 하게 되는데, 그 조정 방법은 생산공장마다 비밀에 부쳐지고 있다.

실제 구연산 생산공장의 담금용액 구성농도는 표 7-2와 같다.

표 7-2 구연산 생산공장의 담금용액 성분

성 분	농 도(g/L)
sucrose	160~200
NH_4NO_3	1.6~3.2(폐당밀에 종종 불필요)
KH_2PO_4	0.3~1.0
$MgSO_4 \cdot 7H_2O$	0.2~0.5(폐당밀에 종종 불필요)
$ZnSO_4$	0.01~0.10
$K_4[Fe[CN)_6]$	0.4~2.0

2) 알칸(alkane)으로부터의 구연산 생산

1960년대 말부터 1970년대 초에 많은 사람들이 알칸으로부터 구연산을 생산하려고 노력하였다. 특히 아코니타아제(aconitase)와 글루탐산 탈수소효소(glutamate dehydrogenase)의 활성이 비교적 적은 변이주를 이용한 발효 쪽으로 연구를 많이 하였다.

이탈리아 남부에서 연 5만 톤 규모를 생산 가능한 공장이 있는 것 외에는 전 세계적으로 의미가 있는 대규모의 공업적 생산공장은 없다.

이용되는 알칸은 탄소수가 10~20이 되는 것으로, 농도는 3~10%이며, 수득은 우량 균주를 이용하는 경우에 130~140% 정도가 된다. pH의 조정은 엄격하게 5.5~6.5를 유지하여야 하는데, 그렇지 않으면 생성된 구연산은 알칼리 또는 토금속들과 결합하여 염으로 전환된다. 특히 효모의 경우에는 구연산 외에 많은 양의 아이소구연산염(isocitrate)를 생성한다. 따라서 이들을 분리하거나 변이주를 이용하여 아이소구연산염의 생성을 방지하여야 한다.

구연산 생산공정에서 산소의 공급 방법이나 강도는 많은 영향을 주는 요인이 된다.

회수공정은 다음과 같이 진행된다.

① 필터 등을 이용하여 발효 균사(菌絲)들을 회수한다.

② 균사는 세척되고 이 세척수는 다시 발효액과 합해져서 재사용된다.

③ 구연산은 석회유에 의해 90℃ 이상에서 구연산칼슘(Ca Citrate)로 침전된다.

④ 이온교환기나 혹은 활성탄을 통과하며 순도를 높인다.

⑤ 수증기를 증발시키고 건조한 후에 제품화한다.

(4) 발효

1) 표면발효(surface fermentation)

발효실의 선반 위에서 발효접시(fermentation pan)에 배지를 넣고 표면에 곰팡이를 기르며 발효를 한다. 배지의 용량은 0.4~1.2톤이며, 배양액의 깊이는 0.25m 정도로 한다. 발효실은 살균하여 무균상태로 하며, 실내공기를 순환시키고 온도와 습도를 잘 조절한다.

당밀액은 15~20%로 희석하고 영양원을 첨가하고 인산으로 pH를 6.0~6.5로 맞춘 다음, 15~45분 동안 가열처리한다. 황혈염(potassium hexacyanoferrate : HCF)을 뜨거운 용액에 넣고 용해하여 배양액 중의 Fe, Mn, Zn 등의 금속이온들을 침전 및 복합 합성물(complex)로 침전시켜 제거한다.

가열된 배양액은 40℃로 냉각하고, 포자의 현탁액을 필요한 양만큼 접종하거나, 또는 건조 포자를 접시에 불어넣는 방법으로 접종한다. 접종량은 100~150mg/m^2로 한다. 포자발아를 위하여 습하고 예열된 무균공기를 공급하며, 실내온도를 30℃로 유지시킨다.

포자의 발아로 주름진 균사가 형성되며, 구연산이 생산되어 pH가 2.0으로 떨어지고, 6~8일 후에는 발효가 끝난다. 발효 중 pH가 3 이상이면 옥살산과 글루콘산이 생성된다.

미량금속이 존재하면 포자가 생기고 황색색소가 생기는데, 이 색소는 제거하기 힘들며, 이런 현상이 나타나면 발효의 실패로 취급된다.

2) 심부발효(submerged fermentation)

심부발효는 필수적으로 다음과 같은 조건이 충족되어야 한다.

① 심부발효에 잘 적응되었고 구연산의 높은 수득을 올리는 *Aspergillus niger* 종균을 확보하여야 한다. 먼저 고체배지에서 *A. niger* 곰팡이의 포자(spore)를 생산하고, 이 포자(spore)를 소량의 액체배지에 접종하여 배양하면 작은 펠릿(pellet)형의 균사체(mycelium)로 번식한다.

② 절대적 호기성균인 *Aspergillus niger*에 원활한 산소 공급방법을 필수적으로 확보하여야 한다.

③ 배양액의 교반은 잘 조정되어 있어서 곰팡이의 펠릿(pellet)이 파괴되지 않아야 한다. 곰팡이 균사(hyphae) 펠릿은 지름이 1mm 이하이며 속이 단단하지 않고 표면이 매끄러운 것이 좋다.

발효용기의 부피는 50~200m^{3}이며, 950m^3 되는 것도 있다. 당농도는 15~20% 정도이고, 수득은 약 50~60% 정도이며, 이론치의 약 70%에 달하는 경우도 종종 있다.

발효의 진행은 초기온도를 30~34℃로 시작하고, 산소의 포화상태는 0.2~0.6 vvm, pH는 4.0으로 하여 균사의 발달과 증식을 촉진시킨다. 펠릿(알갱이, pellet)이 잘 형성되면 pH를 낮추어서 구연산의 생성을 유도한다. 발효 중에 생성되는 거품은 물리적·화학적 방법으로 제거한다.

발효기간은 당밀(molasse)의 경우에 3~8일이 소요되며, 다른 원료를 사용하는 경우에는 발효기간이 15일까지 필요한 경우도 있다.

특정 중금속, 특히 망간 등의 금속이 소량만 들어 있어도 펠릿의 형성에 큰 저해가 되어 길이가 길고 가지를 치지 않는 좋지 않은 균사(hyphae)가 만들어 진다. 따라서 배지에 들어가는 모든 원료는 전처리하여 망간의 함량이 1L당 0.02mmol 이하가 되게 해야 한다. 또는 배지에 구리를 첨가하면 망간의 흡수를 저해함으로써 망간의 함량을 낮추는 것과 같은 효과를 볼 수도 있다.

(5) 회수

표면발효에서 균사의 분리는 용이하며, 또 균사에 잔유된 구연산의 함량은 높아서 15%나 되므로 적은 양의 물로 세척하여 회수하여야 한다. 회수된 균사는 압착, 여과, 건조하여 단백질 사료로 사용한다. 그러나 심부배양의 균사는 회수가 어렵기 때문에 회전 drum 여과기를 사용하여 회수한다.

구연산의 회수는, 발효액의 산성범위와 최소 90℃ 조건에서 석회유를 첨가하여 구연산 칼륨염으로 침천시킨다. 그 다음에 활성탄을 사용하여 처리하거나 양이온교환수지로 처리하고, 농축하여 구연산의 결정을 얻는다.

불순물이 많을수록 수용성이 증가하여 손실이 많아진다.

(6) 용도

대부분 식품용으로 쓰이나, 최근에는 플라스틱·의약용·도료(塗料) 등의 제조에도 사용된다.

식품에는 청량음료, 과즙, 젤리, 잼, 사탕 등의 첨가물로 사용된다. 플라스틱 제조에는 독성이 적은 식품포장제 아세틸 트리에틸 시트레이트(acetyl triethyl citrate), 트리에틸시트레이트(triethylcitrate)·아세틸 트리부틸 시트레이트(acetyl tributyl citrate)·트리부틸 시트레이트(tributyl citrate) 등의 제조에 이용되고, 화장품제조에서는 로션·헤어린스·헤어세팅제 등에 쓰인다.

또 구연산바륨은 도료에, 구연산 니켈은 도금에, 구연산나트륨은 의약용으로, 구연산암모늄은 철의 녹 제거제 또는 쉽게 분해·제거되는 세제용 등으로 이용된다.

[핵심문제 정리]

1. 초산 발효의 생화학 기작과 초산 생산 방법을 설명하라.

2. 젖산 발효의 발효 기작과 젖산 생산 공정을 설명하라.

3. 구연산 발효의 생합성 경로와 제조공정을 설명하라.

Chapter 8. 균체생산

1. 빵 효모의 제조
2. 균체단백질 생산
3. 광합성 균의 생산

Chapter 8

균체생산

학습 목표

- 원료의 전처리 및 배양방법을 활용하여 빵 효모를 생산할 수 있다.
- 효모와 광합성균을 활용하여 유용한 단백질을 생산할 수 있다.

1. 빵 효모 제조

오랜 옛날부터 효모는 빵을 만드는 데 이용되어 왔다. 분쇄한 곡류를 물에 반죽하여 상온에 두면 젖산발효 및 알코올 발효가 일어나서 반죽은 부풀고, 이것을 가열하면 빵이 만들어졌다. 이렇게 이용된 효모는 자연에 야생으로 존재하던 야생효모이었으며, 젖산균 역시 야생균주이었다.

중세기에는 맥주제조 후에 부생되는 맥주효모(*Saccharomyces carlsbergensis*)를 이용하였고, 그 후에는 열에 내성이 있는 주정제조에 쓰이던 주정효모(*Saccharomyces cerevisiae*)를 이용하여 빵을 만들었다.

최초의 상업적 빵 효모의 제조는 옥수수나 보리 등을 엿기름으로 당화하고 효모를 넣어 발효시켜서 그 액을 빵 효모로 사용하였다. 이후에 술덧 액체로부터 효모를 분리하고 세척하여 압착한 압착효모가 생산되었는데, 그 방법을 비엔나법이라고 하였다.

1880년경에는 술덧(mash)에 통기하여 알코올의 생성률은 낮추고 효모의 증식은 촉진시키는 방법으로 효모의 수득률을 20~25%로 높이는 방법이 개발되었으며, 현대에 와서는 크랩트리 효과(Crabtree effect)에 따라 당농도를 낮추고 통기함으로써 효모의 수득률이 100%인 방법까지 개발되었다.

원료는 곡류 대신에 비교적 가격이 저렴한 당밀(molasse)을 주로 사용한다.

1. 제조원료

(1) 당밀(molasse)

설탕제조 후의 부산물인 당밀은 당분의 함량이 약 50%이며 흑갈색이고, 협잡물이나 콜로이드 물질이 많이 함유되어 있으나, 세계적으로 가장 값싼 당질원료 중의 하나이다.

당밀은 크게 사탕수수 폐당밀 및 사탕무 폐당밀로 구분되며, 사탕수수 폐당밀은 사탕무 폐당밀보다 당함량이 높고, 소량의 환원당 외에는 대부분이 자당(sucrose)이다.

1) 당밀의 성분

당밀의 성분은 표 8-1과 같으며, 전질소(TN)의 함량은 사탕무 당밀이 사탕수수 당밀에 비하여 2~3배가 함유되어 있으며, 아미노태 질소의 양도 상당히 높다.

빵 효모의 배양에는 K, Mg, Ca이 필요한데, K는 충분하나 P(인) 함량은 부족하여 부원료로 첨가하여 줄 필요가 있다. 사탕무 당밀에는 특히 Mg을 첨가하여야 한다.

빵 효모는 생육에 성장요소로 비타민 B_1(thiamin), B_2(ribo flavin), B_6(pyridoxin), 니코틴산, 판토텐산과 비오틴을 요구한다. 사탕수수 당밀은 비오틴 함량이 풍부하나, 사탕무 당밀에는 부족하다. 따라서 효모배양에는 부족분을 사탕수수 당밀과 혼합함으로써 비오틴을 보충한다.

표 8-1 당밀의 성분

	사탕무 당밀	사탕수수 당밀
비중	1.41~1.42	1.41~1.42
brix	80~83	80~83
전당(%)	55~58	48~53
자당	15~25	35~45
전화당	0.2~1.2	15~20
함질소화합물	6~8	2~3
회 분	10~12	10~15
비타민(ppm)		
비오틴	0.04~0.13	1.2~3.2
이노시톨	6,000~8,000	6,000
판토텐산	50~100	54~64
티아민	1.3	1.8
니코틴산	20~45	30~80

2) 폐당밀의 미생물

폐당밀에는 많은 종류의 미생물이 상당히 많이 생육되고 있다.

세균으로는 포자형성 세균과 *Micrococcus*속 등이 있는데, 이들 포자형성 세균들은 내열성으로 100℃ 이상에서도 견디고, *Micrococcus*속들은 생육하며 점질물을 만든다.

효모로는 *Torula, Mycotorula, Candida, Schizosaccharomyces*속 등이 발견된다. 또한, 곰팡이로는 *Rhizopus, Penicillium, Aspergillus, Mucor*속 등이 발견되고, 이들 모두의 총 균수는 10^4~5×10^6/g 당밀이 된다.

3) 거래시에 있어서 품질조건

상거래에 있어서 요구하는 당밀의 품질조건은 ① Brix가 최소 76.5, ② 전당은 최소 47%, ③ pH는 6.8 이상, ④ SO_2 함량은 0.15% 이하이어야 한다. pH가 낮으면 미생물에 의한 오염이 매우 심할 수 있으며, SO_2는 배양효모에 독소로써 작용한다.

(2) 부원료

당밀의 질소함량이 효모배양에는 부족하기 때문에 부족한 질소원을 보충하기 위해 무기태인 질소원으로 황산암모늄이나 암모니아수 등이 일반적으로 쓰인다. 황산암모늄은 암모니아태 질소의 자화로 황산기가 남아서 배지의 pH를 저하시키기 때문에 그 조정용으로 암모니아수를 동시에 쓰는 경우가 많다. 브론(Bronn, 1985)은 표 8-2와 같은 무기물을 빵 효모 생산에 첨가하여야 한다고 하였다.

표 8-2 빵효모 생산에 요구되는 무기물

무기물	효모[(27% 건물(乾物), Y_{27})] mg/kg
K	5,000
Mg	500
Na	250
Zn	50
Mn	5
Cu	2
Co	1

2. 원료의 처리

(1) 당밀의 전처리

1) 당밀의 희석과 살균

당밀에는 많은 미생물과 협잡물·교질물질·색소 등이 포함되어 있어서 효모제품의 품질저하를 일으키며, 증식을 저해하는 요인이 되기 쉬우므로 제거할 필요가 있다.

청정방법에는 원료당밀을 증기로 가열한 후에 일주일 정도를 침전시켜 살균과 침전찌꺼기를 제거하는 자연 청정법과 열교환기를 사용하여 가열처리 후에 고형물을 원심분리기로 분리 제거하는 청정법 등이 있다. 가열온도는 보통 80~90℃이다.

분리된 당밀액은 고압증기로 140℃에서 3~4초 동안 순간살균하고, 판형 냉각기(plate cooler)로 30~40℃까지 냉각한 다음, 저장조에 넣는다. 열교환 후의 온수는 처음의 당밀 희석에 재이용한다.

2) 부원료의 첨가

과인산석회에는 불용성 성분이 남기 때문에 열수로 가열한 후에 가용성인 인산분을 포함한 맑은 부분을 쓴다. 하지만 그 밖의 인산원 질소원은 수용성이므로 미리 용해하거나 직접 발효조에 투입하여 사용한다. 때로는 옥수수 침지액(corn steep liquor)을 쓰기도 한다.

효모는 무기태 질소(anorganic N-substance)를 더 쉽게 질소원으로 이용한다. 세균류들은 무기태 질소원도 이용하나, 배지에 유기태 질소원이 존재하면 우선 유기태 질소를 자화한다. 그러므로 부원료로 무기태 질소를 첨가하는 것은 세균의 오염을 어느 정도 방지한다는 목적도 있다.

(2) 빵 효모 균주의 배양

현재 사용하는 빵 효모는 두 가지 균주로 구분된다. 하나는 맥아당(maltose)을 발효하는 효모를 가지고 있어서 당이 없는 반죽에서도 잘 발육한다. 다른 하나는 먼저 적응하여야 하는 유도기를 가지며, 다른 발효성 탄수화물이 없이 밀가루에서 만든 반죽을 직접 발효시킨다. 이 효모는 높은 내삼투압성이며, 질을 좋게 유지하므로 많은 나라에서 사용하고 있다.

보존균주에서 시험관의 액체배지로 접종하여 배양을 시작하는데, 보통 3~4회 정도의 접종증식 과정을 거쳐 종효모를 제조한다.

이 종효모를 전량 사용하여 본배양을 하는 방법을 직접법이라고 하며, 종효모를 일단 분리하여 농후한 상태로 냉각 보존한 후 일부를 사용하여 본배양을 하는 방법을 간접법이라고 한다. 간접법은 고수율로 단시간에 많은 제품 배양이 가능한 공장에 적당한 방법이다.

3. 제조배양

(1) 빵 효모 배양 상 물리화학적 영향인자

1) 삼투압과 당농도

배지 중에서 효모의 수분함량이 약 70~75% 정도인 효모세포는 세포벽과 세포막(plasma membrane)에 의해 외부와 차단되어 있으며, 세포막은 반투과성막(semipermeable membrane)으로서 삼투압의 차이에 의해 영양물질을 세포 내외로 운반하여 영양생활을 한다.

고농도의 영양원 첨가로 야기되는 충격을 삼투압 충격(osmotic shock)이라고 하는데, 효모는 고농도의 영양원에 대한 적응력이 비교적 높은 편이라서 생육과 증식에 큰 영향을 받지는 않으나, 세균들의 경우에는 치명적일 수가 많다.

① 파스퇴르 효과(Pasteur effect)

파스퇴르는 "효모는 호기적일 때에 주로 증식하고, 혐기적일 때에는 발효한다."라고 하였는데 이것을 파스퇴르 효과라고 한다. 즉, 배지에 산소량이 적으면 대부분의 피루빈산은 해당경로를 따라 에탄올 생성에 이용되고, 산소량이 증가하면 유기호흡(aerobic respiration)에 의하여 피루브산염(pyruvate)은 CO_2로 완전 산화되면서 더 많은 에너지를 공급하여 효모의 균체증식을 증가시킨다.

② 크랩트리 효과(Crabtree effect)

크랩트리는 "효모는 무한히 산소공급을 하더라도 당의 농도가 일정 수준을 넘으면 발효한다."라고 발표하였다(표 8-3).

표 8-3 당 농도와 수득과의 관계

	당밀 농도 (%)	yield	
		Y27 (%)*	alcohol (%)
혐기적 조건	5 % 이하 10 % 이상	~14 ~17	~29 ~30
호기적 조건	0.02 2.5 10 12.5 15 20 고농도	100 ~22 ~20 ~17.5 ~15 ~0 0	0 ~26 ~26.6 ~27.6 ~28.4 ~33.3 0

*Y27 : 건물(乾物)이 27%, 즉 수분함량이 73%인 효모

2) 물리적인 압력(static pressure)

생효모의 성형은 약 8atm 정도의 압력으로 실시한다. 세균이나 곰팡이 등은 성형기계(extruder)의 높은 압력에 영향을 많이 받는 편이나, 효모는 큰 영향을 받지 않는다.

3) 온도

효모의 증식을 위한 최적온도는 33℃이고, 최소온도는 2℃이며, 최고온도는 38℃이다. 또 발효를 위한 최고온도는 40℃이다.

생육 최적온도에 가까울수록 생화학적 작용, 즉 물질대사는 가속화된다. 그 반면에 최적온도 범위를 넘어서면 ① 효소작용의 저해 ② 막 구조물의 변화 ③ 다른 생육인자(growth factor)의 추가 요구 등이 따르게 된다. 최적온도 범위는 고정적이지 않으며, 영양원과 배양조건에 따라 그 최적온도 범위는 다르게 나타난다.

4) 수소이온지수(pH)

효모배양에 미치는 pH의 영향은 직접적인 영향과 간접적인 영향으로 나누어서 생각할 수 있다.

① **직접적인 영향** : 배지의 미량성분에 영향을 끼쳐서 Fe · Ca · Mn · Cu · Cl 등이 pH가 낮을 경우에는 효모에 독소로써 작용하고, pH가 높을 경우에는 배지의 미량성분의 부족 현상이 발생한다.

② **간접적인 영향** : 영양원과 물질 대사산물들의 해리(解離, dissociation)에 영향을 끼쳐서 pH의 높낮이에 따라 영양원으로써 또는 독소로써 작용하게 된다.

배지의 세균에 의한 오염방지를 위하여 더 낮은 pH를 택하는 경우에는, 배지의 당밀에서 기인한 검은 색소의 효모 세포벽 흡착으로 효모의 색깔이 검게 될 수 있으며 효모의 저장성이 나빠진다. 즉, 세포 내의 글리코겐 함량이 적어진다.

따라서 세균오염 방지를 위한 pH의 조정은 순수배양과 전 배양공정에서 pH 4.0~4.8로, 공장배양에서는 초기의 배양액을 pH 4.6으로 시작하며 배양을 종료할 때에는 pH 5.6으로 끝낸다.

5) 산소의 공급

당 동화(同化, assimilation)에서 효모 건물(乾物) 1g은 520mL의 산소를 필요로 한다.

효모나 다른 미생물들 역시 모두 산소에 대해서는 배지에 용해된 산소를 요구하기 때문에 산소의 용해도는 매우 중요하다. 그러나 산소의 용해도는 매우 낮으며, 배지의 온도와 압력에 영향을 받는다.

효모 배양액에 공기로 포화상태를 만들었을 때, 30℃에서 산소의 용해량은 겨우 5~6mg/L로, 1g 효모의 12~13초 동안의 이용량밖에 되지 않는다. 따라서 효모배양을 위해서는 다량의 산소를 연속적으로 공급하지 않으면 안 된다. 예를 들어, 설탕을 탄소원으로 하여 당 100g에서 50g의 균체를 얻으려고 하는 경우에는 균체 1g당 1L의 산소가 필요하다.

생산공장의 실제에 있어 공기송입량은 6~8Nm^3/kg 효모(Nm^3=표준상태[normal state, 0℃, 1기압]에서의 기체의 부피)로 하고 있다.

효모배양에 결정적인 영향을 주는 인자는 '송입되는 공기가 배양액에 얼마나 용해되는가' 이다. 산소의 이동은 2단계로 진행되는데, 첫 단계는 가스 형태의 공기 중 산소가 배양액에 용해되는 것이며. 두 번째 단계는 용해된 산소의 효모세포 내로의 확산(擴散, diffusion)이다.

두 번째 단계는 조정할 수 없으나 첫 번째 단계는 기술적으로 조정이 가능하여 용해율을 높일 수도 있다. 즉, 가능한 한 공기방울의 크기를 적게 하여 배양액과 접하는 공기방울의 표면면적을 최대로 한다거나, 배양액 물성을 조정하거나, 공기가 배양액 중에 머무는 시간을 조정하거나, 공기의 효율적인 분산 등을 조정함으로써 용해율을 높일 수 있다. 이처럼 공기 송입기는 많은 발전을 거듭하였다.

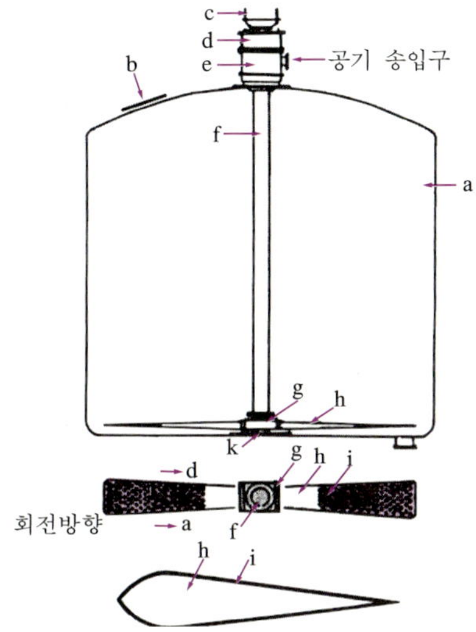

a) 배양조
b) 관찰구
c) motor
d) e) 공기 송입장치
f) 회전축
g) 중심통
h) 미세공기유출 프로펠러
I) 공기배출구
k) 발판

그림 8-1 포겔부슈(Vogelbusch) 타입 배양조

6) 효모의 수득

현대적인 설비로 생산조건을 잘 조정할 수 있는 공장에서는 100kg의 당밀(molasse,50%의 자화성 당함유)로부터 33.3L 무수주정(無水酒精, absolute alcohol)과 100kg의 효모(Y27)를 생산할 수 있다.

7) 100% Y27을 위한 배양조건

① 당밀의 농도를 항상 0.02% 이하로 유지한다.

② 충분한 산소 공급을 하여야 한다. 즉, 520mL O_2/g Y_{27}, 또는 140L O_2/kg Y_{27}

③ 당의 공급방식은 유가법(流加法)에 의한다.

위 조건을 만족시키기 위한 효모의 최적 배양을 위한 매 시간 증식률(hourly growth rate)은 이론적으로 $1.2h^{-1}$이 되나, 실제의 경우는 $1.17 \sim 1.18h^{-1}$ 정도가 된다.

(2) 생산공정

실험실의 보존균주를 다음과 같이 순수배양하여 공장 규모로 증식함으로써 제품화한다.

실험실의 순수배양	→	순수배양	→	전(前) 배양탱크	→	본(本) 배양탱크
1L		250L		5,000L		85,000L

실제 생산공장의 생산 조건과 공정의 예는 표 8-4와 같다.

표 8-4 실제 생산공장의 예

	실험실 배양	순수배양	전(前) 배양	본(本) 배양
배양용기의 부피	20L	50hL	600hL	1,000hL
당밀 공급방법	담금	담금	담금 +유가법	담금 +유가법
공기 공급방법	–	매우 약하게	강하게	강하게
생성물	효모, 알코올	효모, 알코올	효모(+알코올)	효모
총 당밀 소비량(%/vol.)	12	12	10	5~17
효모의 수득	~10	15~20	30(~100)	100
당밀 kg	2.4	600	6,000	6,000~17,000
생산 효모의 kg	~0.24	90~120	1,800~6,000	6,800~19,800
산소 공급량(mL/Lh)	–	~20	700(~2,000)	800~2,000
pH	4.0~4.8	4.0~4.8	4.5~4.8	4.6~5.6
온도(℃)	~24	~24	~26	~33

(3) 효모의 회수공정

1) 효모의 분리 및 세척

배양이 끝난 배양액은 되도록 빠른 시간 내에 효모를 분리한다. 배양방법에 따라 배양기간이 다르나 일반적으로 10~20시간 정도이다.

원심분리기로 폐액과 균체를 분리하여 폐수는 폐수처리장으로 보낸다. 원심분리하여 유상효모(yeast cream)를 만든 후에 물로 효모를 세척한다.

세척방법은 크게 두 가지가 있는데, 처리량이 적을 경우에는 효모량의 몇 배에 해당되는 물을 붓고 세척조에 보낸 후에 공기나 기계적 교반에 의해 세척한 다음, 원심분리하는 배치(batch)법(보통 이 조작을 2~3회 반복한다)과 여러 개의 원심분리기를 이용하여 순차적으로 세척과 농축을 계속해서 반복하는 방법이 있다.

원심분리기의 회전수는 5,000rpm 이상이며, 시간당 처리능력은 50~80m^3/hr 정도이다. 그러나 실제 처리량은 점도, 온도, 균체농도나 양에 따라 크게 다르다.

2) 효모의 압착

분리된 유상효모를 5~10℃로 냉각한 다음 탈수공정으로 옮긴다. 예전에는 가압탈수기(filter press)를 사용하였으나, 최근에는 회전진공탈수기(dehydrator)가 많이 쓰인다. 회전진공탈수기는 회전 드럼에 유상효모을 흡착시켜 드럼이 회전하는 동안에 탈수됨으로써 압착효모를 얻는 방법이다.

유상효모에 중량당 0.3~0.6%의 식염을 첨가하면 삼투압에 의해 효모 내의 물이 탈수되며, 탈수기(dehydrator)에서 샤워(shower)수(水)로 과잉의 식염을 제거하고, 수분 70% 전후의 압착효모를 시간당 1.2~1.5톤 정도 생산할 수 있다.

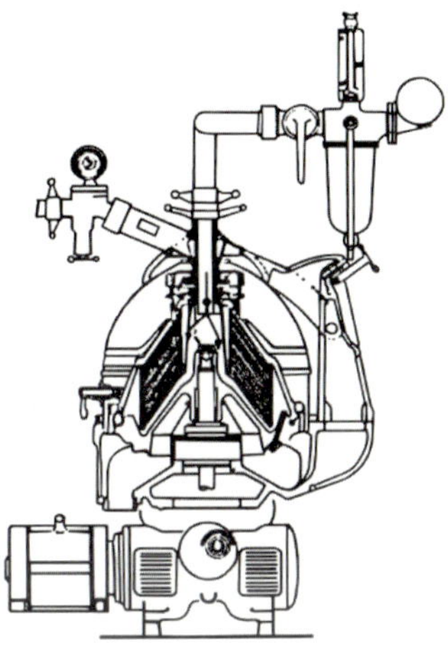

그림 8-2 탈수기

그림 8-3 스크루 컨베이어

3) 효모의 정형과 포장

탈수기에서 나온 효모는 연속혼합기나 스크루 컨베이어(screw conveyor)로 정형기에 옮겨져서 정형된다. 이때 물, 레시틴, 식물유 외에 지방산 에스테르 등의 유화제를 분무·첨가한 다음, 자동포장기 등으로 포장하여 제품화한다. 보통의 포장단위는 500g이며, 포장된 효모는 0~5℃에 저장하여 보관한다. 이러한 효모를 압착효모라고 한다.

4) 압착효모의 저장

효모는 사용하기 전까지 서늘하고 너무 습하지도 건조하지도 않은 곳에 저장하여 각종 미생물로부터의 오염을 방지하여야 한다.

잘못된 방식으로 저장하면 얼룩 모양의 *Oidium*속에 의한 오염, 푸른곰팡이 *Penicillium*속의 발생, *Fusarium*속에 의한 붉은 색의 집락 등이 생긴다.

효모를 4.5℃로 저장하면 약 12주는 오염이나 손실 없이 보존이 가능하고, −20.5℃에서는 무려 36주나 저장이 가능하다.

효모의 손상은 저장조건보다는 효모의 생리적 조건에 의해 좌우된다. 글리코겐이나 트레할로스(trehalose) 등의 저장물질의 양과 효소의 활성, 특히 프로테아제의 활성과 그에 따른 자기소화(autolysis)와 밀접한 관계가 있다.

효소활성과 밀접한 관계가 있는 온도의 상승이나 수분의 증가는 효모 세포 내의 대사를 왕성하게 한다. 또 대사산물인 펩티드, 아미노산, H_2O 등의 세포외 분비로 오염균이 쉽게 증식될 수 있다.

5) 건조 빵 효모(active dry yeast)

건조 빵 효모는 상온에서 그 성능(발효능)을 몇 개월 동안 유지할 수 있도록 탈수하여 건조한 효모로 한다. 건조효모용 균주는 탄수화물, 특히 트레할로스 함량이 높고 질소함량이 적은 균주가 적당하다. 탄수화물의 함량은 저장성에 관계가 있고, 질소화합물은 발효활성에 관계가 있다. 따라서 배양조건 역시 저장성 탄수화물을 높이기 위한 방법이 강구되고, 질소부족 배양에 충분히 적응된 효모가 필요하다. 그러나 최근에는 유효한 보호물질이나 건조기술의 진보에 의하여 질소함량이 낮지 않고 활성이 높은 제품이 유럽을 중심으로 개발되고 있다. 대개는 분말상 또는 입상(粒狀)으로 제조되며 수분의 함량은 7.5~8%가 표준이다.

2. 균체단백질 생산

세계 인구가 70억명을 돌파한 21세기에는 식량난과 단백질의 부족 현상이 심각할 것으로 생각된다. 따라서 세계 각국에서 식량난을 해소하기 위하여 다방면의 연구가 이루어지고 있으며, 그 중 하나가 단백질 자원개발이다.

균체단백질의 이용에 대한 연구는 1910년 델브뤼크(Delbrueck)에 의하여 처음으로 이루어졌으며, 2차 대전 중에는 독일에서 이미 효모를 이용한 균체단백질의 생산이 실용화되었다. 처음으로 균체단백질의 생산에 이용된 효모는 *Candida utilis*로 목재 당화액을 기질로 하여 생산하였다.

그 후, 효모 이외의 미생물 곰팡이 및 세균에 관하여도 많은 연구가 이루어졌고, 제조 원료기질에 관하여도 광범위하게 검토되었다.

균체단백질의 생산은, 기술적인 면에서 볼 때에 실현성이 확립되었지만, 경제적 측면에서는 아직 활성화 단계는 아니다.

이들 균체단백의 생산에 있어 연구·개발되어야 하는 사항은 ① 원료 기질에 따른 적합한 미생물의 선정, ② 생육조건에 맞는 배양법과 효율적인 생산공정에 대한 연구, ③ 가공기술의 개선, ④ 발효한 후에 잔여물의 처리 문제, ⑤ 균주의 변이성에 대한 연구 등이다.

1. 자원 미생물로서의 효모

자원 미생물로는 효모와 세균이 실용화 단계에 있다. 식용으로는 효모단백이 이용되고, 사료로서는 세균단백이 고려되고 있다. 균체생산 미생물의 요구되는 특성은 ① 증식속도가 빠르고 ② 분리정제가 용이하여야 하며 ③ 생육조건이 까다롭지 않고 ④ 독성물질을 생산하지 않아야 한다.

식사료용으로 배양 생산되고 있는 가장 대표적인 효모로는 이배체(diploid)로 만든 *Candida utilis*와 *Saccharomyces*속 효모가 있다.

그 밖에도 *Torulopsis*속, *Hansenula*속, *Mycotorula*속 효모들이 있으나, 단백질 생산능에는 차이가 있다.

*C. utilis*는 무포자 효모로 6탄당(hexose)뿐만 아니라, 5탄당(pentose)도 자화(assimilation)할 수 있다. 그러나 *C. utilis*는 균체가 작아서 2배체로 개량 변이한 *C. utilis var. major*를 널리 이용하고 있다.

그 밖에 *Candida*속으로 *n*-paraffin계 탄화수소 기질을 자화할 수 있는 *C. tropicalis, C. lipolitica, C. petrophilum* 등이 있고, 주로 탄수화물계 기질을 잘 자화하는 효모로는 *Sacch. cerevisiae, Sacch. carlsbergensis, Sacch. fragilis* 등이 있다.

(1) 탄수화물로부터의 효모생산

당밀은 설탕을 제조할 때에 생성되는 부산물로 성분 중 50% 이상의 당질을 함유하고 있기 때문에 제조원료로 적합하나, 가격이 고가이므로 경제적으로 부적합하다.

그러나 펄프 제조에서 부산물로 다량 생성되는 아황산 펄프 폐액은 균체단백질 생산 원료로서 가장 값이 싼 원료로, 펄프 폐액에는 3% 정도의 당분이 함유되어 있으며 이 중 80%가 5탄당이고 나머지는 6탄당으로 구성되어 있다.

*Candida utilis*는 5탄당과 6탄당 모두를 자화하는 균주로, 아황산 펄프 폐액을 이용한 균체생산에 적합하고, 연속 배양공정으로 배양한다.

목재폐기물 및 목재 펄프, 기타 농산폐기물 등은 가격이 저렴하고 대량으로 생산되기 때문에 균체단백질 생산원료로서 적합하나, 대부분이 섬유소이고 기타 크실란(xylan)이나 리그닌(lignin) 등이 함께 존재하고 있기 때문에 미생물의 탄소원으로 먼저 당화시키는 것이 문제가 된다. 이들 섬유소 폐자원을 당화시키기 위한 방법으로는 ① 산 당화법과 ② *Trichoderma viride*가 분비하는 섬유소 분해효소에 의한 효소분해법으로 나눌 수 있다.

① 산 당화법

산 가수분해법은 산(酸)을 사용하므로 당류의 변성을 초래할 수 있고, 가수분해 후에 다시 알칼리로 중화처리를 하여야 하는 번거로움이 있다.

② 효소분해법

섬유소의 효소분해법은 기질에 대한 효소의 침투성이 낮고, 셀로비오스(cellobiose) 등이 효소작용을 억제시키는 점이 문제가 된다. 그러나 섬유소를 알칼리나 암모니아로 전처리하든지 아주 작은 단위로 분해시켜 작용시키거나, 셀로비오스를 반투막으로 분리시켜서 수율을 높일 수 있다.

가수분해로 생성된 당은 미생물배양에 이용하든지 알코올 발효에 사용하든지 간에 신속히 처리하여야 한다. 섬유소에 미생물을 직접 배양시키는 경우는 호열성균(thermophiles)이 적합하며, 이들 호열성균으로는 *Thermoactinomyces*속이나 *Cellulomonas*속 등이 있다.

1) 아황산 펄프 폐액을 이용한 균체생산

생산공정은 크게 배양공정, 분리공정, 제품화 공정으로 구분할 수 있다. 배양공정에 이용되는 배양조는 소포효과가 좋은 Scholler-IG 형 연속배양조(그림 8-4) 등을 이용한다.

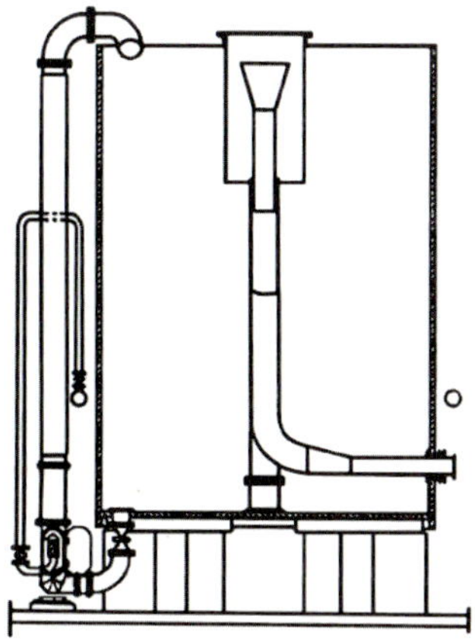

그림 8-4 Scholler-IG 배양조

Scholler-IG는 개방형 혹은 밀폐형의 금속 배양조(a)로 용량은 약 200m³ 정도이다. 발효조 외부에 설치되어 있는 순환 파이프 라인(b)은 냉각장치가 되어 있어서 배양액의 열을 냉각시킨다. 배양액 송입관(e)은 동시에 공기송입관으로도 사용된다. 배양효모는 증식하며 많은 거품을 생성하므로, 거품제거관(k)을 통하여 제거한다. 호기적 배양을 하는 효모의 경우에 공급하는 공기의 양은, 효모 1kg당 8~10m³이다.

아황산 펄프 폐액에는 효모의 발효를 저해하는 아황산, 리그닌, 푸르푸랄 등의 성분이 함유되어 있기 때문에 폭기탑 등을 통과시켜서 제거하여야 한다.

pH는 4.8을 유지시키며 질소원의 공급은 무기염으로 암모니아염을 첨가한다. 그 외에 영양물질로는 요소, 과인산석회, KCl, $MgSO_4$ 등을 첨가한다. 배양시간은 4~5시간 정도이고, 배양이 끝난 효모배양액은 소포기에서 거품을 제거하고 원심분리시켜서 효모 농축액으로 한 다음에, 세척하여 건조시킨다.

2) 탄화수소로부터의 균체생산

탄화수소를 원료로 균체단백질을 제조하려는 시도는, 1951년에 쥐스트(Just) 등이 최초로 하였고, 그 후에 많은 연구와 실용 가능성에 대한 보고가 있었다. 알칸(alkane)을 이용할 수 있는 대부분의 미생물들은 탄소수가 C_9~C_{20}까지의 것으로부터 잘 증식한다.

최초의 단세포 단백질(SCP, Single Cell Protein) 생산공정은 기질을 가스 기름으로 한 것이었다. 그러나 가스 기름법은 자화(assimilation)되지 않는 잔유물이 많으므로 잔유

불순물을 분리 제거할 때에 많은 노력과 경비가 소요된다.

그 후, 연구 검토된 생산방법은 원유로부터 추출한 *n*-paraffin을 기질로 한 균체 단백질 생산이다. 알칸을 산화할 능력이 있는 미생물로서 이용 가능한 효모는 *Can-dida*속 일부와 다른 무포자 효모인 *Cryptococcus allicans, Brettanomyces, Tricosporon*속, 그리고 유포자 효모인 *Endomyces, Endomycopsis, Pichia, Hansenula, Debaryomyces, Sporobolomyces*속 등이 있다.

알칸을 기질로 하여 비교적 빠르게 증식하는 효모는 *Candida lipolytica, C. tropicalis, C. oleophila, C. guillermondii* 등과 이배체인 *Saccharomyces lipolytica* 역시 생산균주로 주목받고 있다.

① 가스 기름법

생산공정은 전공정, 배양공정, 회수공정으로 나누어진다. 전공정이란 원료기질의 조제와 살균을 하는 공정이고, 회수공정은 균체의 분리와 정제 건조시키는 공정이다.

최초의 생산공정(그림 8-5)은 브리티시 페트롤늄(British Petroleum, BP) 회사의 가스 기름 법으로 균체단백질의 연간 생산량은 16,000톤이었다.

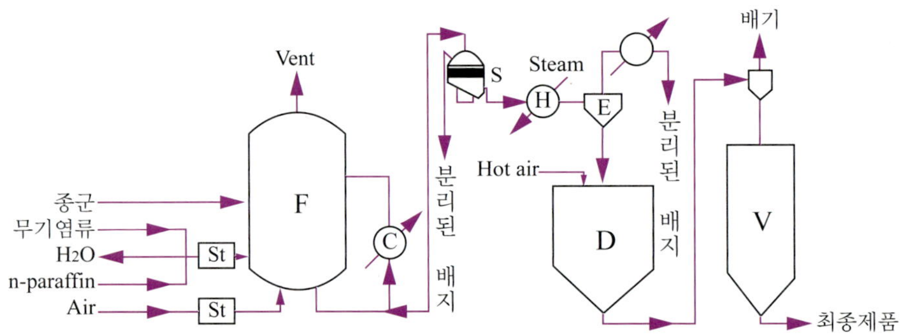

S : 원심분리기 F : 배양조 St : 살균장치 E : 증발장치
D : 냉각기 D : 건조기 H : heater V : 저장조

그림 8-5 BP법에 의한 균체제조 공정

BP 법의 공정 개요는 각종 영양원을 물에 용해시킨 배지와 탄화수소를 멸균하여 발효조에 넣고 균을 접종한 후에 멸균된 공기와 암모니아를 주입시키면서 발효시킨다. 이때 암모니아는 질소원으로 작용할 뿐만 아니라, 발효에 적합한 pH 조절 역할을 하며, 발효열에 의해 상승된 배양온도는 냉각장치에 의해 조절된다.

회수공정은 배양이 끝난 배양액을 원심분리시켜 15%의 농축액으로 만들고, 몇 차

례 수세(水洗)한 후에 다중 증발관을 통해 농축시킨 다음, 건조기에서 수분 5~6%의 효모로 건조시켜 정제공정을 거친 후에 제품화한다. 정제는 헥산 등의 유기용매를 사용하여 잔존하는 미분해 기질성분을 분리하고 용매를 제거시켜 최종제품으로 한다.

② n-파라핀 법

가스 기름으로부터 n-파라핀을 정제하여 효모를 배양하는 방법으로, 가스 기름법의 단점인 미분해기질 성분의 제거공정이 없이 탄소원을 모두 기질로 할 수 있다는 장점이 있으며, 따라서 단백질 추출과정이 없이 효모균체 자체를 모두 사료로 사용할 수 있다.

배양 미생물은 *Candida lipolytica*이며, 때로는 *Saccharomycopsis lipolytica*도 이용된다.

배양온도는 30℃, pH는 5.0으로 조절하며, 또한 배양 중에 n-파라핀의 대사에서 생성되는 발효열은 매우 높아서 강한 냉각장치가 필요하다. 예를 들면, 1mole의 n-헥사데칸(n-hexadecan)으로부터 10,714KJ의 발효열량이 생성된다.

n-옥타데칸(n-octadecan)으로부터 세대시간(generation time)이 5시간인 *Candida* 효모의 수득은 다음과 같다.

$$\text{Yeast} = \frac{\text{g건조균체}}{\text{g탄소원}} = 0.84$$

일반적으로 1kg 효모생산을 위하여 2.2kg O_2공급이 필요하다. 때로는 오존(ozone)을 1×10^{-6}(v/v)%로 송입하여 효모의 호기적 대사에 도움을 주거나, 또는 오염된 세균이나 바이러스의 살균에 유용하게 작용하도록 한다.

가스 기름법(BP법)으로부터 생산된 균체단백질과 n-파라핀법으로부터 획득된 효모균체의 성분분석표는 표 8-5와 같다.

표 8-5 균체단백질과 효모의 일반성분 분석

	균체단백질(가스 기름법, BP)	효모(n-파라핀 법, BP)
수분(%)	5.0	4.2
N(%)	11.0	10.4
조단백질(N×6.25)	68.5	65.0
지질(%)	1.5	8.1
회분(%)	7.9	6.0

3) 영양가치

미생물 균체는 SCP라고도 하며 상당량의 단백질을 함유하고 있다. 일반적으로 *Sccharomyces cerevisiae*는 단백질 함량이 42~53%이고, *C. utilis*는 50% 정도로 비교적 높다.

단백질의 구성에 있어서도 메티오닌을 비롯한 함황(含黃)아미노산은 비교적 적게 함유되어 있고 리신, 트레오닌, 히스티딘 등 기타 아미노산의 함량은 상당히 높아서 소화 가능한 단백질이 87%이다. 이 중 약 50%가 필수 아미노산으로 구성되어 있으므로 영양적 가치가 매우 높다.

비타민 구성을 보면 비타민 B군을 풍부하게 함유하며, 특히 비타민 B_{12}는 효모균체 1kg당 0.1mg으로 상당히 높다. 그러나 비타민 A나 C 등은 풍부하지 못하다.

탄수화물로는 글리코겐을 비롯한 트레할로오스나 디옥시리보오스(deoxyribose) 등이 함유되어 있고, 무기질은 K·P·Ca·Fe 등을 비교적 많이 함유하고 있으며, Na은 적게 함유하고 있다.

소화율은 효모의 강인한 세포벽으로 인하여 동물성 단백질에 비해 낮은 편이라 소화율의 향상을 위하여 다음과 같은 방법이 행하여지고 있다.

① 메탄올, 부탄올 등에 의한 처리
② 자기소화(自己消化, aulolysis)에 의한 방법
③ 동결(凍結) 융해(融解)처리
④ 고압 증자
⑤ 만난(Mannan) 결손 변이주 등을 육성시키는 방법

4) 안전성

균체단백질의 안전성에 대해서는 많은 동물연구가 이루어졌으나, 인체에 미치는 영향에 대한 연구는 그리 많지 않다.

균체단백질을 동물사료로 이용할 경우에는 관계가 없지만, 조단백으로서 식품에 이용될 경우에는 다량의 핵산(NA, nucleic acid) 함량은 문제가 되고 있다. 몇몇 연구·보고에 따르면 핵산의 농도는 성장률과 관계가 있다.

균체단백질은 장래의 주요한 식량원이고, 영양적 가치가 인정된 상황에서 안정성에 대한 보다 많은 검토와 연구에 따르는 가공기술이 개발되어야 할 것이다.

3. 광합성균의 생산

고등식물과 마찬가지로 공기 중의 CO_2 및 태양에너지를 이용하고 고정하여 탄수화물을 합성할 수 있는, 즉 광합성을 하는 미생물 중 광합성균류는 세포의 증식면에서 고등식물에 비하여 월등히 빠를 뿐만 아니라, 영양면에서도 좋은 단백질 급원이 될 수 있다. 또한, 탄소원으로 탄산가스(CO_2)와 무기질만으로 증식할 수 있기 때문에 원료비가 적게 들고, 오히려 공해요인이 되는 각종 공해배기가스를 탄소원으로 이용한다는 측면에서 환경친화적이며, 우주식량으로서도 개발가치가 있다.

1. 이용 미생물

균체의 대량생산 균주로 이용 가능한 광합성균류는 다음과 같이 세 그룹으로 나눌 수 있다.

(1) 광합성 세균

이들 세균들은 광합성을 하는 과정에서 물로부터 수소원자를 광분해하지 못하여 수소를 전자수여체로 이용하지 못하는 균들이다. 이들은 각기 여러 유형의 세균 엽록소(chlorophyll)를 가지고 있으며, 환원된 황화물로부터 혹은 간단한 유기산으로부터 전자를 얻어서 이용한다.

이용 가능한 주요 균들에는 *Chromatium*속과 *Rhodopseudomonas*속이 있다.

*Chromatium*속은 그람 음성의 극모를 가진 간균이다. H_2S와 S을 전자수여체로 이용한다.

*Rhodopseudomonas*속은 간균인데 분열법 또는 출아법으로 증식하는 극모균이다. 이들은 단지 H_2S만을 수소수여체로 이용하여 증식할 수 없으며, 간단한 유기산을 전자수여체로 이용한다. 중요한 균으로는 *R.gelatinosa*가 있다.

(2) 남세균(*Cyanobacteria*)

원시핵 세포의 미생물로, 예전에는 남조에 편입되었던 균류인 엽록소 a 외에 일련의 색소(pigment)로, 예컨대 알로피코시아닌, 피코시아닌, 피코에리트린 등을 함유하고 있다. 남세균은 물의 광분해로 수소를 이용할 수 있다.

이용 가능한 균은 Oscillatoriaceae과의 *Spirulina*속에서도 특히 *Spirulina maxima*이다. 이 과의 많은 다른 속들과 마찬가지로 N_2를 고정한다. 나선구조의 형태로 인하여 쉽게 원심분리되거나 여과된다. 논에서 분리된 *Tylopothrix tenuis* 역시 분자상의 질소를 고정하고 증식이 빨라서 대량생산이 가능하다.

(3) 녹조류(green algae)

조류는 진핵세포의 미생물이다. 녹색식물과 마찬가지로 엽록소 a와 b를 가지고 있으며, 단지 전자수여체로 물을 이용한다. 수천 종의 미세조류(microalgae) 중에서 단지 몇 종만이 균체생산에 이용될 수 있으며, 그 중 가장 중요한 종류는 녹조류에 속하는 클로렐라(*Chlorella*) 속이다. 클로렐라 속에는 *C. vulgaris, C. pyrenoidosa* 등이 있고, 배양온도가 39℃에서도 잘 자라는 변종인 클로렐라 71105가 있다.

2. 클로렐라(Chlorella)

클로렐라는 담수나 토양 및 목피(木皮) 등에 널리 분포되어 있고, 약 425속이 알려져 있으며 육안으로 볼 수 있는 것들로부터 현미경으로나 볼 수 있는 작은 것들까지 매우 다양하다. 이들은 광합성을 하는 일반식물과 마찬가지로 광합성을 하나, 그 증식속도는 30배 이상 빠르며 태양에너지의 이용효율도 상당히 높다.

클로렐라를 식사료 미생물로 이용하는 데 있어서 유리한 점은 ① 원료비가 적게 든다는 점 ② 계절에 관계없이 연속배양할 수 있으므로 생산효율성이 크다는 점 ③ 단위면적당 생산량이 매우 크다는 점 ④ 영양가치가 매우 높다는 점 등이다. 또한 클로렐라는 자력영양(autotroph) 배양도 되지만 유기물을 원료로 하는 타력영양(heterotroph) 배양도 가능하다.

보통 대량생산에 이용되는 균종은 *C. pyrenoidosa*와 *C. vulgaris*이다.

(1) 클로렐라의 배양

1) 조류의 선택

조류의 선택에서 고려되어야 할 사항은 다음과 같다. ① 옥외 배양조 및 개방식 배양조일 경우에는 잡균 오염에 저항성이 높아야 한다. ② 배양 중에 침적이 잘 안 되는 균주를 선택하여야 한다(클로렐라를 먹이로 하는 원충들에 의한 손실을 방지하여야 한다). ③ 높은 온도에는 민감하기 때문에 열 저항성이 있는 균주가 요구된다. ④ 특히 생육하면서 균체에 독성물질을 만드는 균주가 아니어야 한다.

2) 영양원

클로렐라 배양의 영양원으로는 ① 탄소원으로 CO_2를 이용하는데, CO_2 함량이 공기 중에는 0.03%로서 클로렐라 배양에는 부족하기 때문에 5% 정도의 함량으로 강화된 공기를 공급하며, 이 중 20~30%가 클로렐라에 의해 자화된다. 값싼 CO_2의 수급은, 천연가스나 발효공장에서 생성되는 CO_2라든가 화력발전소 및 시멘트 공장의 폐기가스 등을 자원으로 이용한다면 유리하다. ② 질소원으로는 질산태·암모니아태 질소가 이용되며, 요소의 사용이 가장 효과적이라고 알려져 있다. ③ 무기물로는 KNO_3, $KHPO_4$, $MgSO_4$, 그리고 Fe^{2+}, Ca^{2+}, Zn^{2+}, Co^{2+}, Mn^{2+}, Mo^{2+} 등이 요구되는데, 이들을 첨가할 때에 금속이온의 영향을 방지하기 위해 킬레이트(chelate) 형태로 만들어야 한다. 이때에 소량의 EDTA를 첨가하면 효과적이다.

3) 물리적 조건

① 빛의 조사

클로렐라는 빛이 존재하면 증식하고 어두우면 분열하기 때문에 빛의 조사량을 조절하여야 한다. 광선의 파장이 클수록 효과적이고, 광선의 투과성과 관련하여 배양액 위에서 조사를 하는 경우에 배양액의 깊이는 10~15cm가 적당하다. 또한, 클로렐라의 증식에 따라 밀도가 증가하면 균체 증식이 저하되고 침적되므로, 배양액은 교반하면서 배양시켜야 한다.

빛의 세기와 종류에 따라 증식의 양과 속도는 달라지며, 빛의 파장이 길수록 유리하다.

예] 2g/L의 배양액에 2,100 lux를 3시간 동안 조사하면 0.02g/L가 증가하며, 5,000 lux를 같은 시간 동안 조사하면 0.188g/L가 증가하여 무려 9배량이 된다.

② 온도와 pH

배양액의 pH는 5~7이 적당하고 1일 1회 pH를 조절한다. 배양온도는 25℃가 최적 생육온도이며, 비교적 저온에 강하다. 그러나 고온에는 약하므로 여름철에는 내열성 클로렐라를 배양하는 것이 좋다.

4) 배양공정

생산방법에는 개방식과 밀폐식이 있으며, 개방식은 밀폐식보다 생산비가 적게 드는 장점이 있으나, 유해미생물 및 유충들의 오염이 우려된다. 유해미생물은 원생동물(protozoa), 섬모충류, 다른 종류의 조류, 일부의 세균, 곰팡이 등이 있다. 이들을 방지하기 위해서는 약제 처리를 하여야 한다.

2.4-dinitro 6-cyclohexylphenylacetate나 펜타클로로페닐 아세테이트(pentachlorophenylacetate) 등이 방제 약제로 사용된다.

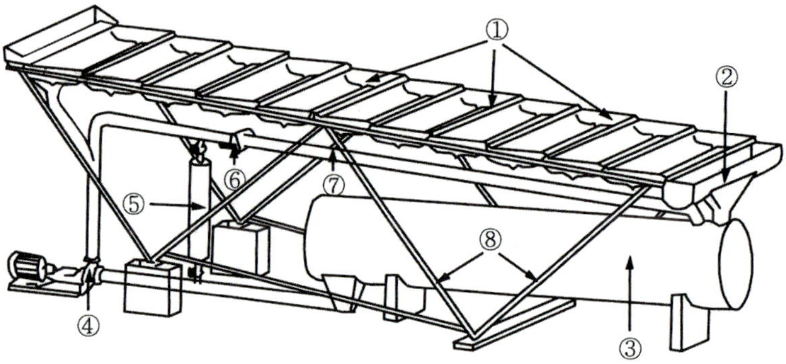

① 기와형의 플라스틱제 배양용기 ② 포집기 ③ 탱크 ④ 펌프
⑤ CO_2 투입기 ⑥ ventil ⑦ 펌프와의 연결 파이프 ⑧ 지지대

그림 8-6 사면 표면배양 장치

5) 수확 및 제품화

배양된 클로렐라는 원심분리로 진공건조한 후에 분쇄하여 제품화한다. 엽록소를 제거하여 탈색시킬 때에는 메탄올을 사용하기도 한다.

다른 농산물과 수율을 비교하면, 다음과 같다.

옥수수: 2.4톤/acre, year

쌀: 3.6톤/acre, year

클로렐라: 13톤/acre, year

6) 건조

100℃ 이상에서의 건조는 소화율을 47~57%로 저하시키고, 40℃ 이하에서의 건조는 75% 이상의 소화율을 얻을 수 있다. 따라서 대부분은 동결건조를 선호한다.

7) 클로렐라의 영양적 가치

클로렐라의 성분구성은 단백질이 약 40~50%, 지질 10~30%, 탄수화물 10~25%, 회분이 6~10%로 풍부한 영양소를 함유한다. 배양조건에 따라 그 성분의 조성비가 다르다. 또한, 비타민 A, B_1, B_2, B_6, B_{12}, C, K, 비오틴 등 여러 종류의 유기물이 다양하게 존재한다.

[핵심문제 정리]

1. 빵 효모의 배양법과 생산 방법을 설명하라.

2. 균체 단백질의 영양 가치와 생산 방법을 정리하라.

3. 자원 미생물로서의 효모의 이용과 그 공정을 정리하라.

4. 광합성균의 종류와 클로렐라 배양법을 설명하라.

찾아보기 INDEX

인명

균명

INDEX

ㄹ

ㅁ

ㅂ

ㅅ

ㅇ

ㅈ

ㅎ

참고 문헌

- 교육부, "고등학교 식품가공기술 Ⅱ", 국정도서편찬위원회, 2009.
- 경상북도 교육청/강병태·김은빈·안재린·이오석, "와인양조기술", 지구문화사, 2009.
- 이정창, "와인, 소주처럼 마셔라.", 지구문화사, 2015.
- 홍태희 외, "New 발효식품학", 지구문화사, 2007.
- 심상국 외, "발효식품학", 진로연구사, 2004.
- 이삼빈 외, "발효식품학", 효일, 2018.
- 변유량·고성훈·민세철·이동언·정명수·조형용·최미정·최영진·한세준, "에센스 식품공학", (주)지구문화, 2017.
- 小泉武夫, "醱酵食品學", 講談社, 2012.
- 변유량·권윤중·김명환·김병용·박지용·신해헌·이동성·이신영·이준호·이현용·임종환·정명수·조형용·최용희·황재관, "현대 식품공학", 지구문화사, 2010.
- 노완섭·김영지·김왕준·남진식·박찬성·배지현·손홍수·유춘발·정승원·조갑연·방우석·조석금, "New 식품미생물학", 2012.
- 김경희·방우석·윤요한·이연리·정현정, "에센스 식품미생물학", 2017.
- 김정숙·민경진·배태진·오창환·이명헌·이정훈·장서영, "에센스 식품가공저장학", 지구문화사, 2013.
- 고정삼, "쉬운 식품가공학", 유한문화사, 2012.
- 김공환, "식품공학", 라이프사이언스, 2007.
- 전재근 외, "식품공학", 라이프사이언스, 2002.
- J. Clair Batty, Strven L. Folkman 지음, 허중화 옮김, "식품공학 기초", 선진문화사, 1998.
- 小原哲二郎·今戸正元·木村 進, "原色 食品加工工程圖鑑", 建帛社, 2007.

에센스 **발효식품학** 개정판

2018년 7월 15일 초판 발행
2022년 9월 1일 개정판 발행

저 자 곽호석 / 국무창 / 김 승 / 성동은
오성훈 / 지갑주 / 최찬익 / 홍태희

발행인 주 병 오 · 주 민 기

발행처 (주)지구문화
JIGU CULTURE Co.Ltd

주 소 경기도 파주시 회동길 209
파주출판문화도시
영업팀 (031) 955－7566 · 7577
편집디자인팀 (031) 955－7731
F A X (031) 955－7730
홈페이지 www.ji-gu.co.kr
전자우편 jigupub@hanmail.net
등록번호 1979년 7월 13일 제 9－57호

ISBN 978-89-7006-846-6 값 22,000원